软件工程技术丛书

加速

高效能软件交付之道

[德] 迈克尔·考夫曼（Michael Kaufmann） ●著
华东师范大学全民数字素养与技能培训基地 ●译

Accelerate DevOps with GitHub

Enhance Software Delivery Performance with GitHub Issues, Projects,
Actions, and Advanced Security

机械工业出版社
CHINA MACHINE PRESS

图书在版编目（CIP）数据

加速：高效能软件交付之道 /（德）迈克尔・考夫曼（Michael Kaufmann）著；华东师范大学全民数字素养与技能培训基地译 . —北京：机械工业出版社，2024.5

（软件工程技术丛书）

书名原文：Accelerate DevOps with GitHub: Enhance Software Delivery Performance with GitHub Issues, Projects, Actions, and Advanced Security

ISBN 978-7-111-75115-1

I. ①加… II. ①迈…②华… III. ①软件开发 – 项目管理 IV. ① TP311.52

中国国家版本馆 CIP 数据核字（2024）第 043341 号

机械工业出版社（北京市百万庄大街 22 号　邮政编码 100037）
策划编辑：曲　熠　　　　　责任编辑：曲　熠　陈佳媛
责任校对：李可意　张　薇　　责任印制：常天培
北京机工印刷厂有限公司印刷
2024 年 5 月第 1 版第 1 次印刷
186mm × 240mm · 23 印张 · 512 千字
标准书号：ISBN 978-7-111-75115-1
定价：109.00 元

电话服务　　　　　　　　网络服务
客服电话：010-88361066　　机　工　官　网：www.cmpbook.com
　　　　　010-88379833　　机　工　官　博：weibo.com/cmp1952
　　　　　010-68326294　　金　书　网：www.golden-book.com
封底无防伪标均为盗版　机工教育服务网：www.cmpedu.com

译　者　序

　　数字化转型中的商业领袖、技术专家和软件开发者可以通过更紧密的合作和共同遵守的运营原则获益。DevOps 是一个思想工具箱，可帮助实现共同目标，在数字经济变革中大放异彩。组织的创新需要差异化，而差异化无法通过购买获得，只能构建。这是一个开发者崛起的数字化时代。

　　软件已经重构了整个世界，每个组织都需要雇用懂开发和创造的人来推动增长和转型。开发者是组织持续发展的推动力。在数字化时代，所有人都成为开发者，推动着各行各业的数字化创新。在云原生的数字产品生产线上，DevOps 变得越来越重要和成熟，而 GitHub 是实现 DevOps 思想的优秀工具与平台。

　　如今的软件开发模式已经发生了重要变化，通过组合代码块（如开源组件）来编写软件，类似于组装现成的商业组件或利用现成的原料来做菜。这种模式解放了开发者，使他们能够专注于更有价值的业务创新、快速交付和智能运维等活动。GitHub 作为全球平台，能够支持这些活动。它改变了人们的编程方式，让编程变得更简单，改变了开发者对编程的看法。截至 2023 年年初，GitHub 的用户已超过 1 亿，其中有超过 1000 万名来自中国的开发者。

　　DevOps 术语已经在国内流行多年，初学者常常关心 DevOps 的价值和核心原理以及如何更好地实践。本书通过系统讲解 DevOps 的原理，并引导读者在 GitHub 上亲自实践，以更直接、形象的方式得到结果。通过亲身实践，再去理解 DevOps 原理可收到事半功倍之效。本书是 DevOps 初学者和初学团队的完美选择，从 DevOps 的起源和发展到实践案例和代码都有涉及。编写团队以循序渐进的方式引导读者踏上 DevOps 开发之旅。通过实践，读者可以直观、生动地理解技术，并发掘其潜能。

　　此外，本书涵盖了开源时代开发者所需的技术和开发思维。无论是熟悉 GitHub 的开发人员还是对某些技术感兴趣的开发人员，只要翻阅一下本书的目录，相信一定会有某些章节吸引你。由于本书的所有实践过程都是基于 GitHub 的，这里我们特别希望从开源教育的角度来谈谈本书出版的意义所在。

　　今天，开源作为上至国家下至企业的战略方向，作为组织的重要创新手段，作为个体的有效职业发展路线，已经渗透到社会的各个方面，这也迫使针对不同需求层面的开源教育成为一个迫切的需要。目前，国内的开源教育主要面临着三个方面的挑战。

　　第一，开源人才培养是一种综合性培养模式，并非单靠传统的教材、课程就可以实现，而是要结合开源社区的具体实践。代码的贡献和动手实践的课程非常重要。同时，开源教育涉及的范围非常广泛，如今的软件工程也正在向开源的软件设计、开发演变。

第二，师资短缺。老师首先要懂如何参与开源项目、如何运营开源社区，才能更好地为学生服务。目前有开源经验的老师比较少，并且开源本身也需要教育模式方面的创新。

第三，提升学员认知水平。我们需要告诉大家学习开源的目的、价值，并吸引更多的人参与到开源之中。新的技术从市场需求传递到校园，再到落地成一门课程，这个过程会有滞后，形成一门系统性课程也需要时间，而开源无疑对缩短这个时间起到了积极、关键的作用。

我们认为开源不应只成为专业教育，只放在计算机、信息类的学科下面，因为开源背后还有开源协作、开源精神，有很多思想方面的内容。我们希望未来开源教育可以发展成为全民教育，每一个数字时代的公民都应具备开源方面的知识和能力。不管你是否从事开发相关的工作，未来都需要用到开源相关的技能，例如一些内容翻译工作可以基于开源的数字化协作来完成。开源教育有两层含义：教人"用"开源，以及用"开源"教人。这些内容对于每个数字公民来说都是非常重要的。而我们也一直试图在高校构建这样一个完整的培养体系（见下图），这不仅仅是对现有教育体系的补充，更是一种变革，而本书的出版无疑是朝着这个方向又迈进了坚实的一步。

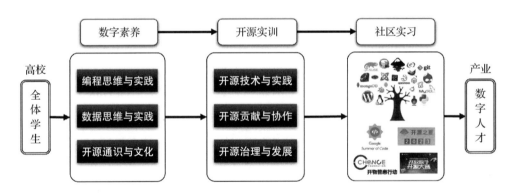

古时候讲究师承，无论是学习文化还是技能，都需要先拜师，再学艺。从掌握一门技能到成为一派宗师需要经历三个阶段。起初是遵循老师的教诲，学习定式，掌握基本技能；在掌握基本技能之后，能进行自我反省和改善，找出做得不好的地方，同时拓宽自己的视野，吸收其他流派的优点；最后脱离原定式，创造新定式。也就是说，要想学好一门技艺，就得先找到一个好老师，再寻求突破，而本书就是一本带你认识、理解并在实践中实现 DevOps 的书。

华东师范大学全民数字素养与技能培训基地

2023 年 12 月

推荐序一

2011 年，企业家马克·安德森（Marc Andreessen）在《华尔街日报》上发表了著名的论断："软件正在吞噬世界。"他预测软件的崛起将以数字化的方式改变世界上的每个行业和部门。十年后，当我坐在这里写这篇文章时，除了"马克是正确的"之外，别无他言。软件改变了我们的生活，与此同时，它也改变了每一家公司和组织。可以看到 Netflix 如何彻底地改变了我们的娱乐方式，Airbnb 改变了我们的旅游和酒店服务体验，以及我们几乎可以从亚马逊购买任何东西；如今杂货店也提供数字化体验，停车计时器正在被手机应用程序取代，最古老和最传统的银行已经转向云端，汽车通过无线网络更新的频率比你的手机更频繁。

每个公司都在转变为软件公司，数百万行代码已经构成了全球经济的基础，软件开发人员是这个新数字世界的架构师。任何组织无论具有何种规模或处于哪个行业，如果没有软件和开发人员，都无法竞争和发展。

而且这一趋势没有任何放缓的迹象，据世界经济论坛估计，未来十年在经济中所创造的新价值有 70% 将基于数字化平台商业模式。为了把握这个机会，每个组织都需要利用开源的力量，没有开源就不能保持竞争力。企业还需要采用 DevOps 实践来帮助更新和加强其内部文化，并不断提高软件交付性能。当然，作为 GitHub 的 CEO，我相信 GitHub 是每个组织实现这一目标的最佳选择。

当 Marc 在 2011 年撰写那篇文章时，GitHub 还处于早期阶段，专注于托管 Git 存储库。如今，GitHub 已经发展成为一个完整的 DevOps 平台，具有支持开发人员生命周期中每个步骤的功能。超过 8300 万开发人员使用我们的平台，我们为全世界的开发人员提供了家园。GitHub 是每个项目（开源、云原生、移动或企业项目）都可以创建、更新并部署的地方，它更是由相互联系的开发者社区共同构建未来世界的地方。

我很高兴看到有像 Michael 这样经验丰富的人写作这本书。无论你是专业软件开发人员、计算机科学专业学生、解决方案架构师，还是站点可靠性工程师（SRE），这本书都适合你。这本书为你和你的组织提供了利用 DevOps 和 GitHub 功能的清晰、简洁和实用的指南。我认为它会在未来的岁月里帮助你，为你进入软件开发的黄金时代做好准备。

Michael，我为你在写这本书时所付出的辛勤工作感到骄傲，但除此之外，我更为您知道它将为他人带来的所有有意义的变革和进步感到骄傲。

Thomas/@ashtom

GitHub 公司 CEO

推荐序二

我和 Michael 第一次见面是在一次会议上,当时我们都在做 DevOps 方面的演讲。我们因为对 DevOps 的共同热情而建立了联系,并经常在巡回演讲中相遇,每次见面都一起自拍合影成了我们的传统。看到他通过写这本书与世界分享他的知识,我非常兴奋。

随着时间推移,我们使用的工具可能会改变。然而,本书中分享的知识普遍适用于正在进行 DevOps 转型的组织。

我非常感谢 Michael 在书中提到了异步工作,我想这很快会成为我们的新常态,团队必须开发这种能力,以在远程和分布式团队中保持敏捷和高效。

很高兴能阅读到功能标记的使用,这可能会改变当今的游戏规则。功能标记将交付与发布分开,使得更选进的部署策略成为可能。它还减少了回滚的需求,并大大减少了从错误代码中恢复的时间。然而,任何事都是有代价的,Michael 在书中很好地涵盖了使用功能标记的成本以及如何降低它。这使读者可以做出明智的决定,确定功能标记是否适合他们。

我遇到的许多团队都认为加快速度意味着走捷径,但 Michael 解释了在流程中融入质量和安全的重要性。此外,他还提供了实现这一目标的实用指导,当正确实现 DevOps 时,你可以更快地交付安全、高质量的代码。

通常,为了发挥 DevOps 的真正威力必须重构应用程序。Michael 介绍了软件架构及其对开发过程和团队的影响。他还介绍了如何权衡每个选项,以帮助团队决定哪一个才是最好的。

我相信,读者会发现这本书是支持 DevOps 转型不可或缺的工具。

Donovan Brown
Azure CTO 孵化团队的合作伙伴项目经理

前　　言

我们已经进入21世纪20年代，十多年的研究表明，具有高开发人员绩效的公司不仅在速度和产量方面优于竞争对手，而且在质量、创新、安全性、员工满意度，以及最重要的客户满意度方面得分更高。

除了一些独角兽公司，大多数传统企业都在努力转型。传统产品僵化的结构和缓慢的流程、单一的应用架构以及漫长的发布周期使得公司很难做出改变。

这并不是一个新现象。转型变革总是艰难的，公司需要很多年才能真正成功，失败的概率也非常高，这是因为转型必须在许多层面上进行——如果这些变化没有对齐，转型必然会失败。本书通过提供高开发人员绩效的研究，及加速软件交付的实例来帮助读者完成转型。

本书是DevOps实用指南，可帮助那些踏上DevOps之旅的团队进一步深入理解DevOps，并通过为常见问题提供简单的解决方案来提高软件交付性能。它将帮助团队找到正确的指标来衡量成功，并从其他成功案例中学习，而不是复制这些团队所做的事情。本书使用GitHub作为DevOps平台，展示了如何利用GitHub进行协作、精益管理以及安全和快速的软件交付。

读完本书后，读者将理解影响软件交付性能的因素，以及如何度量交付能力。因此读者将意识到自己所处的位置以及如何通过透明和简单的跨团队协作解决方案在"旅程"中前进。基于常见问题的简单解决方案，读者将了解如何利用GitHub的强大功能来加速：使用GitHub Projects实现工作的可视化；使用GitHub Insights衡量正确的指标；使用GitHub Actions和Advanced Security开展可靠的和经过验证的工程实践；以及迁移到基于事件的、松散耦合的软件架构。

本书的目标读者

本书适合开发人员、解决方案架构师、DevOps工程师和SRE，以及希望提高软件交付性能的工程师和产品经理阅读。这些人可能是DevOps的新手，或者已经有经验但很难实现最佳性能。他们可能已经有使用GitHub Enterprise或其他平台（如Azure DevOps、Team Foundation Server、GitLab、Bitbucket、Puppet、Chef或Jenkins）的经验。

本书内容

第1章介绍精益管理背后的理论以及如何衡量绩效和文化变革。该章探讨了开发人员的生产力以及为什么这对于吸引人才和实现出色的客户满意度非常重要。

第 2 章介绍工作见解——通过应用精益原则加快软件交付速度。读者将学习如何使用 GitHub Issues、Labels、Milestones 和 Projects 在团队和产品之间计划、跟踪和可视化工作。

第 3 章介绍软件协作开发的重要性，以及如何利用 GitHub 在团队和不同领域之间进行协作。

第 4 章介绍异步工作方式的好处，以及如何利用它们来改善和共享责任，同时介绍了分布式团队、跨团队合作等内容。该章介绍了如何利用 GitHub Mobile、Microsoft Teams、Slack、GitHub Pages、GitHubWiki 和 GitHub Discussions 等工具，随时随地进行团队协作。

第 5 章介绍自由软件和开源软件的历史以及在近年来和云计算背景下的重要性。该章将介绍如何利用开源加快软件交付速度。此外，还将解释如何将开源实践应用于内部开源，帮助读者改变组织，并介绍开源和内部开源对内包和外包战略的影响。

第 6 章介绍自动化对于质量和速度的重要性。其中介绍了 GitHub Actions 以及如何使用它们进行各种类型的自动化，不仅仅局限于持续交付。

第 7 章介绍如何对 GitHub Actions 工作流程执行器使用不同的托管选项来处理混合云场景或硬件在环测试。其中展示了如何设置和管理自托管执行器。

第 8 章介绍如何结合 GitHub Packages 和语义化版本控制，借助 GitHub Actions 来管理团队和产品之间的依赖关系。

第 9 章介绍如何使用简单的实例在 Microsoft Azure、AWS Elastic Container Service 和 Google Kubernetes Engine 等任何云和平台上进行轻松部署。该章展示了如何使用 GitHub Actions 进行分阶段部署，以及如何使用基础设施即代码来自动化资源的供应。

第 10 章介绍功能标记（或功能切换）如何帮助读者减少复杂性并管理功能和软件的生命周期。

第 11 章介绍基于主干进行开发的好处，并介绍了加速软件交付的最佳工作流 git。

第 12 章更详细地探讨了质量保证和测试对开发者速度的作用，并展示了如何通过测试自动化实现左移测试。该章还涵盖了在生产环境中进行测试和混沌工程。

第 13 章更广泛地探讨了安全在软件开发中的作用，如何将安全融入流程和实践 DevSecOps，零信任以及如何左移安全。该章讨论了常见的攻击场景以及如何通过攻击模拟和红队 - 蓝队演习来实践安全并增强安全意识。该章还介绍了云上安全的开发环境 GitHub Codespaces。

第 14 章介绍如何使用 GitHub 高级安全功能利用 CodeQL 和其他工具进行静态代码分析来消除漏洞、安全和合规问题，同时介绍了如何使用 Dependabot 成功管理软件供应链，以及如何使用密码扫描消除代码库中的密码信息。

第 15 章介绍如何保护环境中的部署，并以符合法规要求的方式自动化完整发布流水线。该章涵盖了软件物料清单（SBOM）、代码和提交签名、动态应用程序安全测试以及加固发布流水线的安全性。

第 16 章介绍松散耦合系统的重要性以及如何演变软件设计以实现这一目标。该章涵盖了微服务、进化式设计和事件驱动架构。

第 17 章介绍组织的沟通结构与系统架构（康威法则）之间的相关性，以及如何利用这一点来改善架构、组织结构和软件交付性能。该章涵盖了双比萨团队、逆康威演习以及单版本或多版本战略。

第 18 章介绍在产品和功能层面上进行精益产品管理的重要性。该章展示了如何将客户反馈纳入产品管理中，如何创建最简可行产品，以及如何管理企业投资组合。

第 19 章介绍如何通过基于证据的 DevOps 实践（如 A/B 测试）进行实验，以验证假设，并不断改进产品。该章还介绍如何利用目标与关键结果（OKR）赋能团队进行正确的实验并构建正确的产品。

第 20 章介绍 GitHub 如何作为综合性、开放的平台为团队提供服务。该章介绍 GitHub 不同的托管选项、价格以及如何将其集成到现有工具链中。

第 21 章讨论从不同平台迁移到 GitHub 的策略，以及与其他系统的集成点。该章介绍如何找到正确的迁移策略，以及如何使用 GitHub 企业导入器和 Valet 来完成繁重的工作。

第 22 章讨论了将存储库和团队组织成组织和企业以促进协作和便于管理的最佳实践。该章涵盖了基于角色的访问、自定义角色和外部合作者。

第 23 章将本书介绍的所有要素整合在一起。本书为读者提供了许多工具，可用于推动企业成功转型并提升开发者速度。但只有当所有要素都合而为一时，转型才能成功。该章将解释为什么许多转型都失败了，并告诉读者如何使企业转型成功。

拓展资源

本书提到的软件	系统需求
GitHub	任何操作系统，但需要在 https://github.com 上注册一个账户
Git	任何操作系统，需要安装 Git 最新版本
GitHub CLI 和 GitHub Mobile	可选，可从 https://cli.github.com 或 https://github.com/mobile 获取

如果读者想按照动手实践中的实验部署到 Azure、AWS 或谷歌，则需要给定云环境的账户。

作者简介

    Michael Kaufmann 认为开发人员和工程师可以在工作中高效与愉悦兼得。他喜欢 DevOps、GitHub、Azure 和现代化工作——不仅仅是针对开发人员。

    他是 Xebia 集团下 Xpirit Germany 咨询公司的创始人兼首席执行官，在 IT 领域工作了 20 多年。Michael 通过云和 DevOps 转型以及践行新的工作方式获得成功。

    微软授予他微软区域总监（RD）和微软最有价值专业人员（MVP）的头衔——后者是在 DevOps 类别和 GitHub 方面于 2015 年获得的。

    Michael 通过书籍和培训分享他的知识，并且经常在国际会议上发表演讲。

审校者简介

Mickey Gousset 是 GitHub 的 DevOps 架构师。他热衷于研究 DevOps，并帮助开发人员实现他们的目标。Mickey 经常在世界各地的各种用户组织、代码训练营和会议上就 DevOps 和云主题发表演讲，他也是多本关于应用生命周期管理（Application Lifecycle Management，ALM）和 DevOps 的著作作者。

Stefano Demiliani 是微软 MVP 和微软认证培训师（MCT）、微软认证 DevOps 工程师和 Azure 架构师，也是长期研究微软技术的专家。他是 EID NAVLAB 的 CTO，主要研究领域是使用 Azure 和 Dynamics 365 ERP 架构解决方案。他在 Packt 出版了很多 IT 书籍，还在一些关于 Azure 和 Dynamics 365 的国际会议上做过演讲。读者可以通过 X（Twitter）、LinkedIn 或他的个人网站联系到他。

Unai Huete Beloki 在过去的 5 年里一直担任 DevOps 专家。他于 2017 年开始在微软担任客户工程师，为 EMEA（欧洲、中东、非洲）地区提供与 DevOps（主要是 GitHub 和 Azure DevOps）和 Azure 相关的支持和教育。2020 年 7 月，他转任微软的 Azure 技术培训师，在那里他为全球客户提供 Azure 和 DevOps 培训，他也是"AZ-400：设计和实施微软 DevOps 解决方案"课程 / 考试的全球负责人之一。他拥有纳瓦拉大学的电子与通信工程学士学位和电信工程硕士学位。

目　　录

精益管理与协作

在第一部分中，读者将学习如何减少开发过程中的累赘，并过渡到精益和协作的工作方式，使团队能够加快交付价值的速度。读者将学习如何使用 GitHub 随时随地进行高效协作，并利用工作洞察和正确的指标来优化工程效率。

本部分包括以下章节：

- 第 1 章　重要的指标
- 第 2 章　计划、跟踪和可视化工作
- 第 3 章　团队合作与协作开发
- 第 4 章　异步工作：无处不在的协作
- 第 5 章　开源和内部开源对软件交付性能的影响

重要的指标

实现 DevOps 最困难的部分是与管理层交流，转变他们的思想。管理层习惯于询问如下问题：

- 实施这个方案的成本是多少？
- 实施这个方案后我们能收益多少？

从管理者的角度来看，这些都是很合理的问题。但是在 DevOps 的世界中，如果在错误的时间以错误的方式回答这些问题，那么这些问题对于组织而言可能是有害的，并可能导致产生大量的预备工作。本章将介绍一些指标，这些指标可以使读者与管理层的讨论不再局限于努力提高工程效率和开发者生产力。

本章还将介绍如何衡量工程效率和开发者生产力，并且如何使 DevOps 带来的加速变得可衡量。

本章包括如下主题：

- 为什么要加速
- 工程效率
- 高效能企业
- 衡量重要的指标
- 提升开发者效率的 SPACE 框架
- 目标与关键结果

为什么要加速

企业的预期寿命正在迅速缩短。根据耶鲁大学管理学院的 Richard Foster 的数据，100 年前在标准普尔 500 指数（S&P 500）上市的企业的平均寿命为 67 年，而现在是 15 年，并且每两周就有一家标普上市企业退市。到 2027 年，预计 500 强企业中 75% 的企业将被新企业取代。Santa Fe 研究所的另一项研究"企业的死亡率"得出的结论是，美国所有行业企业的平均寿命约为 10 年。

为了保持竞争力，企业不仅要解决客户的问题，还需要提供让客户满意的产品和服务，并且必须能够与市场接轨，迅速响应不断变化的需求。**上市时间**是企业灵活性最重要的驱动因素。

在任何行业，软件都是各个产品和服务的核心，不仅因为数字体验已经变得和实体体验一样重要（甚至可能比实体体验更重要），而且软件涉及产品生命周期的各个部分，例如：

- 产品：
  - 供应链管理
  - 成本优化 / 预测性维护 / 机械化
  - 产品个性化
- 售前售后服务：
  - 在线商店
  - 顾客服务与支持
  - 社交媒体
  - 数字助理
- 数字产品：
  - 附属应用
  - 应用集成
  - 移动体验
  - 新商业模式（按使用付费、租借等）

这里只是举例说明，大多数客户与企业互动的方式都是数字化的。例如，一位客户最近想买一辆车，他已经从社交媒体和报道宣传中了解到某个品牌。客户可以在网站上购买和配置车辆，也可以去线下（有销售人员的）实体店，但销售员也是通过平板电脑来进行操作。**机械化和人工智能（AI）**对装配线生产的优化会影响汽车的价格。客户提车后要做的第一件事就是连接手机。开车时可以听音乐、打电话或使用语音回复短信。如果车辆前方有障碍物，驾驶助手会帮助刹车以保证客户的安全，并确保在原先的车道。很快，汽车将自动驾驶大部分行程。如果汽车或应用程序出了问题，客户会优先使用应用程序或电子邮件联系售后服务。对于年轻一代而言，汽车已经成为一个数字产品，不仅有数百万行代码的程序在汽车中运行，同时还有数百万行代码为汽车的应用程序、网站运行和装配线生产提供支持（见图 1-1）。

软件的优势在于其更新速度比硬件快得多。为了加快上市时间和业务敏捷性，软件是关键的驱动因素。它比硬件组件灵活得多，可以在几天或几周内更改，而不是几个月或几年。它还可以更好地与客户保持联系，使用应用程序的客户比在实体商店的客户更有可能对调查做出回应。此外，硬件也不能遥测产品的使用情况。

要想成为经营时间超过 10 年的公司之一，必须利用软件的力量来加速企业对市场的反应，并以出色的数字体验来取悦客户。

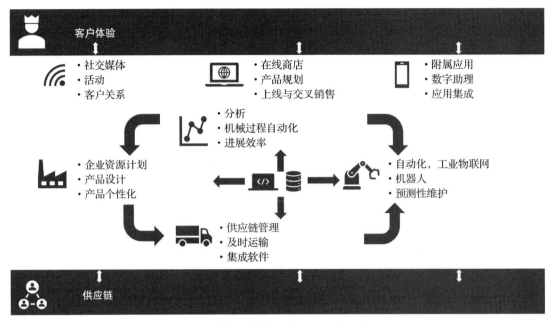

图 1-1   软件和数据成为客户体验的核心

工程效率

　　企业是如何衡量开发者效率的？最常见的方法是通过工作量来衡量。曾经有一些企业使用诸如代码行数或代码测试覆盖率之类的度量标准，但这些显然是不好的选择，不知道现在还有哪些企业在这么做。如果可以通过 1 行代码或 100 行代码解决一个问题，那么 1 行显然更可取，因为每一行代码都有维护成本，代码测试覆盖率也是如此。覆盖率本身并没有说明测试的质量，而且糟糕的测试还会带来额外的维护成本。

注意

　　本书尽量保持用词与开发模式无关。作者见过采用 DevOps 实践的企业，包括敏捷模型、Scrum 模型、**规模化敏捷框架（SAFe）**、看板和瀑布法等。但每个系统都有自己的术语，作者尽量保持中立。例如，本书使用"需求"，而不是"用户故事"或"产品待办事项"，但本书使用的大多数示例都是基于 Scrum 的。

　　衡量开发者效率的最常用方法是估计需求。将需求分解成小的项目（例如用户故事），然后由产品经理评估业务价值。接下来开发团队评估故事，并对其工作量估测出一个值。不管使用的是故事点、小时、天还是其他数字，基本上都是交付需求所需工作量的表示。

用工作量衡量效率

　　如果读者将这些数字报告给管理层，那么用估计的工作量和业务价值来衡量效率可能会产生副作用。这会存在某种观察者效应：人们试图提高数值。在以工作量和业务价值为衡量标准的情况下，人们很容易为"故事"分配更大的数字。这是通常会产生的情况，特别是在比较不同团队的数值时：开发者将为"故事"分配更大的数值，产品经理将同时分配更大的业务价值。

　　虽然这不是衡量开发者效率的最佳方法，但如果在开发团队和产品经理之间的日常交流中进行评估，也没有太大的危害。但是，如果评估过程是在正常的开发过程之外进行的，这甚至可能是有害的，并会产生非常大的副作用。

有害的估计

　　对于实现更大的功能或计划，"成本是多少？"这个问题的答案通常会在正常开发过程之外进行评估，并在决定实施之前进行完善。但是如何评估一个复杂的功能和计划呢？

　　在软件开发中所做的一切都是全新的。如果软件已经开发完成，可以直接使用该软件而不是重新编写它，那么即使是完全重写现有模块仍然是全新的工作，因为使用了新的架构或新的框架。从未做过的事情只能以有限的确定性来估计。这是一种猜测，而且复杂度越大，不确定性也越大（见图 1-2）。

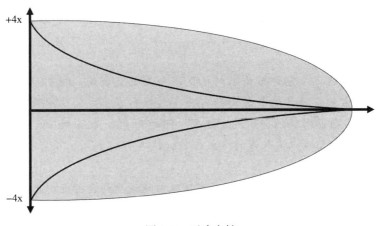

图 1-2　不确定性

　　不确定性锥形图经常用于项目管理，使用前提是在项目开始时，成本估计具有一定程度的不确定性，但随着计划的不断进展而降低，直到项目结束时为零。x 轴通常是所花费的时间，它也可以与问题的复杂性和抽象性有关，需求越抽象越复杂，估计中的不确定性就越大。

　　为了更好地估计复杂的功能或计划，可以将其分解为更便于估计的部分，并且需要提出一个解决方案架构，作为工作分解的一部分。由于这是在正常的开发过程之外完成的，而且时间上也超出了预期，因此它有一些不必要的副作用，例如：

- 一般情况下，开发团队不可能全员在场。这会导致沟通多样性降低，从而在解决问题时创造力会下降。
- 重点是发现问题。事先能够发现的问题越多，估算可能就越准确。特别是以后如果把估算作为衡量绩效的标准，人们很快就会发现只要提出更多的问题，就可以获得更多的时间用来拖延，甚至也可以为需求虚增更高的估算。
- 如果有疑问，负责估算任务的工程师就会采用更复杂的解决方案。例如，如果不确定是否可以用现有的框架解决问题，他们可能会考虑编写自己的解决方案，以防万一。

如果管理层仅使用这些数字来决定是否去实现某个功能，则不会造成太大的损害。但是一般情况下，需求（包括评估和解决方案体系结构）不会被丢弃，或者稍晚才会进行功能实现。在这种情况下，还有一个创造性稍低的解决方案，它是针对问题而不是解决方案进行优化的，这不可避免地会导致在实现功能时缺乏创造性和创造性思维。

无须评估

评估并不是一件坏事，如果应用在正确的场合，它会很有价值。如果开发团队和产品经理讨论下一个用户故事，评估可以有助于推动交流。例如，如果团队使用"扑克规划"评估用户故事但是评估结果不一致，表明人们对如何实现它有不同的想法。这可能引发有价值的讨论，并可能更有成效，因为可以跳过一些具有共识的讨论。对于业务价值来说也是如此。如果团队不理解为什么产品经理分配了一个非常高或者非常低的估计数字，这也可能引起重要的讨论。也许团队已经知道如何取得成功的结果，或者在不同角色的感知上存在差异。

但是很多团队在完全不评估需求的情况下会感觉更合适。特别是在高度实践化的环境中，评估通常被认为是浪费时间的行为。远程和分布式团队通常也不喜欢进行评估，他们经常会进行面对面的会议或发起关于问题和 Pull Request 的讨论。这有助于记录交流过程，并帮助团队以更异步的方式工作，这也有利于跨越不同时区的开发者进行协作。

不讨论开发者开发效率的情况下，开发团队应该被允许自行决定是否需要进行评估。这也可能随着时间的推移而改变。一些团队从中获得价值，而另一些则没有，让团队决定什么对他们有效，什么无效。

评估高优先级计划的正确方法

评估更复杂的功能或计划的最佳方法是什么，以便产品负责人可以决定这些是否值得实现？可以召集整个团队成员，询问以下问题：这能在几天、几周或几个月内完成吗？另一个选择是使用类比估计，并将计划与已经交付的产品进行比较。接下来的问题是：这个计划是比之前交付的产品更容易，还是更复杂？

最重要的是所有工程师的直觉，而不是分解需求或预先制定解决方案架构。然后，让每个人为单元分配一个最小和最大的数值。对于类比估计，使用相对于原始计划的百分比，并使用历史数据计算结果。

最简单的报告方法如下所示：

> 目前的团队，
>
> 如果我们优先考虑"项目名称"的项目，
>
> 该团队有信心在"最小值"和"最大值"之间交付功能。

取最小值和最大值是最安全的方法，但如果悲观值和乐观值的估计相差太远，也可能导致数字失真。在这种情况下，取平均值可能是更好的选择，如下所示：

> 目前的团队，
>
> 如果我们优先考虑"项目名称"的项目，
>
> 该团队有信心在"平均最小"和"平均最大"之间交付功能。

但是取平均值（算术平均值，在 Excel 中使用 =AVERAGE()）意味着存在更高或更低的偏差，这取决于单个估计的分布。偏差越高，越不能相信可在此期间交付该功能。要了解估计值是如何分布的，可以计算标准偏差（在 Excel 中使用 STDEV.P()），查看最小值和最大值的偏差，也可以查看每个成员的估计。偏差越小，说明数值越接近平均值。由于标准差是绝对值，因此不能与其他估计进行比较。要得到一个相对的数字，可以使用**变异系数（CV）**：用标准偏差除以平均值，通常以百分比表示（在 Excel 中使用 STDEV.P()/AVERAGE()）。数值越高，说明数值越偏离平均值；数值越低，说明团队成员对他们的估计或整个团队对最小值和最大值的估计越有信心。示例如表 1-1 所示。

表 1-1　计算评估的例子

小组成员	最小值	最大值	算术平均值	标准差	变异系数
成员 1	1	4	2.5	1.5	60.0%
成员 2	4	8	6.0	2.0	33.3%
成员 3	3	6	4.5	1.5	33.3%
成员 4	2	4	3.0	1.0	33.3%
成员 5	1	4	2.5	1.5	60.0%
成员 6	5	12	8.5	3.5	41.2%
平均值	2.7	6.3	4.5	1.8	43.5%
CV	55.9%	46.2%			65.7%

为了表示估计值偏差的不确定性，可以添加一个置信度指标。使用文本（例如低、中或高）或百分比级别，如下所示：

目前的团队，

如果我们优先考虑"项目名称"的项目，

该团队有"信心程度"的信心在"算术平均值"内交付功能。

在这里没有使用固定的公式，因为这需要根据团队实际情况确定。从例子中的数据（见表1-1）我们发现最小值平均2.7和最大值平均6.3相差不大。如果观察单个团队成员，会发现有更悲观和更乐观的成员。如果以前的估计证实了这一点，那么即使最小值和最大值的CV值非常高，也可以非常自信地认为平均值是真实的。那么估计可能是这样的：

目前的团队，

如果我们优先考虑新奇计划项目，

该团队有85%的信心在4.5个月内交付功能。

这种估计不是什么高深的科学。它与复杂的估计和预测系统没有关系，例如三点估计技术（https://en.wikipedia.org/wiki/Three-point_estimation）、PERT分布（https://en.wikipedia.org/wiki/PERT_distribution）或蒙特卡罗模拟方法（https://en.wikipedia.org/wiki/Monte_Carlo_method），它们都依赖于需求的详细分解和对任务（工作）级别的估计。这个想法是为了避免提前计划和分解需求，更多地依赖于工程团队的直觉。这里的技术只是用于了解自己在整个团队中收集的数据点。这还只是猜测。

从开发者到工程效率

在跨职能团队中，工作量并不是衡量开发者效率的一个很好的指标，尤其是如果基于估计，而且速度不仅仅取决于开发者。那么，如何从开发者效率转变为工程效率呢？

高效能企业

具有高工程效能的组织会超越竞争对手并冲击市场，但高效能企业究竟是什么样的？

开发者效率指数

2020年4月，麦肯锡发布了关于**开发者效率指数（DVI）**的研究。这是一项对来自12个行业的440家大型组织的研究，考虑了13种能力下46个驱动因素。驱动因素不仅仅是工程能力，还包括工作实践和组织促进，比如企业文化。该研究显示，DVI排名前四分之一的企业的表现比所在市场的其他企业高出4～5倍，而且不仅是在整体业务表现上。排名前四分之一的企业在以下领域的得分比其他企业高出40%～60%：

- 创新性
- 客户满意度

- 品牌影响力
- 人才管理

该研究采访了来自 12 个行业 440 家大型组织的 100 多名高级工程领导。此次访谈涵盖了 3 类 13 种能力的 46 个驱动因素，概述如下：

- **技术**：架构、基础设施和云应用、测试、工具。
- **工作实践**：工程实践、安全和合规、开源采用、敏捷团队实践。
- **组织实现**：团队特征、产品管理、组织敏捷性、文化、人才管理。

因此，DVI 指标的效果远远超出了纯粹的开发者效率。它分析了工程效率和所有影响它的因素，并将它们与业务结果联系起来，如收入、股东回报、营业利润率和非财务绩效指标，如创新、客户满意度和品牌认知。

DevOps 的现状

这些发现与 DevOps 研究和评估（DORA）组织发布的 DevOps 状态报告（https://www.devops-research.com/research）的结果一致。2019 年 DevOps 报告阐述了高绩效团队与低绩效人员的比较（Forsgren N.、Smith D.、Humble J. 和 Frazelle J.，2019），概述如下：

- **更快的价值交付**：从提交到部署，前置时间（Lead Time，LT）快了 106 倍。
- **更高的稳定性和质量**：故障恢复速度快 2604 倍，变更失败率（Change Failure Rate，CFR）降低为后来的 1/7。
- **更高的吞吐量**：代码部署的频率高出 208 倍。

高效能企业不仅在吞吐量和稳定性方面表现出色，而且更具有创新性，客户满意度更高，经营业绩也更好（见图 1-3）。

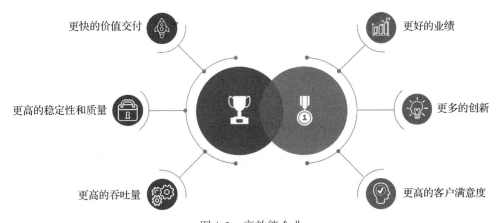

图 1-3　高效能企业

专注于突出区分高效能企业和中低效能企业能力的度量，可以使得企业转型可见，并向管理层提供比代码行或基于估计的效率数值更重要的度量方式。

衡量重要的指标

> 成功转型的关键是衡量和理解正确的事情，并关注能力。
>
> *Forsgren. N.，Humble. J. 和 Kim. G. (2018) p. 38*

要衡量在转型过程中所处的位置，最好关注 DORA 中使用的四个指标，两项为性能，两项为稳定性。

- 交付性能指标：
  - 交付前置时间
  - 部署频率
- 稳定性指标：
  - 平均故障恢复时间
  - 变更失败率

交付前置时间

交付前置时间（Delivery Lead Time，DLT）是指从工程师开始开发某个功能到最终用户可以使用该功能的时长。另一种说法是"从代码提交到生产环境"，但通常情况下，从团队开始处理某个需求并将状态变为"进行中"时开始计时。

从系统中自动获取这个指标并不容易。第 7 章展示如何使用 GitHub Actions 和 Projects 来自动化度量。如果没有从系统中获取指标，可以使用以下选项设置一个调查：

- 少于 1 小时
- 少于 1 天
- 少于 1 周
- 少于 1 个月
- 少于半年
- 超过半年

根据实际情况在量表上的位置，可以或多或少进行调查。当然，更可取的是系统生成的值，但如果实际情况以月份为单位甚至更长，那就无所谓了。如果以小时或天为单位，就更有趣了。

为什么不是前置时间

从精益管理的角度来看，前置时间（Lead Time，LT）将是更好的指标：从理解客户反馈到整个系统需要多长时间？但是软件工程中的需求是复杂的，在实际工程工作开始之前，通常会涉及许多步骤。如果必须依赖调查数据，那么变化会很大，指标很难猜测。有些需求可以排期至几个月后，有些只需要几个小时。从工程角度来看，专注于交付前置周期要好得多。第 18 章会详细介绍关于前置时间的内容。

部署频率

部署频率侧重于速度。交付变更需要多长时间？更关注吞吐量的指标是部署频率。多久部署一次变更到生产环境？部署频率表示批量大小规模。在精益制造中，人们希望减少批量的规模大小。部署频率越高，批量的规模越小。

乍一看，在系统中测量部署频率看起来很容易。但仔细观察一下，有多少部署真正部署到生产环境中了？在第 7 章中将解释如何使用 GitHub Actions 获取该指标。

如果暂时不能自动测量该指标，也可以使用调查表，并使用以下选项：

- 灵活（每天多次）
- 每小时一次到每天一次
- 每天一次到每周一次
- 每周一次到每月一次
- 每月一次到每半年一次
- 小于半年一次

平均故障恢复时间

平均故障恢复时间（MTTR）是衡量稳定性的一个很好的指标。这衡量了在出现中断时恢复产品或服务所需的时间。如果测量正常运行时间，它基本上就是服务不可用的时间跨度。要测量正常运行时间，可以使用冒烟测试。例如 Application Insights（参见 https://docs.microsoft.com/en-us/azure/azure-monitor/app/monitor-web-app-availability）。如果应用程序安装在客户端上，并且不可远程访问，那么情况就更复杂了。通常，可以查看帮助台系统中特定工单类型的处理时间来进行评估。

如果无法自动测量，仍然可以使用以下选项进行调查：

- 少于 1 小时
- 少于 1 天
- 少于 1 周
- 少于 1 个月
- 少于半年
- 超过半年

但这应该是最后的手段。MTTR 应该是一个很容易从系统中自动得到的指标。

变更失败率

与交付前置时间用于衡量性能一样，平均故障恢复时间是衡量稳定性的时间指标。部署频率与吞吐量相关的特性是变更失败率（CFR）：有多少次部署导致在生产环境中的故障？CFR 使用百分比呈现。要决定哪些部署应该计入该指标，应该使用与部署频率相同的定义。

关键指标仪表盘

这四个基于 DORA 研究的指标是衡量在 DevOps 实施过程中所处位置的好方法。在仪表盘上可视化这些指标，是改变与管理层交流方式的一个很好的起点。别担心自己还不是一名优秀的员工，最重要的是要不断进步。

从基于调查获取的数值开始很简单。但如果想使用自动生成的系统数据，可以使用"Four Keys Project"在仪表盘上美观地显示数据（见图 1-4）。

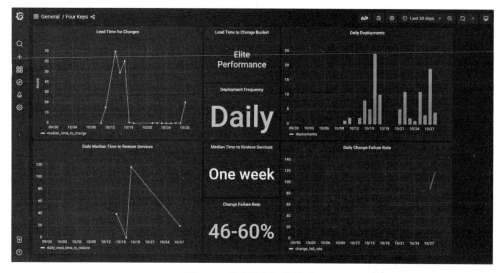

图 1-4　"四要素"仪表盘

该项目基于谷歌云，并且是开源的，（https://github.com/GoogleCloudPlatform/fourkeys），但它依赖于 webhooks 从项目中获取数据。第 7 章将介绍如何使用 webhooks 将数据发送到仪表盘。

不应该做什么

需要注意的是，这些指标不能用于进行团队相互比较。可以汇总这些指标以概述组织情况，但不要用于比较单个团队！每个团队都有不同的实际情况。重要的是使用的度量标准朝着正确的方向发展。

此外，度量不应该成为目标，仅仅为了获得更好的指标是不可取的。重点应该始终放在在本书中讨论的与这些指标相关的能力上。专注于发展能力，度量标准将随之而来。

提升开发者效率的 SPACE 框架

DORA 指标是一个完美的起点，它易于实施，而且有大量的数据可供比较。如果想进一步添加更多的指标，可以使用 SPACE 框架以提高开发者的工作效率。

开发者的生产力是实现高工程效率和高 DVI 的关键因素。开发者的生产力与开发者的整体幸福感和满意度高度相关，因此，在人才争夺战中它也是吸引优秀工程师的最重要因素之一。

但是开发者的生产力不仅仅包括活跃度。相反的情况往往是：在处理紧急事件和接近截止日期的时候，活跃度通常是很高的，但由于频繁切换任务和缺乏创造力，工作效率会下降。这就是为什么衡量开发者生产力的指标永远不应该孤立地使用，也永远不应该用于惩罚或奖励开发者。

另外，开发者的生产力不仅仅要考虑个人的表现，就像团队运动一样，个人表现固然重要，但只有团队作为一个整体才能获胜。衡量个人和团队表现的平衡至关重要。

SPACE 是一个多维框架，它将开发者生产力的指标分为以下几个维度：

- 满足度和幸福感
- 业绩
- 活跃度
- 沟通力和合作力
- 流程效率

所有维度都适用于个人、团队和整个系统。

满足度和幸福感

满足度和幸福感描述了开发者有多快乐和多满足。身心健康也属于这一范畴，例如：

- 开发者满足度
- 团队的净推荐分数（NPS）(向其他人推荐他们的团队的可能性）
- 留存率
- 对工程系统的满意度

业绩

业绩是系统或过程的产出。单个开发者的业绩很难衡量，但是对于团队或系统级别，可以使用 LT、DLT 或 MTTR 这样的指标，还可能是正常运行时间或服务健康度。其他好的指标包括客户满意度或产品的 NPS。

活跃度

活跃度可以为生产力提供有价值的见解，但很难正确衡量它。一个衡量个人活跃度的好方法是关注时间：开发者有多少时间没有花在会议和交流上？还有可能使用完成的工作项目、问题、PR、提交或错误的数量。

沟通力和协作力

沟通力和协作力是提高开发者生产力的关键因素。衡量它们是困难的，但是观察 PR 和问题会对了解沟通的进展有良好的印象。这个维度的指标应该集中在 PR 参与度、会议质量和知识共享上。同样，跨团队级别（跨团队或 X- 团队）的代码审阅是一种很好的度量方法，可以看出团队之间存在哪些界限。

流程效率

流程效率度量有多少移交和延迟增加了总体前置时间。好的度量标准是交接次数、被阻塞的工作项和中断的次数。对于工作项，可以度量总时间、增值时间和等待时间。

如何使用 SPACE 框架

间接了解组织中，什么是重要因素的一种方法是看什么是被衡量的，因为它经常传达什么是有价值的，并影响人们的行为和反应方式。

Forsgren N.、Storey M.A.、Maddila C.、Zimmermann T.、
Houck B. 和 Butler J., (2021) p. 18

所有维度对个人、团队、组和系统级别都有效（见图 1-5）。

	满意度与幸福度	业绩	活跃度	沟通力与协作力	流程效率
个人	・开发者满意度 ・工作黏滞度	・代码评审速度	・专注的时间 ・提交数量 ・Issues数量 ・代码行数	・代码评审评分（质量） ・PR合并次数	・知识分享 ・X-团队回顾
团队	・开发者满意度 ・工作黏滞度	・开发速度 ・交付时间	・周期时间 ・完成速度 ・Issues数量	・代码评审参与 ・PR合并次数 ・会议质量	・代码评审稳定时长 ・接力
系统	・工程系统满意度	・速度 ・交付时间 ・客户满意度 ・MTTR	・交付频率	・知识分享 ・X-团队回顾	・交付时间 ・速度

图 1-5　SPACE 框架示例

重要的是，不仅要看维度，还要看范围。有些指标在多个维度上都有效。

仔细选择要衡量的指标也是非常重要的。度量标准塑造行为，某些度量标准可能会产生一开始没有考虑到的副作用。目标是只使用少数指标，但要能产生最大的积极影响。

读者应该从三个维度中选择至少三个指标，可以混合个人、团队和系统范围的度量标准。对单个指标要谨慎——它们可能会产生难以预见的最大程度的副作用。

为了尊重开发者的隐私，数据应该匿名化，并且应该只以团队或组级别的汇总结果进行报告。

目标与关键结果

许多正在实践 DevOps 的企业正在使用目标与关键结果（OKR），其中包括谷歌、微软、Twitter 和 Uber。

OKR 是企业定义和跟踪目标及其结果的灵活框架。

OKR 方法可以追溯到 20 世纪 70 年代，当时 OKR 之父安德鲁·格鲁夫将该方法引入英特尔。这种方法被称为 iMBO，即英特尔目标管理。他在《高产出管理》（Grove, A. S., 1983）一书中描述了这种方法。

1999 年，约翰·多尔将 OKR 引入谷歌。安德鲁·格罗夫将 iMBO 引入英特尔时，约翰·多尔曾在英特尔工作。OKR 很快成为谷歌文化的核心部分。约翰·多尔于 2018 年出版了《衡量重要性》一书，使 OKR 声名大噪。如果读者想更多地了解 OKR，强烈推荐阅读这本书。

什么是 OKR

OKR 是一个帮助组织实现战略目标的高度对齐的框架，同时为团队和个人保持最大程度的自主权。目标是定性的目标，能给人指明方向并且启发和激励人们。每个目标都与明确可测量的定量指标相关，即关键结果。关键结果应侧重于结果，而不是活动，如表 1-2 所示。

表 1-2　OKR 的特点

目标	关键结果
定性的	定量的
描述是什么，为什么	描述怎么做
启发打动人们，指导工作方式	影响目标成功实现的主导因素，决定目标可否实现
简单清晰	明确可度量
好的目标的特点： ● 显著 ● 具体 ● 行动导向 ● 启发人心	好的关键结果的特点： ● 特定且有时限 ● 大胆现实 ● 可度量可验证

OKR 绝不应与企业的绩效管理体系或员工奖金挂钩！企业的目标不是实现 OKR 的 100% 成功率——这意味着 OKR 不够具有挑战性。

OKR 的格式如下：

> 我们用（一组关键结果）来衡量（目标内容）。

很重要的是 OKR 关注的是结果，而不是具体过程。一个很好的例子就是谷歌的首席执行官桑达尔·皮查伊在 2008 年推出 Chrome 浏览器时设定的目标。OKR 是这样说的：

> 我们用在 2008 年年底拥有 2000 万用户这个结果来衡量打造最好的浏览器这一目标。

对于一款新浏览器来说，这个目标是大胆的，谷歌在 2008 年年底能实现这一目标，实际只有不到 1000 万用户使用 Chrome。2009 年，关键结果增加到 5000 万用户，谷歌同样未能实现这一目标，只有大约 3700 万用户使用 Chrome。但它并没有放弃，而是在 2010 年将关键目标提高到 1 亿用户！这一次，谷歌超额完成了他们的目标，拥有 1.11 亿用户！

OKR 的原理

要让 OKR 发挥作用，企业需要一个好的目标与愿景来定义"WHY"：我们为什么为这家企业工作？然后将愿景分解为中期目标（称为 MOALS）。MOALS 本身也是 OKR。它们被分解为 OKR 周期，通常在 3 ～ 4 个月之间。在 OKR 计划和对齐中，OKR 在组织中被分解，以便个人和每个团队都有自己的 OKR，为实现更大的目标做出贡献。然后对 OKR 进行持续监测，通常每周进行一次。在 OKR 周期结束时，对 OKR 进行回顾，并庆祝所取得的成就。随着在周期中获取经验，MOALS 得到更新，开始一个新的周期（见图 1-6）。

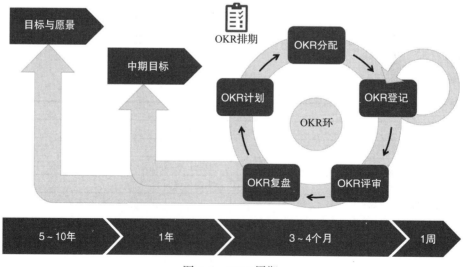

图 1-6   OKR 周期

OKR 在理论上很简单，但实现起来却很困难。制定好的 OKR 尤其困难，需要大量的实践。它还强烈依赖于企业文化、现有的度量标准和关键绩效指标（KPI）。

OKR 与 DevOps

一旦正确实行，OKR 可以使团队在保持自治的同时，对他们正在构建的内容有很强的一致性，而不仅仅是在他们如何构建上（见图 1-7）。在第 19 章讨论实验时，这一点很重要。团队可以定义自己的实验并衡量输出。基于此他们决定将哪些代码保留在项目中。

现在请看一个案例。

某企业的愿景是成为在线可视化项目管理工具的市场领导者。企业产品目前的市场份额是 12%。企业的 MOAL 如下：

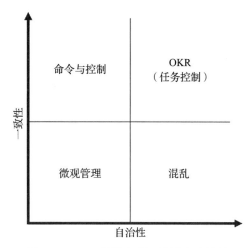

图 1-7　OKR 帮助实现一致性和自治性

> 我们将构建最好的可视化项目管理工具，到 2025 年年底市场份额将达到 75%。

产品由两个团队构建：一个团队专注于产品的核心，并开发项目管理可视化的功能。他们专注于现有的客户，打造客户喜爱的产品。他们同意接受以下 OKR：

> 用 NPS 高于 9，来衡量构建深受客户喜爱的可视化项目管理工具这一目标。

NPS 目前是 7.9，所以团队必须自己想出如何让客户满意的方法。在与一些客户进行了几次面谈之后，团队提出了一个假设，即所有的项目管理工具都是基于旧的项目管理技术，并且在面向敏捷的项目的情景中过于复杂。团队决定对部分客户进行实验，用一个全新的概念来验证或否定这个假设。

第二个团队是共享服务团队，主要关注用户管理、企业集成和计费。产品需要更多的新用户来实现 MOAL，而不仅仅是让现有用户满意。因此，OKR 周期的重点是为产品带来新客户，如下所示：

> 用每月新注册客户增长 20%，来衡量构建一个新客户易于使用的项目管理工具这一目标。

目前，新注册用户已经趋于稳定，所以团队的目的是重启增长趋势。该团队查看了这些数字，发现许多新客户在详细信息页面上退出了注册过程，因为客户必须输入自己的地址和账户详细信息。团队假设如果注册过程更简单，就会有更多的客户尝试该产品，并希望留在平台上。团队决定进行一项实验，将注册过程减少到认证所需的最低限度，为新客户提供 30 天的免费试用，并要求在此期限后提供付款详情。

第 18 章和第 19 章将解释假设驱动的开发和实验是如何进行的。这独立于 OKR，但两者都能很好地协同工作。

如果读者对真实世界的 OKR 感兴趣，GitLab 公开分享了他们的 OKR（https://about.gitlab.com/company/OKRs/）。他们还分享了建立 OKR 的整个过程，以及如何将 OKR 与史诗和问题联系起来。

OKR 不是 DevOps 的先决条件，但与敏捷开发一样，只是天生匹配。如果团队不是以敏捷开发，而是从 DevOps 开始，那工作方式无论如何都会变得高效，可以从 Scrum 等框架中受益，不必重复造轮子。OKR 也是如此：当在大型组织中推广 DevOps，并且希望通过保持与全局目标的一致来为团队提供极大的自主权时，就会自然而然地建立 OKR。

案例研究

Tailwind Gears 是一家软件制造商，生产许多不同的部件并集成到其他产品。企业有五个不同的以产品为中心的部门，共有 600 多名开发者。每个部门都有自己的开发流程。有的使用 Scrum，有的使用 SAFe，还有的使用经典的瀑布方法（验证模型或 V-Model）。有两个部门构建组件包含用于关键系统的软件，因此受到高度监管［国际标准化组织（ISO）26262 和优质制造规范（GxP）］。软件的编程语言范围从硬件和芯片上的嵌入式 C 和 C++ 代码，到移动应用程序（Java、Swift），以及 Web 应用程序（JavaScript、.NET）。

与开发过程一样，工具领域是非常不同的。有一些团队安装了旧的集中式版本控制系统（TFS）；另一些团队使用 Jira、Confluence 和 Bitbucket，还有一些使用 GitHub 和 Jenkins。一些团队已经有了持续集成 / 持续部署（CI/CD）实践，而其他团队仍然手动构建、打包和部署。一些团队已经开始以 DevOps 的方式运营他们自己的产品，而其他团队仍然将生产版本移交给单独的运营团队。

Tailwind Gears 面临以下问题：

- 高层管理人员对开发情况没有可见性。由于所有团队的工作方式不同，因此没有通用的方法来衡量效率。
- 各部门声称存在发布周期较慢（在几个月和几年之间）和高失败率的问题。
- 每个部门都有自己的团队来支持自己的工具链，所以有很多冗余。模板和流水线之类是不共享的。
- 很难将开发者和团队分配到具有最大商业价值的产品上。工具链和开发实践差异太大，而且上线时间太长。
- 开发者对自己的工作不满意，效率低下。一些人已经离职，很难在市场上招募到新的人才。

为了解决这些问题，企业决定实现一个通用的工程平台，同时打算统一开发过程。以下是一些建议：

- 在所有部门加速软件交付。
- 提高软件质量，降低故障率。
- 通过提高协同效应来节省时间和成本，并且只有一个平台团队负责一个工程系统。
- 通过将开发者和团队分配到具有更高价值主张的产品上，增加正在构建的软件的价值。
- 提高开发者的满意度，以留住现有人才，并使企业更容易雇用新的开发者。

为了使转型过程可见化，该企业决定衡量 DORA 的以下四个关键指标：

- DLT
- DF
- MTTR
- CFR

由于目前还没有统一的平台，所以这些指标将通过调查来收集。计划是将团队逐个转移到新的统一平台，并在那里使用系统指标。

开发者的满意度是开发模式转换的一个重要部分。因此增加两个指标，如下所示：

- 开发者满意度
- 对工程系统的满意度

这是来自至少三个 SPACE 维度的六个指标的混合。目前还没有衡量沟通力和协作力的标准。随着开发模式的转换，这些将被添加到评估系统中。

总结

本章讲解了软件是如何影响世界，对企业生命周期的影响。如果企业想要持续经营，就需要加速软件交付。明确工程效率将有助于改变与管理团队的沟通。

本章讲解了对企业重要的度量标准，并专注于能力。从 DORA 的四要素开始，然后从 SPACE 框架的不同维度添加更多指标。但请记住，度量标准的选择会影响实际行为，所以要谨慎选择度量标准。

通过选择正确的度量标准，可以让 DevOps 的转换和加速变得可衡量和透明。

本章的大部分内容都集中在效率上：正确做事。只有 OKR 还关注有效性：做正确的事情。OKR 也与精益产品开发相关（详见第 18 章）。

下一章将学习如何计划、跟踪和可视化工作。

拓展阅读

- *Srivastava S., Trehan K., Wagle D. & Wang J.* (April 2020). *Developer Velocity: How software excellence fuels business performance*: `https://www.mckinsey.com/industries/technology-media-and-telecommunications/our-insights/developer-velocity-how-software-excellencefuels-business-performance`
- *Forsgren N., Smith D., Humble J. & Frazelle J.* (2019). *DORA State of DevOps Report*: `https://www.devops-research.com/research.html#reports`
- *Brown A., Stahnke M. & Kersten N.* (2020). *2020 State of DevOps Report*: `https://puppet.com/resources/report/2020-state-of-devops-report/`
- *Forsgren N., Humble, J. & Kim, G.* (2018). *Accelerate: The Science of Lean Software and DevOps: Building and Scaling High Performing Technology Organizations* (1st ed.) [E-book]. IT Revolution Press.
- 更多关于"四要素项目"的内容参见 *Are you an Elite DevOps performer? Find out with the Four Keys Project (Dina Graves Portman, 2020)*: `https://cloud.google.com/blog/products/devops-sre/using-the-four-keys-to-measure-your-devops-performance`
- *Forsgren N., Storey M.A., Maddila C., Zimmermann T., Houck B. & Butler J.* (2021). *The SPACE of Developer Productivity*: `https://queue.acm.org/detail.cfm?id=3454124`
- *Grove, A. S.* (1983). *High Output Management* (1st ed.). Random House Inc.
- *Grove, A. S.* (1995). *High Output Management* (2nd ed.). Vintage.
- *Doerr, J.* (2018). *Measure What Matters: OKRs: The Simple Idea that Drives 10x Growth*. Portfolio Penguin.

## 第 2 章

计划、跟踪和可视化工作

上一章中介绍了如何衡量工程效率和产出使得开发模式的变化可见，并改变与管理层的交流方式。

本章将重点关注如何组织团队内的工作并应用精益原则（lean principle），同时学习如何利用 GitHub 的问题和项目来简化工作流程。

本章包括如下主题：

- 工作就是工作
- 非计划的工作和返工
- 工作可视化
- 限制在制品
- GitHub 的 Issues、Labels 和 Milestones
- GitHub Projects
- 第三方集成

工作就是工作

工作是为了实现目的或结果而进行的活动。这不仅包括正在从事的产品或项目，还包括必须为企业执行的所有活动。在作者与一些团队合作时，有些人要花费高达 50% 的工作时间在其项目 / 产品团队之外的任务上。有些人是团队负责人，需要与组织团队成员开会和对团队负责；有些人是劳资委员会的成员；有些人需要进行个人发展路径的培训；有些人还要修复他们过去参与过的项目的错误和处理现场问题。

团队成员无法摆脱束缚在他们身上的许多任务。团队成员可能喜欢或不喜欢这些任务，但这些通常是他们个人发展的重要组成部分。

这种工作的问题在于，任务的优先级和具体协调由个人和团队之外的人来决定。谁来决定开发者对以前系统的问题的处理是否应该优先于当前项目中的问题？通常情况下，每个人都会自己制订工作计划和优先级。这通常会导致更多的前期计划。当团队成员在冲刺阶段开始时报告他们的可用时间时，团队根据这些事项开始计划目前的任务。这可能会阻止整个团队建立拉动（pull），并迫使他们计划依赖任务并将其分配给单个团队成员（推动，push）。

为了解决这个问题，管理者应该让团队对工作内容可视化，并将其添加到团队的待办事项清单中。团队成员是劳资委员会的一员吗？添加到待办事项清单中。团队成员有培训计划吗？也添加到待办事项清单中。

因此，第一步是找出团队执行的工作类型，并将其收集到一个待办事项清单中。第二步是简化。每个人都可以让事情变得更加复杂，但是让事情变得更简单需要一点天赋。这就是为什么在大多数企业中，随着时间的推移，流程和表格变得越来越复杂。作者曾经见过一个有 300 个字段的表格，以及基于这些字段的复杂路由规则——仅仅是为了处理现场事件。但请不要将其放入待办事项清单中。将这个过程独立于后台——由团队处理，对团队有明确的触发，并由管理层负责——所以从你的角度来看，它已经完成了。一个流程或工单可能会导致多个细小工作项被列入待办事项清单中。每个工作项都应该被简化为待办、正在进行和已完成三个状态。

注意

第 18 章将更加关注价值流、约束理论以及如何优化工作流。本章关注的是团队层面以及如何开始优化跨团队边界。

非计划的工作和返工

所有开发者都知道频繁的情境切换会降低生产力。如果开发者在编码时受到干扰，那么在恢复到相同的生产力水平时需要一些时间。因此，同时处理多个项目或任务也会降低生产力。杰拉尔德·韦恩伯格在《优质软件管理：系统思维》（*Quality Software Management: Systems Thinking*）中，提出了一项研究结果：仅同时在两个项目上工作时，效率下降约 20%（Weinberg G.M. 1991）；每增加一个项目，效率会再下降 20%（见图 2-1）：

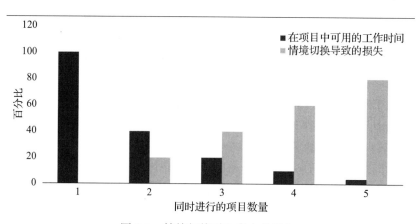

图 2-1   情境切换时生产力的损失

另一项来自 2017 年的研究表明，同时参与两个或三个项目的开发者平均花费 17% 的时间进行情境切换（Tregubov A.、Rodchenko N.、Boehm B. 和 Lane J.A.，2017）。作者认为实际百分比可能因产品和团队而异。采用小工作批量进行开发的开发者可以更容易进行情境切换，而工作批量较大的开发者则难以进行情境切换。问题越复杂，重新开始工作所需的努力就越大。像测试驱动开发（TDD）这样的实践可以帮助开发者更容易地在情境切换后重新开始工作。

但是，无论实际百分比如何：情境切换都会降低生产力，开发者如果将时间更多地专注到一个任务上，就会更加高效。这意味着管理层应该减少团队的在制品（WIP），尤其是非计划工作和返工。

为了帮助企业进行优化，应该从一开始就正确地标记工作项。非计划工作可能起源于项目内部或外部。如果出现错误、技术问题或误解了需求，就可能需要返工。确保开发者可以通过正确的标签从一开始就分析工作。这不应该成为一个复杂的治理框架，而是只需选择一些标签，这些标签将有助于以后优化团队工作。表 2-1 展示了如何对工作项进行分类。

表 2-1　工作项的示例分类法

工作类型	计划状态	来源	优先级
需求	已计划	商务部门	低
错误	未计划	IT 部门	中
文档	恢复	用户	高
基础设施			紧急
架构			
测试			

保持简单，并选择一些措辞简单的分类法，清晰地传达给团队。

工作可视化

为了关注重要的工作并减少多任务处理和任务切换，开发者应该可视化工作，通常采用看板的形式。看板源于精益制造，但现在被视为精益软件开发的重要组成部分。看板可以帮助开发者提高系统中工作流的效率。

可视化将帮助完成以下任务：

- 辨别瓶颈、等待时间和交接时间。
- 对工作进行优先排序并优先处理最重要的任务。
- 将工作分解成小批次大小。
- 完成任务。

建立拉动制

　　没有完美的计划。如果读者曾经制订过一个项目计划，就知道只有在有很多缓冲时间的情况下，项目计划才能够实现，并且必须经常调整计划。因此即使只计划未来 2 ～ 3 周的工作，计划也会导致产生等待时间和情境切换。解决方案是停止计划，建立拉动（pull）制：团队成员从队列中提取优先级最高的工作并开始处理。理想情况下，任务完成后将其移到完成状态（见图 2-2）。

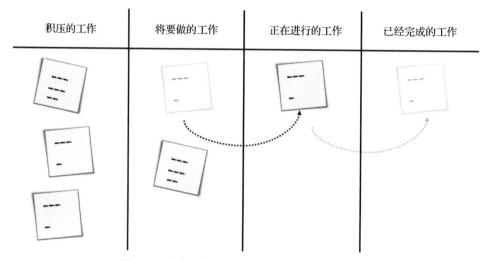

図 2-2　从待办事项中拉动工作以指示状态变更

　　如果只靠自身无法完成任务，这可能表明任务太艰巨，需要将其拆分为更小的任务。如果必须要同时处理许多任务才能完成一件事情，则这些任务可能太小。随着时间的推移，可视化表示法可以帮助发现瓶颈。

优先排序

　　使用可视化看板的好处在于很容易对工作进行优先排序。只需将具有最高优先级的工作项移动到顶部即可。如果在看板上有不同类型的工作，可能需要额外的可视化分离。这可以通过泳道（swimlane）来实现。泳道是看板上工作的水平分组（见图 2-3）。

　　如果团队需要处理现场问题，可能需要一个优先级泳道以向所有团队成员发出信号，表明当前问题优先于其他工作。或者如果团队成员需要在团队外负责某些事情，也需要将其与团队内的正常工作分开。

　　许多看板还允许为每张卡设置不同的颜色——通常是通过对卡片应用标签或标记来实现的。这也可以帮助在看板上通过视觉区分不同类型的工作。特别是与泳道结合使用时，有色卡片可以使开发者一目了然地看到团队的工作状况，以及需要关注的最重要的任务。

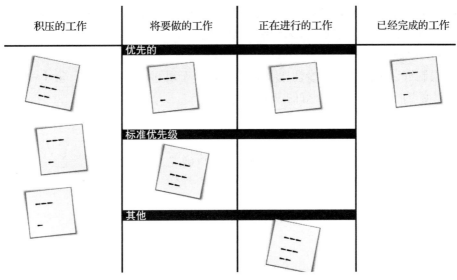

图 2-3 使用泳道来组织看板上的工作

保持简单

从三栏（待办、进行中和已完成）开始，如果需要优化团队的工作流，可以再添加更多的栏和泳道。但要注意保持简单！在每次定制之前问问自己：这是必要的吗？这能带来价值吗？有没有更简单的方法？

复杂的东西往往会很难剔除——实际应用时，有些团队将他们的看板扩大成了一个有着 10 列、8 个泳道（其中大多数时候都是折叠的）和许多字段及卡片信息的"怪兽"。

尽可能让看板保持简单！

限制在制品

看板的目标之一是限制在制品（WIP）。更少的 WIP 可以减少情境切换，使团队更加专注于当前工作。这有助于完成工作！停止开展新工作，开始完成当前的工作！

即使在指导 Scrum 团队时，作者也看到过一些团队在冲刺阶段的前几天就开始处理所有他们计划的用户故事（用户需求）。每当一名开发者受阻时，他们就会开始处理另一个故事。在冲刺阶段结束时，已经开始处理所有故事，但没有一个故事被处理完。

在看板中，开发者会专注于少量的工作，并保持一定的节奏。

设置 WIP 限制

大多数看板都支持 WIP 限制。WIP 限制是指希望在同一列中同时拥有的最大项数的指标。假设正在进行中的 WIP 限制为 5，此时正在处理三个项目。该列将显示 3/5——通常显示为绿色，因为限制尚未达到。如果继续开始处理另外三个项目，将显示为 6/5，通常显示为红色，因为限制已达到。

WIP 限制可以帮助开发者专注于少量的工作，无须开展太多工作。从小的工作开始，只有在绝对必要时才增加。一个好的 WIP 限制值是 5。

减少批次大小

限制 WIP 将为开发者提供一个很好的指标，以确定工作项目是否合适。如果很难保持 WIP 的限制，那么开发者进行的工作项目可能仍然太大。可以尝试在增加限制之前将项目拆分为更小的任务。

减少交接

同样的情况也适用于交接。如果开发者的工作项目需要许多团队成员，甚至需要外部团队的参与，那么会产生等待时间并降低流程效率。流程效率是开发者处理工作项目所花费的时间除以完成它所需的总时间（包括等待时间）：

$$f = \frac{工作时间}{工作时间 + 等待时间}$$

流程效率是软件工程中非常理论化的指标，因为通常不会精确测量工作时间和等待时间。但是，如果经历了许多交接和阻塞，该指标可能有助于了解开发者的工作如何在系统中流动。如果开发者将项目移动到"进行中"，可以启动工作计时器；如果将其移回，则可以启动等待时间计时器。

GitHub 的 Issues、Labels 和 Milestones

GitHub 的 issue 可以跟踪任务、功能改进和错误。它们高度集中，并有历史的时间轴。issue 可以链接到提交、拉取请求和其他问题。issue 是管理工程团队工作的良好解决方案。

创建 issue

在某个存储库中依次选择 Issues | New Issue 可创建一个新 issue。issue 的结构是标题和支持 Markdown 的正文（见图 2-4）。

工具栏可以帮助格式化文本。除了普通的格式化（例如标题、粗体和斜体文本、列表、链接和图片），还有一些值得注意的特点：

- **表情符号**：可以在 Markdown 中添加各种各样的表情符号。例如：+1: (👍)、:100: (💯) 以及 GitHub 典型的 :shipit: squirrel。读者可以在链接 https://gist.github.com/rxaviers/7360908#file-gistfile1-md 找到完整的列表。

图 2-4　创建一个新的 issue

- **提及**：可以通过 GitHub 名称提及个别成员或整个团队。只需要按下 @ 并开始输入。从列表中选择人员或团队。他们会收到通知，并且提及将显示为指向被提及的个人或团队的个人资料的链接。
- **引用**：通过按下 # 键并从列表中选择项目，可以引用其他 issue、拉取请求或讨论。
- **任务列表**：任务列表是一个包含子任务的列表，用于显示 issue 的进度。列表中的任务可以转换为 issue，因此可以用于创建工作项的嵌套层次结构。未完成的任务以 - [ ] 开头。如果已完成，中间加上 x，即表示为 - [x]。
- **源代码**：可以在 Markdown 中添加带有语法高亮的源代码。只需使用 ``` 来打开和关闭代码块。语法高亮由 Linguist（https://github.com/github/linguist）完成，大多数语言都被支持。

Markdown

　　Markdown 是一种非常流行的轻量级标记语言。与 JSON 或 HTML 不同，它基于单行格式化文本，不具有开放和关闭的标签或括号。这就是为什么它非常适合与 Git 一起进行版本控制，并与拉取请求协作进行更改。这也是 YAML 作为可机器读取文件的事实标准的原因。Markdown 是可读性好的文件。在 DevOps 团队中，一切（图表、架构、设计和概念文档、配置文件和基础设施）都是代码。这意味着使用 YAML、Markdown 或两者混合使用。

如果读者还没有学习过 Markdown，现在是时候开始学习它了。许多团队同时使用 Markdown 与拉取请求。由于大多数工作管理解决方案也支持 Markdown，它几乎无处不在。Markdown 具有非常简单的语法，易于学习。使用几次后，便会得心应手。

读者可以随时切换到预览模式以查看 Markdown 的输出（见图 2-5）。

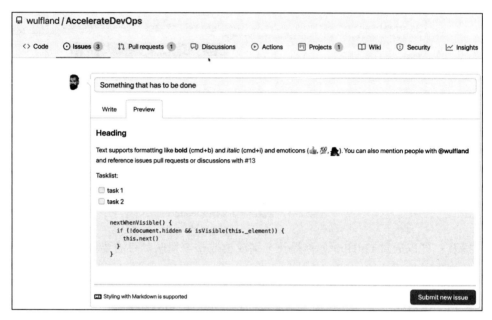

图 2-5   在新 issue 中预览 Markdown

读者可以访问链接 https://guides.github.com/features/mastering-markdown/ 获取 GitHub 上 Markdown 的介绍。

提示：

经常使用的文本可以保存至常用语。按"Ctrl + ."组合键（在 Windows/Linux 环境下）或"Cmd + ."组合键（在 Mac 环境下），然后从列表中选择回复或创建一个新的保存的回复。要了解更多信息，请参见 https://docs.github.com/en/github/writing-on-github/working-with-saved-replies。

在 issue 上进行协作

一旦 issue 被创建，可以随时添加评论。可以将多达 10 人分配至该 issue，并对 issue 应用标签进行分类。所有更改都显示为 issue 历史中的事件（见图 2-6）。

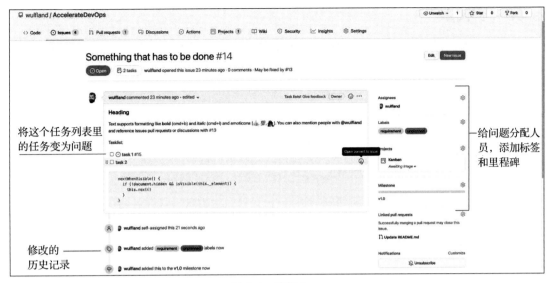

将这个任务列表里的任务变为问题

给问题分配人员，添加标签和里程碑

修改的历史记录

图 2-6　编辑 issue

issue 包含一个任务列表，用于显示 issue 的进度。读者可以将每个任务转换为一个单独的 issue，然后将其链接到当前 issue。如果单击"Open covert to issue"按钮（请注意，将鼠标悬停在图 2-6 中可见），任务将被转换为一个新的 issue，并显示为链接。如果单击链接并打开 issue，可以看到该 issue 在另一个 issue 中被跟踪（见图 2-7）。

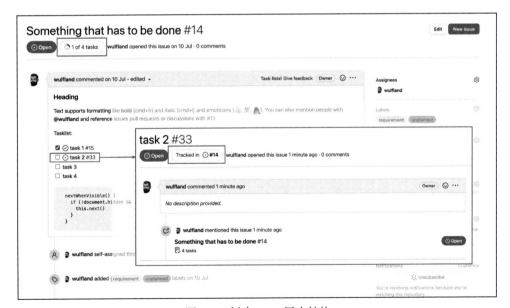

图 2-7　创建 issue 层次结构

这样可以创建灵活的工作层次结构，并将工作拆分成更小的任务。

issue 待办清单

issue 列表面页不是一个真正的待办清单，因为它不能通过拖放排序。但它具有非常高级的语法，可进行筛选和排序。应用的每个筛选器都会作为关键字文本添加到搜索字段中（见图 2-8）。

图 2-8　筛选和排序 issue 列表

在概述中，可以看到任务的进度和标签，还可以看到与 issue 相关联的拉取请求。

里程碑

里程碑是一种将问题分组的方式。一个 issue 只能分配至一个里程碑。里程碑通过关闭的问题数与总问题数的比例来衡量进度。里程碑有一个标题，一个可选的截止日期和一个可选的描述（见图 2-9）。

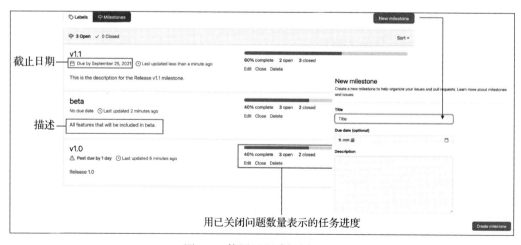

图 2-9　使用里程碑规划 issue

里程碑是将 issue 分组以便在特定目标日期发布版本的好方法。它们还可以用于将不属于一个发布版本的问题分组在一起。

固定 issue

用户可以将最多三个 issue 固定到存储库中。这些 issue 会显示在 issue 列表的顶部（见图 2-10）。

图 2-10　固定 issue

固定 issue 是向其他贡献者或新团队成员传达重要信息的好方法。

issue 模板

用户可以为 issue 配置不同的模板，给出预定义的内容。如果用户创建了一个新的 issue，他们可以从列表中选择模板（见图 2-11）。

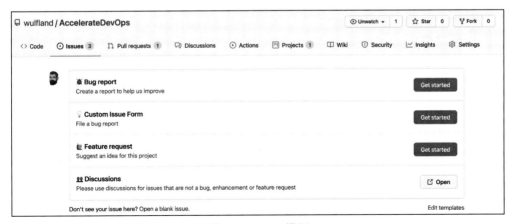

图 2-11　issue 模板

用户可以在存储库中依次单击 Settings | Options | Issues | Set up templates 来激活 issue 模板。可以为错误、功能或自定义模板选择一个基本模板。这些模板是存储在存储库中的文件，位于 .github/ISSUE_TEMPLATE 下。单击"Propose changes"并提交文件到存储库。一旦模板文件在存储库中，用户就可以直接在那里编辑或删除它，还可以添加新的模板文件，没有必要从设置中进行"添加新模板文件"的操作。

模板可以是 Markdown 文件（.md）或 YAML 文件（.yml）。Markdown 包含一个指定名称和描述的头文件。它还可以设置标题、标签和指派人的默认值。以下是 Markdown 模板的示例。

```
---
name: 🐞 Bug report
about: Create a report to help us improve
title: '[Bug]:'
labels: [bug, unplanned]
assignees:
  - wulfland
---
**Describe the bug**
A clear and concise description of what the bug is.
**To Reproduce**
...
```

如果单击 Issues | New Issue，可以选择模板并点击"Get started"按钮，这将会生成一个使用模板预设值填充的新 issue，如图 2-12 所示。

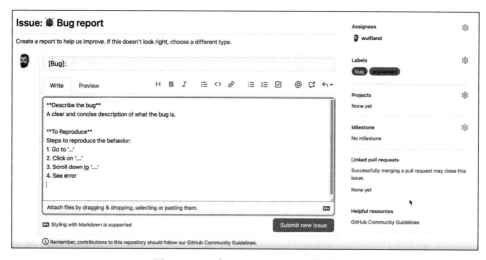

图 2-12 一个 Markdown 问题模板

使用 YAML 模板，可以定义具有文本框、下拉框和复选框的完整表单。可以配置控件并将字段标记为必填。一个示例表格的定义如下。

```
name: 💡 Custom Issue Form
description: A custom form with different fields
body:
  - type: input
    id: contact
    attributes:
      label: Contact Details
      description: How can we get in touch with you if we need
more info?
      placeholder: ex. email@example.com
    validations:
      required: false
  - type: textarea
    id: what-happened
    attributes:
      label: What happened?
      description: Also tell us, what did you expect to happen?
      placeholder: Tell us what you see!
      value: "Tell us what you think"
    validations:
      required: true
  - type: dropdown
    id: version
    attributes:
      label: Version
      description: What version of our software are you
running?
      options:
        - 1.0.2 (Default)
        - 1.0.3 (Edge)
    validations:
      required: true
  - type: dropdown
    id: browsers
    attributes:
      label: What browsers are you seeing the problem on?
      multiple: true
      options:
        - Firefox
        - Chrome
        - Safari
        - Microsoft Edge
  - type: checkboxes
    id: terms
    attributes:
      label: Code of Conduct
      description: By submitting this issue, you agree to
follow our [Code of Conduct](https://example.com)
```

```
    options:
      - label: I agree to follow this project's Code of
Conduct
        required: true
```

结果如图 2-13 所示。

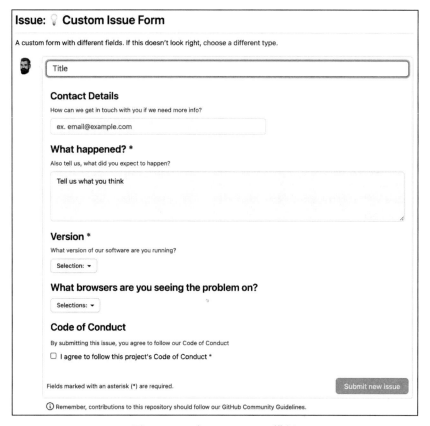

图 2-13   一个 YAML issue 模板

读者可以访问链接 https://docs.github.com/en/communities/using-templates-to-encourage-useful-issues-and-pull-requests/syntax-for-issue-forms 获取更多关于 YAML issue 模板的信息。

用户可以通过将 config.yml 文件添加到 .github/ISSUE_TEMPLATE 中来自定义选择 issue 模板的对话框，也可以选择是否支持空问题并添加其他行。

```
blank_issues_enabled: true
contact_links:
  - name: 🤝 Discussions
    url: https://github.com/wulfland/AccelerateDevOps/
discussions/new
    about: Please use discussions for issues that are not a
bug, enhancement or feature request
```

结果与图 2-11 相同，附加的链接显示为"Open"按钮。

注意

在撰写本书时，YAML 问题模板仍处于测试阶段，因此可能会发生变化。

GitHub Projects

GitHub Issues 是协作的绝佳方式，但由于存储库范围的限制和缺乏拖放式待办事项清单及可视化看板，GitHub Issues 并不是可视化和跟踪工作的完美方法。

在 GitHub 中管理跨存储库工作的中心枢纽是 GitHub Projects。它建立在 GitHub Issues 之上，支持来自多达 50 个存储库的 issue。

GitHub Projects 是一个灵活的协作平台。用户可以自定义待办事项清单和看板，并与其他团队或社区分享它们。

注意：新的 GitHub Issues 或 GitHub Projects（测试版）

在撰写本书时，Git 项目正在进行彻底的改造。新部分目前被称为 GitHub Projects（beta）或 New GitHub Issues，当准备就绪时将取代 GitHub Projects。目前还不确定最终名称是什么。

目前，新的测试体验不像 Jira 或 Azure Boards 那样成熟。但是有一个出色的团队正在开发它，作者相信如果准备完善，它将是市场上最好的解决方案之一！

请注意，每个月都会推出很多新功能，本书中的截图可能很快就会过时。读者应关注变更日志（https://github.blog/changelog/），以便及时了解发布的所有内容。

开始使用

GitHub Projects 可以包含来自多个存储库的 issue 和拉取请求。因此，它们必须在组织级别或在用户个人存储库配置文件中创建。要创建新项目，请导航到组织或 GitHub 配置文件的主页面上的"Projects"并单击"New Project"（见图 2-14）。

将工作项添加到项目中

项目中的默认视图是表视图。它被优化用于输入数据。按 Ctrl + 空格键或单击表格的最后一行，可以直接输入新工作项的名称，然后将该项转换为 issue。或者可以输入 # 并选择一个存储库，然后选择可用的 issue 或拉取请求（见图 2-15）。

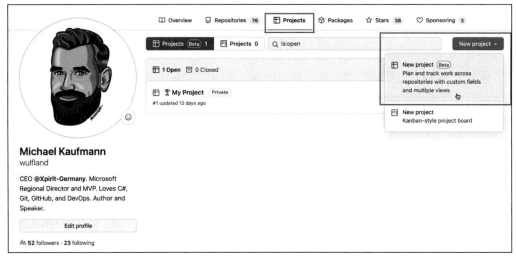

图 2-14 在配置文件或组织中创建新项目

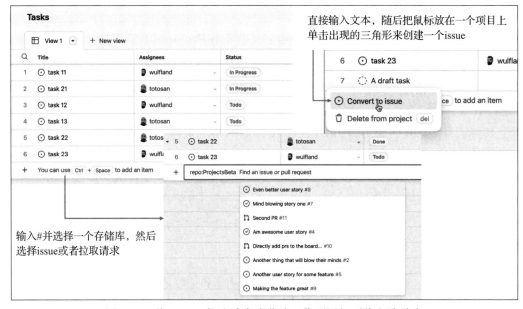

图 2-15 将 issue、拉取请求或草稿工作项添加到待办清单中

向项目添加元数据

用户可以轻松地向项目添加不同的元数据字段。支持如下类型：

- **日期字段**：值必须是有效的日期。
- **数字字段**：值必须是数字。
- **单选**：值必须从值列表中选择。

- **文本字段：**值可以是任何文本。
- **迭代：**值必须从一组日期范围中选择。过去的日期被自动标记为完成，日期范围中包括当前日期的将被标记为正在进行。

要添加新字段，请按 "Cmd + K" 组合键（在 Mac 环境下）或 "Ctrl + K" 组合键（在 Windows/Linux 环境下）打开命令面板，然后输入 "Create new field"。还可以单击右上角的加号并选择 "+ New field"。输入字段名称并选择字段类型。

使用表视图工作

项目的默认视图是高度灵活的表视图，用户可以拖放对行进行排序并按优先顺序输入数据。可以通过打开列标题中的菜单或打开命令面板（按 "Cmd + K" 或 "Ctrl + K" 组合键）并选择其中一个命令来对行中的数据进行排序、筛选和分组。

如果将表视图分组，用户可以直接向组中添加项目或通过将其拖到另一个组中更改项目的值（见图 2-16）。

图 2-16　表视图支持分组、筛选和排序

使用看板视图工作

用户可以将视图切换到看板视图，将工作显示为可配置的看板。看板可以为视图中的任何字段值显示一列！用户可以使用视图的列字段属性进行设置，将项目拖到另一列中以更

改状态。目前还不能分组看板或设置泳道，但是用户可以筛选看板，以便使不同类型的工作项拥有单独的看板（见图 2-17）。

图 2-17   看板视图

用户可以通过单击看板右侧的加号用任何字段作为看板的列字段，以添加新列。这提供了一种非常灵活的可视化工作的方式（见图 2-18）。

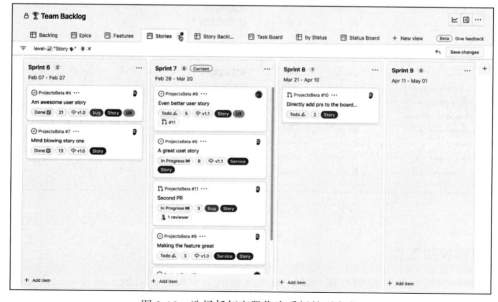

图 2-18   选择任何字段作为看板的列字段

看板视图被优化用于可视化工作、优化流程和限制 WIP。

使用视图

每次在视图中对数据进行排序、筛选或分组，或在表格和看板视图之间切换时，选项卡标题中的蓝色图标都会指示该视图有未保存的更改。用户可以在菜单中查看更改并保存或丢弃，也可以将它们保存为一个新的视图（见图 2-19）。

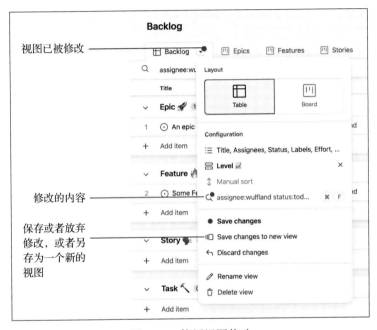

图 2-19　使用视图修改

创建新的自定义视图，重命名它们并使用拖放进行排列非常简单。

工作流

用户可以使用工作流来定义当 issue 或拉取请求转换到另一个状态时触发的事件。目前，用户只能启用或禁用默认的工作流——但将来将能够编写自己的工作流（见图 2-20）。

洞察

用户可以通过非常灵活的图表报告实时数据来了解进展情况。通过右上角的菜单可以访问洞察，或者从视图创建一个图表。还可以为图表使用预定义的时间范围，或选择自定义范围。也可以使用宏来筛选图表，例如迭代字段的 @current 或 @next，或指派人字段的 @me。用户可以通过单击它们来禁用图表中的状态，可以用鼠标悬停在日期上查看详细信息（见图 2-21）。

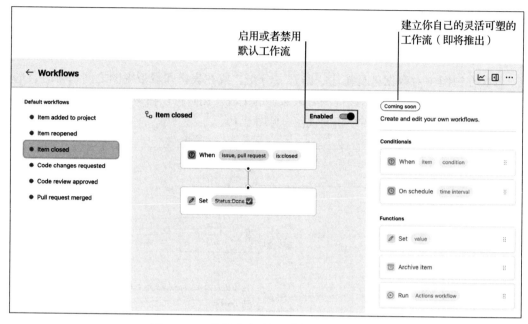

图 2-20   工作流定义项目更改时发生的情况

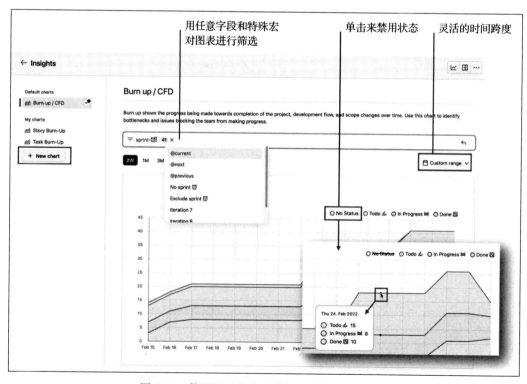

图 2-21   使用灵活的实时数据图表获取 Insights

在撰写本书时，洞察只支持燃尽图，并且只支持某些项目和状态。但这种情况很快就会改变，用户将能够创建各种灵活的图表，可以将其更改为各种列。

管理访问权限

由于项目可以跨多个存储库共享，因此可以在设置中配置可见性和访问权限。项目可以具有公共或私有的可见性，这使用户可以创建能与公众共享的路线图。在组织中，可以将组织成员的基本权限设置为不可访问、读取、写入或管理员。这在个人项目中是不存在的，但是可以邀请具体的协作者并授予他们读取、写入或管理员权限。

为了获得更好地被发现，可以将项目添加到存储库（见图 2-22）。

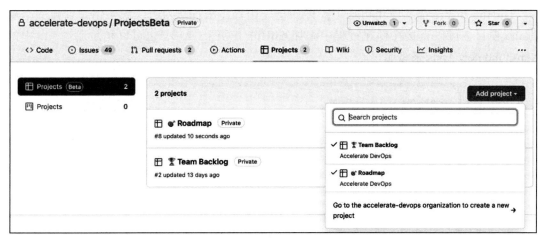

图 2-22　将项目添加到存储库

GitHub Projects 是管理工作并根据需求进行调整的非常灵活的解决方案。要了解有关 GitHub Projects 的更多信息，请参见 https://docs.github.com/en/issues/trying-out-the-new-projects-experience/about-projects。

项目仍处于测试阶段。但是，已经推出的功能令人印象深刻，在不久的将来，这将是一种最灵活的解决方案，可以轻松地与社区共享个人配置。请关注更新日志中的更新 https://github.blog/changelog/label/issues/。

第三方集成

如果用户已经熟悉像 Jira 或 Azure Boards 这样的成熟解决方案，也可以继续使用这些解决方案。GitHub 几乎支持所有可用产品的集成。本节将展示 GitHub 如何与 Jira 和 Azure Boards 集成，在 GitHub 市场上还有许多其他解决方案。

这简单吗?

Jira 和 Azure Boards 都是非常好的产品,可以高度定制。如果读者想继续使用当前的工具,请确保在本章中描述的所有内容都适用。操作是否简单? 能否将所有工作放入其中? 能否从队列中提取工作? 是否有 WIP 限制? 流程效率如何?

读者可能需要考虑将过程和项目模板调整为更精简的工作方式。转移到新平台总是减少负担的好机会。如果进行集成,请确保不会拖慢速度或增加技术债务。

Jira

GitHub 和 Jira 都在应用市场中提供一个应用程序来连接对方。如果用户创建一个新的 Jira 项目,可以直接在创建过程中添加 GitHub(见图 2-23),也可以稍后通过 Jira 中的 Apps|Find new Apps 来添加它。

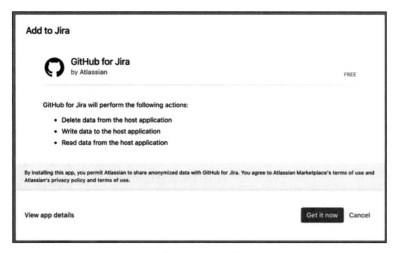

图 2-23   向 Jira 项目添加 GitHub

安装过程很简单,可以访问链接 https://github.com/marketplace/jira-software-github 了解详情。

安装两个应用程序并连接到 Jira 中的 GitHub 组织。在 GitHub 中,用户可以指定选择组织中的所有存储库或仅特定存储库。如果组织有很多存储库,同步可能需要一些时间!

可以在 Jira 中的 Apps|Manage your apps|GitHub |Get started(见图 2-24)中检查配置和同步状态。

一旦同步处于活动状态,可以通过提及 Jira issue 的 ID 来将 issue、拉取请求和提交链接到 Jira issue。ID 始终由项目密钥和表示项的整数组成(例如,GI-666)。

图 2-24　Jira 中的 GitHub 配置和同步状态

如果在 GitHub issue 中指定 Jira issue[GI-1] 和 [GI-2]，则文本会自动链接到相应的 Jira issue（见图 2-25）。

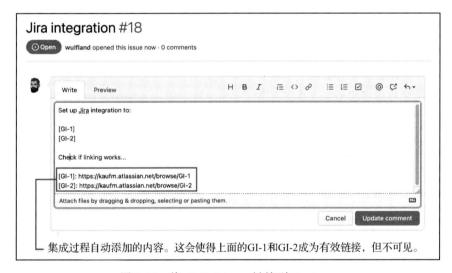

图 2-25　将 GitHub issue 链接到 Jira issue

如果在提交注释中提及 Jira issue，将自动链接到 Jira issue 下的 Development（见图 2-26）。用户还可以深入挖掘提交并查看包含在提交中的更改文件数量。

还可以使用智能提交从提交注释内部执行与 Jira issue 相关的操作。智能提交具有以下语法：

```
<ignored text> <ISSUE_KEY> <ignored text> #<COMMAND> <optional
COMMAND_ARGUMENTS>
```

目前，支持三个命令：

● comment：在 Jira issue 中添加注释。
● time：在 Jira issue 中添加工作的时间。
● transition：更改 Jira issue 的状态。

图 2-26   在 Jira 中链接 GitHub 构件

以下是一些智能提交的示例：

- 以下提交消息将向 GI-34 添加注释"corrected indent issue"：

```
GI-34 #comment corrected indent issue
```

- 此提交消息向 GI.34 添加时间：

```
GI-34 #time 1w 2d 4h 30m Total work logged
```

- 此提交消息向 GI-66 添加评论并关闭该 issue：

```
GI-66 #close #comment Fixed this today
```

有关智能提交的更多信息，请参见 https://support.atlassian.com/jira-software-cloud/docs/process-issues-with-smart-commits。

注意!

只有用户在提交注释中使用的电子邮件地址具有足够的 Jira 权限，智能提交才会起作用！

Jira 和 GitHub 紧密集成。如果团队已经熟悉 Jira，则最好使用 Jira 并将其集成到 GitHub 中。

Azure Boards

Azure Boards 与 GitHub 也有非常紧密的集成，设置非常简单。只须从 GitHub 市场安装 Azure Boards 应用程序（参见 https://github.com/marketplace/azure-boards），然后按照说明

操作即可。

可以在工作项的 Development 部分（或拥有的任何其他工作项类型）中直接链接 GitHub 提交和 GitHub 拉取请求到 Azure Boards issue，或者可以使用语法 AB#<id of Azure Board Issue>（例如，AB#26）引用工作项。

GitHub 链接将显示在带有 GitHub 图标的卡片上（见图 2-27）。

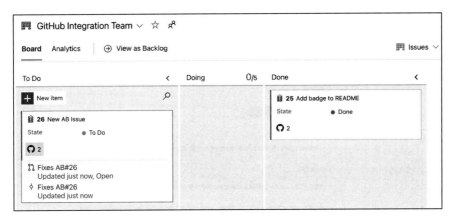

图 2-27　在 Azure Boards 中链接 GitHub 构件

如果在 AB 引用之前添加了 `fix`、`fixes` 或 `fixed` 关键字，则 Azure Boards issue 将自动转换为 Done 状态。请参见以下示例：

- 如果提交合并，则以下提交注释将链接到 issue 666 并将该 issue 切换为已完成：

```
Fixes AB#666
Update documentation and fixed AB#666
```

- 以下提交注释将链接 issue 42 和 issue 666，但仅将 issue 666 切换为已完成：

```
Implemented AB#42 and fixed AB#666
```

- 关键字仅适用于一个引用。以下提交注释将链接所有三个 issue，但只有 issue 666 将切换为已完成：

```
Fixes AB#666 AB#42 AB#123
```

- 如果关键字不是直接在引用之前，则不会切换任何 issue！

```
Fixed multiple bugs: AB#666 AB#42 AB#123
```

用户可以在 GitHub 的 README 文件中添加徽章，显示 Azure Boards 问题的数量。可以从 Azure Boards 的设置（位于面板上方右侧的小齿轮图标）中的状态徽章（Status badge）部分获取徽章 URL。只能显示正在进行中的图标数量或所有项的数量（见图 2-28）。

Azure Boards 集成设置简单且非常自然。如果团队已经熟悉 Azure Boards，则在 Azure Boards 中使用紧密的 GitHub 集成是一个不错的选择。

图 2-28   向 GitHub README 文件添加徽章

案例研究

Tailwind Gears 选择了两个团队开始他们的 DevOps 转型，将这两个团队迁移到 GitHub 作为新的 DevOps 平台。这个战略性的决定是将所有内容都移动到 GitHub，并使用 GitHub Projects 和 GitHub Issues 来管理工作。这也使得需要在监管环境下工作的一些团队能够实现端到端的可追溯性。同时，在迁移到新平台时，开发流程也应该得到调整。

其中一个试点团队已经使用 Scrum 一年多了，他们使用 Jira 来管理他们的待办事项，并以 3 周的迭代周期（sprint）为单位工作。对迭代周期的仔细分析显示，在每个周期中，有很多问题无法解决。此外，大多数问题都是从周期开始同时处理的。当被问及时，团队报告说他们在周期开始时计划了所有的工作，但由于依赖企业的 ERP 系统，有些工作被阻塞了。当被工作阻塞时，开发者开始处理另一个任务。此外，一些开发者仍然需要处理一些他们的旧项目。他们从反馈系统中接收工单（ticket），并且必须提供第三级支持。这些任务很难计划，并导致团队中其他依赖这些开发者工作的开发者需要等待。

为了在新平台上开始工作，我们将从 Jira 导入所有未关闭的需求，并将其标记为需求、计划和业务。如果有新的任务出现，我们同意手动添加一个新的问题，并将其标记为错误、未计划和 IT。我们创建一个单独的泳道来跟踪这些问题，因为它们通常是具有高优先级的现场问题。为了自动化集成，我们创建了我们的第一个团队问题，将其标记为基础设施、计划和团队，并将其置于待办事项列表的顶部。

为了减少计划和等待时间，并建立更具拉动性（pull-based）的工作流程，我们同意不计划整个迭代，而是专注于待办事项列表中的前三个需求。团队将这三个项目的工作细分，并为正在进行中的任务建立了一个 5 个工作项的 WIP 限制。

第二个团队仍然使用经典的瀑布式开发；他们的需求在 IBM Rational DOORS 中，他们习惯根据规范文件进行工作。为了转向更加敏捷的方式，一些新成员加入了团队：

- 一位敏捷教练，担任 Scrum Master 的角色。
- 一位需求工程师，担任产品负责人的角色。
- 一位来自架构团队的架构师，负责在开发开始之前更新软件架构。
- 一位质量工程师，负责在发布应用程序之前进行测试。

为了开始工作，我们将需求从 DOORS 导出并导入 GitHub Projects 中。我们保留 DOORS ID 以便能够将我们的待办事项追溯回原始需求。

在为第一个需求拆分工作时，我们发现工作量太大，无法在一个迭代周期内完成。产品负责人将需求拆分成多个小项，以减少批处理大小。对于最重要的两个项的拆分显示，每项都可以在大约 1 周内完成。团队需要为架构师和质量工程师预留一些时间，他们确信这两位可以帮助团队完成一些任务。对于团队而言，这仍然比将工作移交给另一个团队的等待时间更短。

总结

情境切换和计划外工作会扼杀生产力。本章学习了如何通过采用精益工作方式来提高工作效率。通过在看板上建立"拉"而不是"推"来实现，限制在制品（WIP），专注于完成工作，并减少批处理大小和交接。

本章学习了如何使用 GitHub Issues 和 GitHub Projects 来实现这一目标，以及如果希望继续使用现有的工作管理系统，应如何集成 Jira 和 Azure Boards。

下一章将更深入地介绍团队合作和协作开发。

拓展阅读和参考资料

- Tregubov A., Rodchenko N., Boehm B., & Lane J.A. (2017). *Impact of Task Switching and Work Interruptions on Software Development Processes*: https://www.researchgate.net/publication/317989659_Impact_of_task_

switching_and_work_interruptions_on_software_development_
processes

- Weinberg G.M. (1991), *Quality Software Management*: *Systems Thinking* (1st ed.). Dorset House.
- GitHub Issues: `https://guides.github.com/features/issues/` 和 `https://docs.github.com/en/issues/tracking-your-work-with-issues/about-issues`
- Markdown: `https://guides.github.com/features/mastering-markdown/`
- issue 模板：`https://docs.github.com/en/communities/using-templates-to-encourage-useful-issues-and-pull-requests/about-issue-and-pull-request-templates`
- GitHub Projects: `https://docs.github.com/en/issues/trying-out-the-new-projects-experience/about-projects`
- GitHub Jira 集成：`https://github.com/atlassian/github-for-jira`
- GitHub Azure Boards 集成：`https://docs.microsoft.com/en-us/azure/devops/boards/github`

团队合作与协作开发

一个出色的团队不只是其成员的简单累加，打造人们喜爱的产品还需要一个高效的团队。

本章将学习如何建立团队并使用 Pull Request 以达到高度协作开发。通过学习本章将了解什么是 Pull Request，以及哪些功能可以帮助团队建立优秀的代码评审工作流。

本章包括如下主题：

- 软件开发是一项团队活动
- 协作的核心——Pull Request
- 动手实践：创建一个 Pull Request
- 提交更改
- Pull Request 审阅
- 代码审阅的最佳实践

软件开发是一项团队活动

设计师兼工程师彼得·斯基尔曼做了一个实验：他让四人一组的团队在棉花糖挑战中相互竞争。挑战的规则很简单——用以下材料构建能支持一个棉花糖的最高的结构：

- 20 根生意大利面
- 1 卷透明胶带
- 1 根绳子
- 1 个棉花糖

这个实验并不是针对问题本身，而是关于团队如何共同努力解决问题。在实验中，来自斯坦福大学和东京大学的商科学生团队与幼儿园的孩子们竞争。猜猜谁是赢家？

商科学生检查材料，讨论最佳策略，仔细挑选最优方法。他们以专业理性和智慧的方式行事，但幼儿园的孩子们却是赢家。幼儿园的孩子们并没有决定最好的策略——他们只是尝试并开始实验。他们紧紧地站在一起，简短交流："这里，不，是这里！"

幼儿园的孩子们并没有因为更聪明或更熟练而获胜。他们获胜是因为作为一个团队他们合作得更好（Coyle D., 2018）。

读者也可以在体育竞技中观察到同样的情况：可以把最好的球员放在队伍中，但如果他们不能组成一个良好的团队，就会输给一个技术不那么好但能完美合作的团队。

在软件工程中，企业需要具有高凝聚力的团队，就像棉花糖实验中幼儿园的孩子们那样一起实践的团队，而不是仅在一起工作但互相独立的专家。通过寻找 E 型团队成员取代 T 型团队成员的演变来做到这一点。I 型人员在一个领域有很丰富的经验，但在其他领域的技能或经验很少。T 型人员是在一个领域内拥有丰富经验的通才，并且还拥有跨越多个领域的技能。更高级的是 E 型人员——E 表示经验（Experience）、专长（Expertise）、探索（Exploration）和执行（Execution）。他们在多个领域拥有丰富的经验，具有成熟的执行技能，总是勇于创新，渴望学习新技能。E 型人员是将不同领域的专业知识结合成一个高协作团队的最佳选择（Kim G.、Humble J.、Debois P. 和 Willis J.）。

通过观察一些 Pull Request，可以很快观察到团队是如何合作的。谁来审阅代码，审阅的主题是什么？人们在讨论什么问题？语气如何？如果读者曾经见过杰出团队的 Pull Request，就会很容易发现进展不顺利的事情。以下是一些常见的 Pull Request 反面案例：

- Pull Request 数量过大，变化较多（批数量过大）。
- Pull Request 仅在某个功能已经完成或在冲刺的最后一天产生（最后一分钟通过）。
- Pull Request 通过但没有任何评论。这通常是因为人们只是为了同意而不干扰其他团队成员（自动通过）。
- 评论很少包含问题。这通常意味着讨论的是不相关的细节，比如格式和样式，而不是架构设计问题。

后文会详细阐述代码检查的最佳方式，以及如何避免这些反面案例。接下来深入理解什么是 Pull Request。

协作的核心——Pull Request

一个 Pull Request 不仅仅是一项传统的代码审阅。还能实现以下几点：

- 代码协作
- 分享知识
- 创建代码的共享所有权
- 跨团队协作

但 Pull Request 到底是什么？Pull Request（也称为 Merge Request）是将来自其他分支的更改集成到 Git 代码存储库中的目标分支的过程。更改可以来自存储库的分支，也可以来自派生（存储库的副本）。Pull Request 通常缩写为 PR。没有写入权限的人也可以派生存储库并创建 PR。这使得开源存储库的所有者无须向每个人授予存储库的写入访问权限，他人就能参与贡献。这就是为什么在开源世界中，Pull Request 是将更改集成到代码存储库中的默认方式。

Pull Request 还可用于以称为内部源代码的开源风格进行跨团队协作（参见第 5 章）。

关于 Git

Git 是一个分布式版本控制系统（Revision Control System，RCS）。与中央 RCS 相比，每个开发者都将整个存储库存储在自己的机器上，并与其他存储库同步更改。Git 基于一些简单的架构决策。每个版本都存储为整个文件，而不仅仅包括更改部分，并使用哈希算法跟踪更改。修订和文件系统存储为有向无环图（DAG），该图使用父对象的散列进行链接。这使得分支和合并更改变得非常容易。

Git 是 Linus Torvalds 在 2005 年为 Linux 内核创建的 RCS。直到 2005 年，BitKeeper 一直用于版本控制，但由于许可证的变更，BitKeeper 不能再免费用于开源项目了。

Git 是当今最流行的 RCS，有很多关于 Git 的书（参见 Chacon S. 和 Straub B.，2014；Kaufmann M.，2021 等）。Git 是 GitHub 的核心，但在本书中，GitHub 作为一个 DevOps 平台，而不是 RCS。

第 11 章将讨论与工程速度相关的分支工作流，但不会深入讨论分支和合并。请参阅拓展阅读和参考资料部分来了解相关内容。

图 3-1 为 Git 的手册页。

Git 按行对文本文件进行版本管理。这意味着 Pull Request 关注已更改的行：可以添加、删除，或同时添加和删除一行。在本例中，可以看到更改前后旧行和新行之间的差异。在合并之前，Pull Request 允许用户做以下事情：

- 审阅更改并对其进行评论。
- 在源存储库中构建并测试更改和新代码，而不需要首先合并它。

只有当更改通过所有审阅时，它们才会被 Pull Request 自动合并。

在现代软件工程中一切都是代码，它不仅仅是关于源代码。读者还可以在以下方面进行合作：

- 架构、设计和概念文档
- 源代码
- 测试
- 基础设施（以代码形式）
- 配置（以代码形式）
- 文档

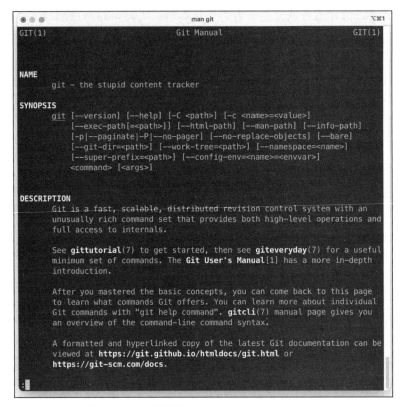

图 3-1　Git 手册页：the stupid content tracker

　　任何事情都可以在文本文件中完成。在前一章已经讨论过将 Markdown 作为人类可读文件的标准。它非常适合在目录文件和文档上进行协作。如果需要存档或发送给客户一份实际文件，还可以将 Markdown 转变为可移植文档格式（PDF）。用户可以使用图表扩展 Markdown。例如，使用 Mermaid（参见 https://mermaid-js.github.io/mermaid/）。Markdown 是针对人类可读的文件，而 YAML Ain't Markup Language（YAML）是针对机器可读的文件。因此，通过源代码、Markdown 和 YAML 的组合，可以自动创建开发生命周期的所有工件，并在更改上进行协作，就像在源代码上协作一样！

案例

　　在 GitHub，所有事项基本上都是用 Markdown 来处理的，甚至法律团队和人力资源（HR）也使用 Markdown、issue 和 Pull Request 来协作。例如在招聘流程中：职位描述存储为 Markdown 文件，并且使用 issue 跟踪完整的招聘流程。又如 GitHub 网站政策（如服务条款或社区指南），都是 Markdown 格式，而且都是开源的（https://github.com/github/site-policy）。

如果读者想了解更多关于 GitHub 团队协作的信息，请参阅 https://youtu.be/HyvZO5vv Oas?t=3189。

动手实践：创建一个 Pull Request

如果读者初次使用 Pull Request，最好自己创建一个来体验它是什么。如果读者已经熟悉 Pull Request，可以跳过这一部分，并继续阅读有关 Pull Request 特性的内容。请按以下步骤进行：

1. 打开相应的存储库，通过单击右上角的 Fork 创建一个存储库派生：https://github.com/wulfland/AccelerateDevOps。

在 Fork 中，导航到 Chapter 3 | Create a pull request（ch3_pullrequest/Create-PullRequest.md）。该文件还包含了指令，这样用户不需要在浏览器和本书之间来回切换。单击文件内容上方的 Edit 铅笔图标编辑该文件。

2. 删除文件中标记的行。

3. 添加几行随机文本。

4. 通过删除超过允许长度的字符来修改一行。

5. 提交更改，但不要直接提交到主分支。将它们提交到一个新的分支，如图 3-2 所示。

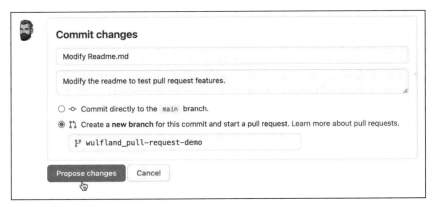

图 3-2　将更改提交到新分支

6. 浏览器将自动重定向到一个可以创建 Pull Request 的页面。输入标题和说明。请注意，在第 2 章介绍的 issue 的 Markdown 语法在这里也支持：表情符号（:+1:）、提及（@）、引用（#）、任务列表（- [ ]）和语法突出显示的源代码（```）。用户还可以指配工作负责人、标签、项目和里程碑。

在页面的顶部，可以看到目标分支（base）是 main，而要集成的源分支是刚刚创建的

分支。"Create pull request"按钮是一个下拉列表。用户还可以选择创建 Pull Request 草稿。现在通过单击"Create pull request"按钮创建一个 Pull Request（参见图 3-3）。

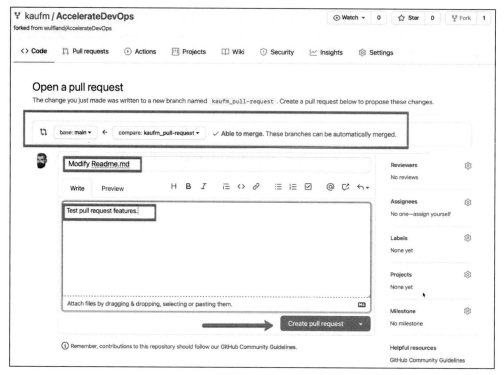

图 3-3 为对文件所做的更改创建 Pull Request

7. 在 Pull Request 中，单击"Files changed"并注意对文件所做的更改：删除的行是红色的，添加的行是绿色的，修改的行是删除的行后面跟着添加的行。如果将鼠标悬停在这些线上，左侧会出现一个加号＋图标。单击该图标则可以添加单行注释。按住图标并拖动它，则可以为多行添加注释。同样，注释具有与 issue 相同的所有丰富特性标记支持！添加一条注释，单击 Add single comment（见图 3-4）。

经典的代码审阅和 Pull Request 之间的重要区别在于用户可以更新 Pull Request。这使得用户可以处理注释并共同处理 issue，直到 issue 关闭为止。读者可以编辑文件并提交到新分支，以查看 Pull Request 是否会反映更改。

8. 通过打开右上角的菜单并选择 Edit file（参见图 3-5），可以直接从 Pull Request 编辑文件。

9. 通过添加新的文本行来修改文件。在创建 Pull Request 之前，将更改提交到创建的分支（参见图 3-6）。

10. 返回 Pull Request，注意系统会自动显示所做的更改。读者可以在 Files changed 下查看文件中的所有更改，也可以在 Commits 下查看单个提交中的更改（参见图 3-7）。

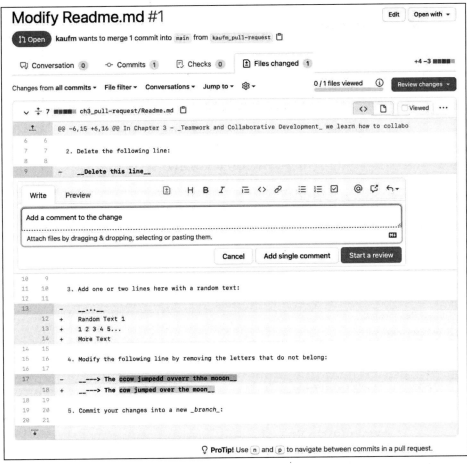

图 3-4　向更改行添加注释

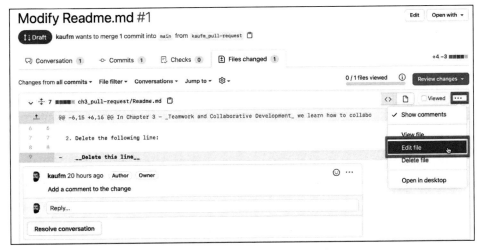

图 3-5　在 Pull Request 中编辑文件

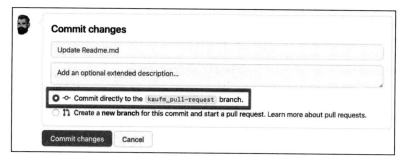

图 3-6　提交对分支的更改

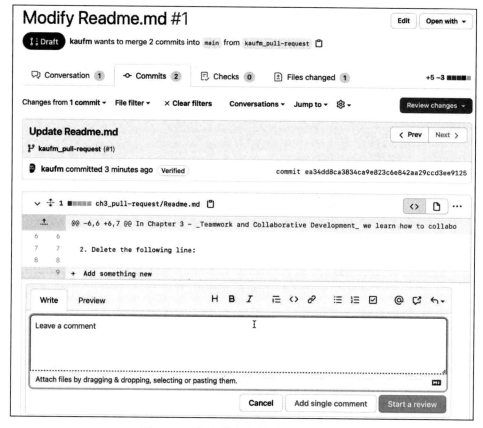

图 3-7　对单个提交中的更改进行注释

11. 如果读者初次接触 GitHub 上的 Pull Request，有以下几个要点：

- Pull Request 是关于一个分支到一个基本分支的更改。如果更新分支，则 Pull Request 将自动更新。
- 可以使用 GitHub 中的丰富功能来协作完成所有更改：任务列表、提及、引用、源代码等。

- 可以查看基于每个文件或基于每个提交的更改。这有助于区分重要的更改和不重要的更改（例如重构）。

提交更改

GitHub Pull Request 有丰富的功能集，可以帮助用户改进协作流程。

创建 Pull Request 草稿

创建 Pull Request 的最佳时间是什么时候？每个人的观点可能都不同，作者认为：越早越好！理想情况下，用户可以在开始处理某项工作时创建 Pull Request。这样，团队只需要查看打开的 Pull Request，就可以知道每个人都在做什么。但是如果过早地开启 Pull Request，审阅者就不知道何时给出反馈。这就是 Pull Request 草稿的好处，用户可以尽早创建 Pull Request，每个人都知道工作仍在进行中，审阅者还没有得到通知，但是用户仍然可以在注释中提到相关人员，以便尽早获得代码反馈。

创建 Pull Request 时，可以直接在草稿状态下创建（见图 3-8）。

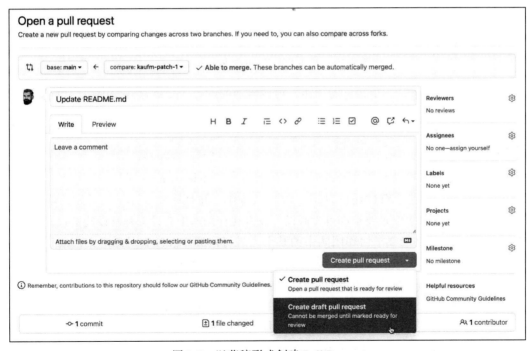

图 3-8　以草稿形式创建 Pull Request

Pull Request 草稿会被明确标记为 Draft，并有自己的图标（参见图 3-9）。用户还可以使用 draft:true 或 draft:false 作为搜索参数来过滤搜索中的 Pull Request。

图 3-9　Pull Request 草稿标记示例

如果 Pull Request 已处于审阅状态，用户仍然可以通过单击 Reviewers | Still in progress? | Convert to draft 继续编辑。

如果 Pull Request 已准备好接受审阅，只需要单击"Ready for review"（见图 3-10）。

图 3-10　删除 Pull Request 的草稿状态

Pull Request 草稿是一个很好的功能，可以以透明的方式变更存储库内容以尽早进行团队协作。

代码所有者

当存储库中的某些文件发生更改时，代码所有者（code owner）可以自动将审阅者添加到 Pull Request 中。这个特性还可以用于跨团队协作，并且还可以在早期开发阶段添加许可，而不需要在发布阶段来要求许可。假设开发者在存储库中有设置基础设施的代码，可以使用 code owner 的功能要求协作团队中的某个人进行审阅。假设有可以定义应用程序外观的文件，每次修改它们可能需要获得设计团队的批准。code owner 不仅仅是给予许可，它们还可用于在跨团队的协作社区中传播知识。

code owner 可以是团队或个人。他们需要拥有写入权限才能成为 code owner。如果 Pull Request 不是草稿状态，则 code owner 将被添加为审阅者。

要定义 code owner，用户需要在存储库的根目录下的 docs/ 或者 .github/ 目录中创建一个名为 CODEOWNERS 的文件。该文件的语法很简单，如下所示：

- 使用 @username 或 @org/team-name 定义代码所有者，还可以使用用户的电子邮件地址。

- 使用模式匹配文件以指派代码所有者。顺序很重要：最后匹配的模式优先。
- 使用 # 表示注释，！表示对模式求反，[ ] 表示定义字符范围。

下面是 code owner 文件的示例：

```
# The global owner is the default for the entire repository
*           @org/team1

# The design team is owner of all .css files
*.css       @org/design-team

# The admin is owner of all files in all subfolders of the
# folder IaC in the root of the repository
/IaC/       @admin

# User1 is the owner of all files in the folder docs or
# Docs - but not of files in subfolders of docs!
/[Dd]ocs/* @user1
```

关于 code owner 的详细信息，请参阅链接：https://docs.github.com/en/github/creating-cloning-and-archiving-repositories/creating-a-repository-on-github/about-code-owners。

code owner 是一个可以跨越团队共享知识的很好的方式，并将发布阶段的许可权限转变到变更发生时的早期许可。

审阅设置

在合并 Pull Request 之前，用户可以要求指定数量的审批。这在可应用于多个分支的 branch protection rule 上设置。在 Settings | Branches | Add rule 下可以创建分支保护规则。在规则中，用户可以设置合并前所需的审阅数量，选择是否要在更改代码时取消审批，以及强制执行代码所有者的审批（参见图 3-11）。

有关分支保护的更多信息，请参见 https://docs.github.com/en/github/administering-a-repository/defining-the-mergeability-of-pull-requests/about-protected-branches#about-branch-protection-rules。第 11 章将更详细地介绍这一内容。

设置 Pull Request 审阅

如果代码已准备好接受审阅，用户可以手动添加所需数目的审阅者。GitHub 会根据修改代码的作者推荐审阅者（见图 3-12）。用户只需要单击"Request"，也可以手动搜索人员以执行审阅：

也可以让 GitHub 自动为团队分配审阅者。在 Settings | Code review assignment 下可以进行相关配置。用户可以选择自动分配的审阅者数量，并选择以下两种算法之一：

- Round robin：选择到目前为止收到最少请求的审阅者作为此次的审阅者。
- Load balance：根据每个成员的审阅请求总数（考虑未完成的审阅）选择审阅者。

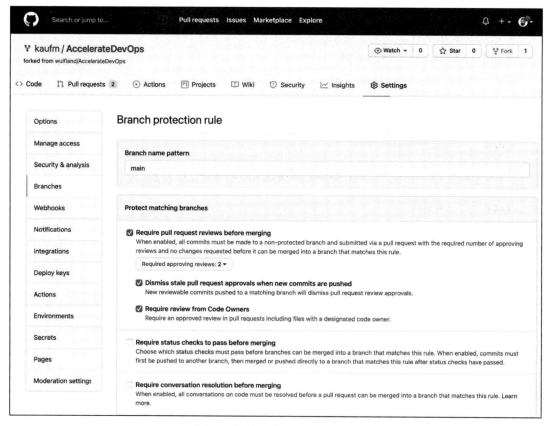

图 3-11　某一分支的审阅设置

图 3-12　GitHub 审阅者推荐

可以将某些成员排除在审阅之外，也可以选择在指定审阅者时不通知整个团队。请参见图 3-13 以了解如何为团队配置代码审阅任务。

自动合并

Pull Request 中最令人喜欢的特性之一是自动合并（auto-merge）。这允许用户在处理小的更改时提高速度，特别是在启用了持续部署（Continuous Deployment，CD）的情况下。如果满足所有策略，自动合并将自动合并更改。如果已经完成了更改，则可以启用自动合并

来处理其他更改。如果 Pull Request 通过了一定数量的许可并且通过了所有的自动检查，则
Pull Request 将自动合并并部署到生产环境中。

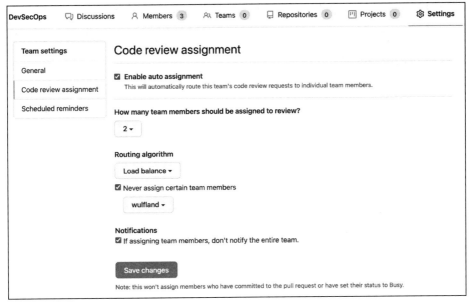

图 3-13 管理团队的代码审阅任务

Pull Request 审阅

如果某个用户已被选中为审阅者，可以对许多更改进行注释、提出建议，并最终提交
带有以下标记之一的审阅：

- Comment
- Approve
- Request changes

在上一节中重点介绍了与 Pull Request 作者相关的功能。本节将描述一个帮助审阅者执
行审阅并向作者提供适当反馈的功能。

审阅 Pull Request 中提议的修改

用户可以通过一次查看一个文件的更改来开始审阅。如果将鼠标悬停在行上，则会在
左侧看到 + 图标。它可用于添加单行注释，或者将其拖动到多行上来创建多行注释。如果
用户需要添加注释，请选择 Start review（开始审阅）以开始审阅而无须提交注释。如果要添
加更多注释，则按钮变为 Add review comment（添加审阅注释）；可以向审阅添加任意数量
的注释。注释只对自己可见，直到提交审阅。用户还可以随时取消审阅。

将文件标记为已查看

审阅时，用户会在文件顶部看到进度条。完成一个文件后，用户可以选择"Viewed"复选框。文件将被折叠，进度条将显示进度（参见图3-14）。

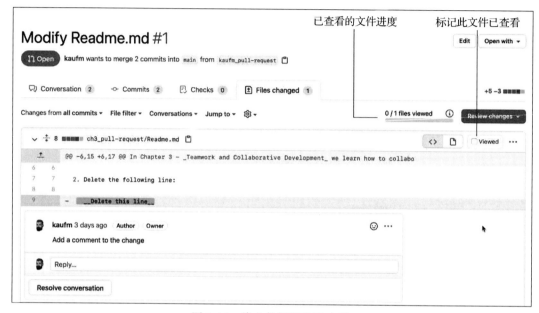

图 3-14   将文件标记为已查看

动手实践：提出建议

提供反馈的最佳方式是提出使 Pull Request 作者可以轻松融入其分支的建议。suggestions（建议）这个功能非常重要，如果读者从来没有尝试过，那么值得一试：

1. 在上一个实践练习过程里创建的存储库（https://github.com//AccelerateDevOps）中打开 fork。

在 fork 中，导航至 Chapter 3 | Review Changes（ch3_pull-request/Review-Changes.md），该文件还包含操作指南。

通过单击源代码块右上角的"Copy"图标复制示例源代码。

2. 定位到 src/app.js（使用 Markdown 中的链接）。选择在上一个动手实践中创建的分支，并通过单击右上角的 Edit 图标（铅笔）来编辑该文件（参见图3-15）。

3. 删除第 2 行，然后按"Ctrl+V"组合键插入代码。

4. 直接提交到 Pull Request 的源分支。

5. 返回 Pull Request 并在 Files changed 下查找 src/app.js。请注意，第 6 ～ 9 行中的嵌套循环没有正确缩进。标记第 6 ～ 9 行并创建多行注释。单击 Suggestion 按钮，会看到代码在 Suggestion 块中，包括空格（见图3-16）。

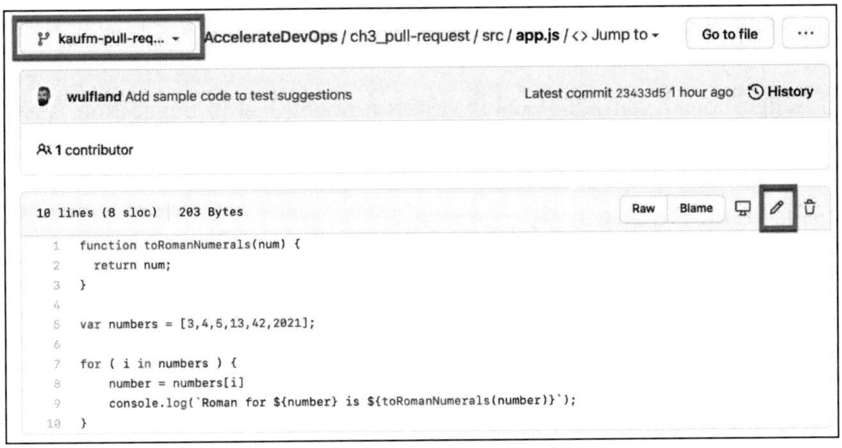

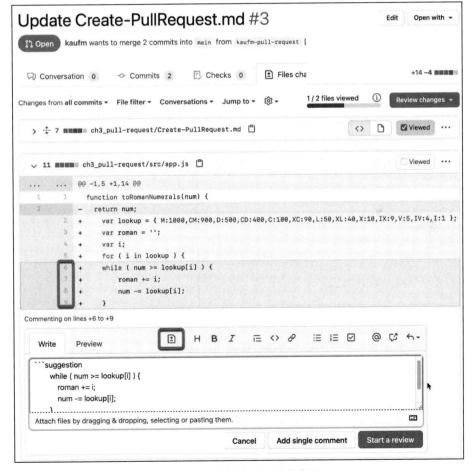

图 3-15　编辑代码文件以添加示例代码

图 3-16　为多行注释创建建议

6. 注意，Suggestion 代码块包含完整的代码，包括空格。在每一行的开头加四个空格以修正缩进。

可以将 Suggestion 作为审阅的一部分（Start a review）或将 Suggestion 直接提交给作者（Add single comment）。对于此次实践练习，建议直接提交给作者。

将反馈合并到 Pull Request 中

假设用户是审阅者和作者，可以直接切换角色。作为作者可以查看 Pull Request 的所有建议。

用户可以直接向分支提交建议，或者可以将多个建议批量提交到一个提交中，然后一次性提交所有更改。将更改添加到批处理并在文件顶部应用批处理（参见图 3-17）。

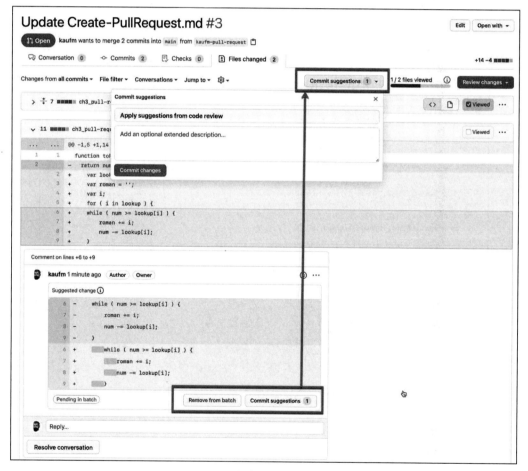

图 3-17　将建议整合到代码中

建议是提供反馈和提议代码更改的好方法。对于作者来说，将它们合并到代码中是非常容易的。

提交审阅

如果已完成审阅并添加了所有注释和建议，则可以提交审阅。作者将被告知审阅结果，并可以答复注释。用户可以留下最后的注释并选择以下三个选项之一：

- Approve（批准）：批准更改。这是达到所需审阅者数量的唯一选项！
- Comment（注释）：提交反馈而不批准或拒绝。
- Request changes（请求修改）：指明需要批准更改。

单击"Submit review"完成审阅（参见图 3-18）。

图 3-18 完成审阅

完成 Pull Request

如果要放弃分支中的更改，可以关闭 Pull Request 而不进行合并。要将更改合并到基本分支中，有三个合并（merge）选项，概述如下：

- Create a merge commit：这是默认选项。它创建一个合并提交，并将分支中的所有提交作为一个单独的分支显示在历史记录中。如果有许多长期运行的分支，这可能会使历史记录变得混乱。图 3-19 为此合并选项的示意图。

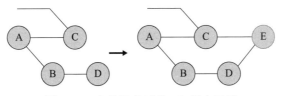

图 3-19 合并提交时的 Git 历史记录

- Squash and merge：分支中的所有提交都将合并为一个提交。这将创建一个干净的线性历史记录，如果在合并后删除分支，这是一个很好的合并方法。如果继续处理分支，则不建议使用此方法。图 3-20 为此合并选项的示意图。

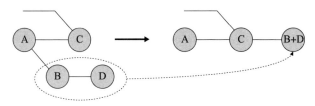

图 3-20 进行了压缩和合并后的 Git 历史记录

- Rebase and merge：将分支的所有提交应用到基础分支的开头。这也创建了一个线性历史记录，但保留了单个提交。如果继续在分支上工作，不建议使用此方法。图 3-21 为此合并选项的示意图。

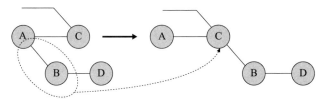

图 3-21 如果进行了一次变基和合并，Git 历史记录看起来是线性的

选择所需的合并方法，然后单击 "Merge pull request"（参见图 3-22）。

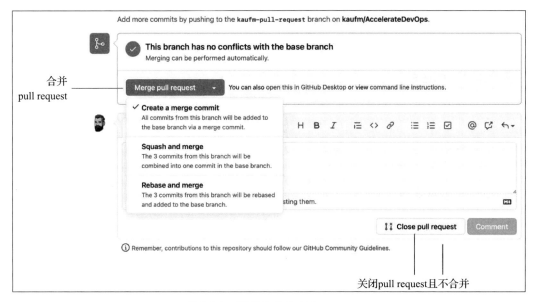

图 3-22 完成合并 Pull Request

修改合并消息并单击"Confirm merge"以确认合并。合并后，可以根据需要删除分支。

代码审阅的最佳实践

Pull Request 是在所有类型的代码上进行协作的好方法。本章只触及协作工作流的可能性的表面，但是为了让团队有效协作，读者应该考虑一些有效代码评审的最佳实践。

Git 培训

这一点可能看起来理所应当，但要确保团队在 Git 方面训练有素。与随机分布在多个提交中的许多更改相比，具有良好提交注释且仅服务于一个目的的精细的提交更易于审阅。特别是将重构和业务逻辑混合在一起会使审阅成为一场噩梦。如果团队成员知道如何修改提交、修补他们在不同提交中所做的更改，以及如何撰写良好的提交消息，那么最终的 Pull Request 将更易于审阅。

将 Pull Request 链接到 issue

将 Pull Request 链接到启动工作的相应 issue。这有助于为 Pull Request 赋予背景。如果使用第三方集成，请将 Pull Request 链接到 Jira、Azure Boards 工作项或已连接到 GitHub 的任何其他源。

使用 Pull Request 草稿

让团队成员在开始处理某项工作时立即创建一个 Pull Request 草稿。这样，团队就知道谁在做什么。这也鼓励人们在审阅开始之前使用带有提示的注释来征求反馈。尽早对更改进行反馈有助于在最后进行更快的审阅。

至少有两名审批者

至少需要两名审批者，当然人数越多越好，具体取决于团队规模，但一个是不够的。拥有多个审阅者会使审阅具有某种动态性。作者注意到一些团队的审阅有很大成效，这仅仅是由于把审批者从一个变成了两个!

进行同级审阅

将审阅视为同级审阅。不要让高级架构师审阅其他人的代码! 年轻的同事也应该通过同级审阅来学习。一个好的方法是将整个团队添加为审阅者，并要求一定比例的批准（例如 50%），然后人们选择他们想要的 Pull Request。或者可以使用自动审阅在团队中随机分配审阅。

自动审阅步骤

许多审阅步骤可以自动化，尤其是格式设置。使用 linter 检查代码的格式（可参见 https//github.com/github/super-linter），或者编写一些测试来检查文档是否完整。使用静态和动态代码分析自动查找问题。更多地自动化琐碎的检查，就能将更多的审阅集中在重要的事情上。

部署和测试更改

合并前自动构建和测试更改。如有必要，使用代码进行测试。人们越是相信改变不会破坏任何东西，他们就越是信任改变这个过程。如果所有审批和验证均通过，则在进行自动合并后发布更改。高度自动化使人们只需要关注较小的批量，这使得审阅变得容易得多。

审阅准则 / 行为守则

一些工程师对某些需求的正确做法很有自己的想法，因此很容易发生激烈的争论。如果希望进行激烈的讨论以获得最佳解决方案，但又希望这些讨论以包容的方式进行，以便团队中的每个人都能平等地参与，制定审阅准则和行为守则有助于达到这一目的，如果人们行为不当，可以通过规则指出错误。

总结

软件开发是一项团队运动，拥有一个共享代码所有权的团队是很重要的，紧密合作进行新的更改。如果使用得当，GitHub Pull Request 可以帮助团队实现这一点。

下一章将介绍异步工作，以及异步工作流如何帮助团队随时随地进行协作。

拓展阅读和参考资料

以下是本章的拓展阅读和参考资料，读者也可以使用这些资料来获取有关内容的更多详细信息：

- *Coyle D.* (2018). *The Culture Code*: *The Secrets of Highly Successful Groups* (1st ed.). *Cornerstone Digital*.
- *Kim G.*, *Humble J.*, *Debois P.* and *Willis J.* (2016). *The DevOps Handbook*: *How to Create World-Class Agility*, *Reliability*, *and Security in Technology Organizations* (1st ed.). *IT Revolution Press*.
- Scott Prugh (2014). *Continuous Delivery*. https://www.scaledagileframework.com/guidance-continuous-delivery/

- *Chacon S.* and *Straub B.* (2014). *Pro Git* (2nd ed.). *Apress.* `https://git-scm.com/book/de/v2`
- *Kaufmann M.* (2021). *Gitfür Dummies* (1st ed., German). *Wiley-VCH.*
- Git: `https://en.wikipedia.org/wiki/Git`
- Pull Request: `https://docs.github.com/en/github/collaborating-with-pull-requests/proposing-changes-to-your-work-with-pull-requests/about-pull-requests`
- code owner: `https://docs.github.com/en/github/creating-cloning-and-archiving-repositories/creating-a-repository-on-github/about-code-owners`
- 关于分支保护: `https://docs.github.com/en/github/administering-a-repository/defining-the-mergeability-of-pull-requests/about-protected-branches#about-branch-protection-rules`
- 关于代码审阅分配: `https://docs.github.com/en/organizations/organizing-members-into-teams/managing-code-review-assignment-for-your-team`
- 关于自动合并: `https://docs.github.com/en/github/collaborating-with-pull-requests/incorporating-changes-from-a-pull-request/automatically-merging-a-pull-request`
- Pull Request 审阅: `https://docs.github.com/en/github/collaborating-with-pull-requests/reviewing-changes-in-pull-requests/about-pull-request-reviews`

## 第 4 章

异步工作：无处不在的协作

上一章中介绍了通过 Pull Request 进行协作开发，以及如何利用它们为代码和构建的产品创建共享所有权。本章将重点关注同步和异步工作，以及如何利用异步工作流程的优势，在分布式、远程和混合团队中更好地协作，以及更好地跨团队协作。

本章包括如下主题：

- 比较同步和异步工作
- 分布式团队
- 跨团队合作
- 向异步工作流程转变
- 团队和 Slack 集成
- GitHub Discussions
- GitHub Pages 和 GitHub Wiki
- 通过 GitHub Mobile 随时随地工作

比较同步和异步工作

信息工作者进行的每一项工作本质上都是交流。包括关于编程的一切：开发者必须对未来的开发者（包括自己）沟通他们正在编码的内容，架构，甚至代码本身，以明确如何修改程序。因此，开发者的沟通方式直接影响开发者完成任务的方式。

通信的历史

在人类的历史上，互动和交流方式经常发生变化。在 1450 年约翰内斯·古腾堡发明印刷术之前，交流大多是纯粹的口头交流，有一些有限的书面交流，这引起了一场印刷革命，让更多的人获得信息，并对宗教和教育产生了很大影响。17 世纪，报纸的发明通过极大地缩短从发送者到接收者的时间，再次彻底改变了通信方式。在 18 世纪，公共邮政系统变得高效，以至于越来越多的通信是通过信件进行的。这使得私人通信迅速发展，就像报纸一样。在 19 世纪，电报的发明第一次允许人们进行远距离实时通信。第一部电话是由菲利普·莱斯于 1861 年在法兰克福发明的。当时的信息传输仍有波动，因此大多数人低估了这项发明。直到 15 年后的 1876 年，亚历山大·格雷厄姆·贝尔终于为电话申请了专利，这次通信革命使得实时口头交流成为可能。

以前通信的发展的跨度更多的是与几个世纪有关，而不是与几十年有关。人们有时间去适应，对于哪种通信形式是最好的选择，人们的选择总是相当清楚和直观的。在过去的 30 年里，这种情况发生了迅速的变化。在 20 世纪 90 年代末，移动电话变得袖珍且价格实惠。任何人都可以在任何时间与任何人交谈。有趣的是，这导致了一个新的现象：人们开始给对方发短信，而且往往喜欢异步通信而不是同步通信。随着互联网的兴起，电子邮件迅速取代了信件。但在一开始，互联网并不具备移动性，所以对电子邮件的预期回应仍然是几天的时间。这种情况在 2005 年左右发生了变化。互联网变得"移动化"，智能手机允许随时随地访问电子邮件。同时，新的通信形式开始流行。Facebook、Twitter、Instagram 和 Snapchat。它们允许以文字、语音和视频的形式进行不同种类的沟通，有不同的受众群体（覆盖面和隐私）和不同的信息持久性（生存时间，TTL）。

图 4-1 说明了世界人口的指数增长与人们的通信行为变化之间的关系。

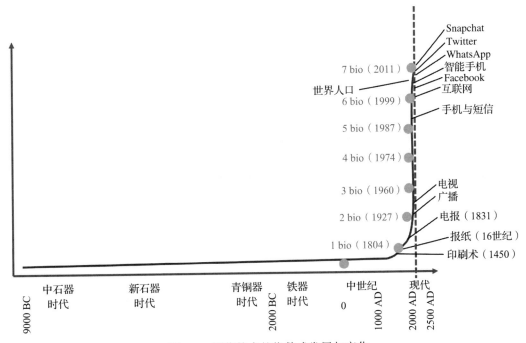

图 4-1　通信技术的指数式发展与变化

过去 30 年的快速发展导致产生了不同类型的通信模式。无论是选择写短信，还是选择打视频电话，或者向一个群组发送一个故事，更多的是取决于个人的喜好，而不是信息的内容。对于特定种类的信息，什么是正确的沟通形式，并没有形成社会的共识。

工作和交流

工作不仅仅是沟通。信息工作为对话增加了所需的输出。读者可以把工作分为同步工作和异步工作。同步工作指的是两个或更多的人实时互动以实现预期的产出。异步工作是指两个或更多的人通过交换信息以实现预期的产出。

如果读者在一个传统企业工作，异步和同步工作的组合可能仍然像图 4-2 那样。至少在几年前是这样的。大部分工作是通过电子邮件或会议完成的，而会议通常是在同一个房间里进行的。

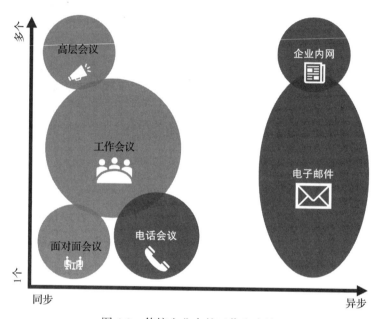

图 4-2　传统企业中的工作和交流

大多数异步工作是通过电子邮件和远程方式完成的，而大多数同步工作则是在面对面的会议上完成。主导的工作方式在很大程度上取决于公司的文化。在电子邮件文化浓厚的公司里，人们通常会在几分钟内回复收到的电子邮件。在这些公司里，许多人在开会时打开笔记本电脑，人们通常抱怨电子邮件太多。在会议文化浓厚的公司，人们往往不会及时回复电子邮件，因为他们正在参加会议，这导致了更少的电子邮件，更多的会议。

在过去的几年里，这种情况发生了巨大的变化。特别是小公司和初创公司，已经放弃了基于电子邮件的工作模式，而选择了其他异步媒介，如即时通信。许多公司也发现了远程工作的好处，有些公司只是在大流行病的影响下被迫这样做。

第 2 章介绍了环境切换是如何扼杀生产力的。因此，对于开发团队来说，异步工作是可取的，因为它允许开发者建立工作项目的拉动，减少环境切换。一个更现代的、为开发者优化的工作组合如图 4-3 所示。

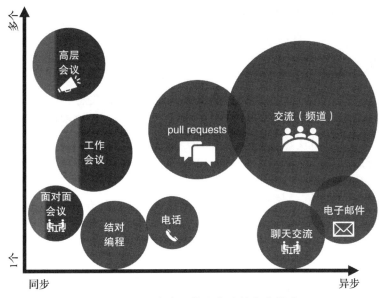

图 4-3　对开发者工作和交流的优化模式

　　开发者同步工作时间越少，他们就能更专注地投入到工作中，而不需要进行环境切换和额外计划。重要的是要有这个意识：人们以同步的方式执行什么样的工作，人们可以异步地做什么？人们面对面进行什么样的工作，人们可以远程进行什么样的工作？

面对面和远程工作

　　同步工作可以面对面进行，也可以远程进行。两者都有其优点和缺点。

　　如果必须说服某人，亲自会面是可取的。与电话或远程会议相比，销售人员更喜欢当面会谈，因为面对面沟通更适合社交和关系 / 团队建设。对于关键的反馈和敏感的问题，当面讨论也比远程讨论好。复杂的讨论或需要创意的问题也可以从当面会谈中受益。

　　远程会议的优势在于，减少了通勤时间，效率更高。人们可以在实际所在地点独立参与，这使得公司可以拥有一个跨越多个时区的团队。远程会议可以录制，这使得人们即使不能参与，也可以观看会议。

　　远程会议的计划应与面对面会议不同。一个 8 小时的研讨会（2×4）在面对面的情况下效果很好，但在远程的情况下则不然。远程会议应该更短、更集中。如果与会者坐在计算机前，往往会迅速分心。

　　在未来几年里，我们将看到越来越多的混合工作模式。混合工作模式使员工能够在不同的地点自主办公：在家、在路上，或在办公室。66% 的公司正在考虑为混合工作模式重新设计办公空间，73% 的员工希望有更灵活的远程工作选择（参见 https://www.microsoft.com/en-us/worklab/work-trend-index/hybrid-work）。在组织会议时，混合工作将是一个很大的挑战。远程会议适合个人，而现场会议适合团队。将两者结合起来不仅是对会议室的技术设备，对负责组织会议的人来说都将是一个挑战。

分布式团队

几乎 100% 远程科技公司，它们的团队分布在全球各地已经存在了相当长的时间。作者认识一家公司，它完全采用远程招聘流程。每位员工都有预算来投资他们的家庭办公室或者在联合办公空间租一些物品。公司分布在全球各地，每年只在一起开一次会。

随着大流行病以及远程和混合工作模式的兴起，越来越多的公司开始看到拥有分布式团队的好处，其中包括：

- 不限制在某个大都市地区招聘，有更多的人才和更多的专家可供招聘（人才战）。
- 在其他地区招聘往往可以降低成本。
- 如果产品针对多个市场，有来自这些不同背景的团队成员帮助了解客户是有益的（多样性）。
- 通过提供支持，可以自动拥有更多的覆盖时间，这意味着工程师在正常工作时间之外的紧急任务。

分布式团队也面临着挑战，最大的挑战是语言问题。非母语人士在沟通上有更多问题，如果想跨越许多国家，需要一个好的基础语言——最可能使用英语。此外，文化方面的问题可能会使沟通更加困难。在远程招聘过程中，团队建设和文化适应必须发挥更大的作用。

如果想用更多的远程工程师来增加团队规模，一定要对时区进行相应的规划。这取决于会议数量，应该与时区的正常工作时间至少重叠 1 ～ 2 小时。这意味着通常最多可以在一个方向上开展大约 8 个小时，才能有 1 小时的重叠。如果在一个方向已经有 4 小时，只能在另一个方向增加最多 4 小时。

考虑到夏令时和不同的工作时间，使得跨时区的重叠规划成为一项相当复杂的任务！

分布式团队有其优势，在未来几年将会看到更多这样的情况。最好已经开始实践，它允许从其他国家、其他时区聘请专家。这意味着让所有的沟通用英语或公司所在地区的另一种通用语言，并采用尽可能多的异步工作流程。

跨团队合作

为了加速软件交付，公司希望团队可以尽可能地自主。能否在任何时候向最终用户提供价值而不依赖其他团队是对速度的最大影响因素之一，然而这需要在各团队之间进行一些协调：设计、安全和架构是一些必须跨越团队边界的共同关注点。良好的跨团队合作是整个团队健康一致性的标志。

好的跨团队合作通常不需要管理层的参与，而是直接将正确的人员聚集在一起解决问题。日常工作所需的会议越少，效果越好。

向异步工作流程转变

为了更多地向异步工作方式转变，并允许远程和混合工作，有一些很容易实施的最佳做法，例如：

- **更倾向即时通信而不是电子邮件**。依靠电子邮件的工作流程有很多缺点：没有共同的历史记录；如果一个团队成员生病或离职，其他成员的工作可能会受阻等。尝试将所有与工作有关的对话转移到聊天平台，如 Microsoft Teams 或 Slack。
- **让（大多数）会议变得可有可无**。让所有与工作有关的会议成为可选的。如果他们认为会议没有价值就离开。这有助于使会议更加集中，准备更加充分，因为没有人愿意成为自己会议的唯一参与者。当然，有一些团队建设或行政会议不应该是可选的。
- **记录所有的会议**。录制所有的会议，让人们有机会跟上，即使他们不能参与。录制的会议可以用更快的速度观看，这有助于在更短的时间内消化会议内容。
- **要有目的性**。要有意了解什么是会议，什么是异步工作流程（即时通信、issue、Pull Request 和 Wiki）。
- **审阅设置**。一定要了解自己的指标，并定期检查自己的设置。会议是否成功，或者它们是否可以转移到 issue 或 Pull Request 的讨论中？在 issue 和 Pull Request 中的讨论是否要花很长时间，有些事情是否可以在会议上更快解决？不要太频繁地改变设置，因为人们需要一些时间来适应，但要确保至少每 2 至 3 个月审阅和调整设置。
- **使用提及和代码所有者**。使用提及和代码所有者（详见第 3 章）来动态地召集合适的人完成任务。这两个功能对跨团队协作也很有帮助。
- **把一切都当作代码**。试着把一切（基础设施、配置、软件架构、设计文件和概念）都当作代码，像对待代码一样进行协作。

团队和 Slack 集成

如果开发者喜欢即时通信而不是电子邮件，可以使用 GitHub for Microsoft Teams（https://teams.github.com）或 Slack（https://slack.github.com）的集成功能。这些功能允许开发者在聊天频道中直接接收通知，并与 issue、Pull Request 或部署进行互动。Slack 和 Teams 的功能非常相似：

- **通知**：订阅存储库中的事件。开发者可以用分支或标签过滤器来过滤通知。
- **GitHub 链接详情**：GitHub 链接会自动展开，并显示链接指向的项目的细节。
- **创建新的 issue**：直接从开发者的对话中创建新 issue。
- **互动**：从开发者的频道直接处理 issue、Pull Request 或部署审批。
- **安排提醒**：在开发者的频道中接收代码审阅的提醒。

安装很简单，开发者必须在 Microsoft Teams 或 Slack 中安装 GitHub 应用，并在 GitHub

中安装组织中相应的 Teams 或 Slack 应用。

安装完毕后，开发者就可以与 GitHub 机器人互动并发送消息了。在 Teams 中，可以用（@GitHub）提到机器人，而在 Slack 中，可以用 /GitHub 来完成该操作。如果开发者提到机器人，会收到一个可以使用的命令列表（见图 4-4）。

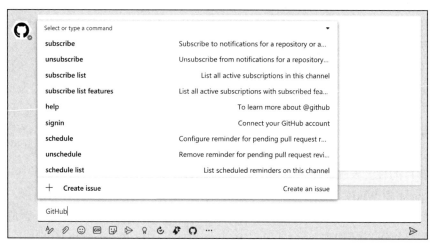

图 4-4　向 GitHub 机器人发送消息

开发者必须使用的第一个命令是 signin。这将把 GitHub 账户和 Teams/Slack 账户连接起来。

`@GitHub signin`

之后，开发者可以订阅通知或安排提醒。链接的展开和与问题的互动无须配置任何东西。图 4-5 显示了 Teams 中的一个 issue，它是由对话创建的。开发者可以直接对该 issue 进行评论或关闭它。

聊天集成是一个强大的功能，当工作流程越来越多地通过即时通信而不是通过会议或电子邮件启动和管理时，它就会派上用场。

图 4-5　与 Microsoft Teams 进行 issue 互动

GitHub Discussions

在第 2 章中介绍了如何使用 GitHub Issues 和 GitHub Projects 来管理工作。GitHub Discussions 是一个社区论坛，允许成员提出问题，分享更新，并进行开放式的对话。讨论会是一个很好的方式，通过提供一个不同的地方进行长时间的讨论和问答（Q&A）来减少 issue 和 Pull Request 的负荷。

开始使用讨论区

要开始使用 GitHub Discussions，则必须在存储库的" Settings | Options | Features "中勾选 Discussions 将其启用。一旦勾选了这个选项，开发者的存储库里就会有一个新的主菜单项，即 Discussions。

注意

GitHub Discussions 是在本书编写时仍处于测试版的功能。有些功能后来可能已经改变。可以在 https://github.com/github/feedback/discussions/ 参与讨论，当然，这本身就是一个 GitHub 讨论。

讨论是按类别组织的。开发者可以在讨论中搜索和过滤，就像可以搜索和过滤 issue 一样。讨论本身可以被加注，并标明评论的数量，同时标明是否被认为是回答。开发者可以将最多四个讨论固定在页面的顶部，以发布一些重要的公告。排行榜显示了在过去 30 天内回答问题最多的、对他们最有帮助的用户。图 4-6 显示了讨论的界面。

图 4-6　GitHub Discussions 界面

讨论类别

开发者可以通过点击类别旁边的编辑按钮来管理类别。可以编辑、删除或添加新的类别。一个类别包括以下内容：

- 图标
- 标题
- 描述（可选）

有三种类别：

1. **问题 / 答案**：讨论类别可以提出问题，建议答案，并对最佳建议答案进行投票。该类别是唯一允许将评论标记为已回答的类型。

2. **不限成员名额的讨论**：一个可以进行对话的类别，不需要一个明确的问题答案。很适合分享技巧和窍门或只是交流。

3. **公告**：与开发者的社区分享更新和新闻。只有维护者和管理员可以在这些类别中发布新的讨论，但任何人都可以评论和回复。

开始讨论

开发者可以通过单击 Discussion | New discussion 来新建一个讨论。要开始一个新的讨论，必须选择一个类别，并输入一个标题和一个描述。开发者也可以选择给讨论添加标签。描述有完整的 Markdown 支持。这包括对 issue、Pull Request 和其他讨论的引用（#），以及对其他人的提及（@），带有语法高亮的代码，以及附件（见图 4-7）。

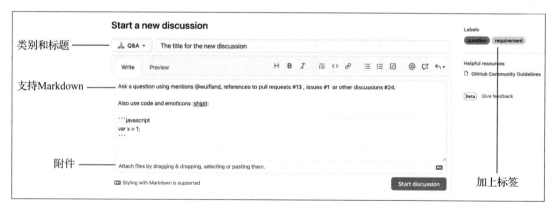

图 4-7   新建讨论

参与讨论

开发者可以评论或直接回复原始的讨论描述，或者可以回复现有的评论。在每一种情况下，都有完整的 Markdown 支持。开发者可以在所有评论和原始描述中添加表情符号形式的反应，还可以给讨论或评论 / 回复点赞。在右边的菜单中，可以将一个讨论转换成一个 issue。作为管理员或维护者，还可以锁定谈话，把它转移到另一个存储库，把讨论固定在论坛的顶部，或删除它。图 4-8 给出了一个正在进行的讨论的界面。

图 4-8　参与讨论

讨论是与同行异步协作并跨团队边界的好地方。有关讨论的更多信息，请参阅 https:// docs.github.com/en/discussions。

GitHub Pages 和 GitHub Wiki

开发者有很多以协作的方式分享内容的选择。除了 GitHub Issues 和 GitHub Discussions 之外，还可以使用 GitHub Pages 和 GitHub Wiki。

GitHub Pages

GitHub Pages 是一种静态网站托管服务，可以直接从 GitHub 的存储库中提供文件。开发者可以托管普通的超文本标记语言（HTML）、层叠样式表（CSS）和 JavaScript 文件，同时自行建立一个网站。也可以利用内置的预处理器 Jekyll（参见 https://jekyllrb.com/），它可以用 Markdown 建立好看的网站。

GitHub Pages 网站默认托管在 github.io 域名下（如 https://wulfland.github.io/Accelerate DevOps/），但也可以使用一个自定义域名。

GitHub Pages 是为公共存储库提供的免费服务。对于内部使用（私人存储库），需要 GitHub Enterprise 版。

注意

GitHub Pages 是一项免费服务，但它不能用来运行商业网站。官方禁止运行网店或任何其他商业网站。存储库配额为 1GB，每月的带宽限制为 100GB。详情请参考 https:// docs.github.com/en/pages/getting-started-with-github-pages/about-github-pages。

了解 GitHub Pages 的最好方法是亲自动手尝试：

1. 如果读者已经在前几章的动手实践中 fork 了位于 https://github.com/wulfland/Accelerate DevOps 的存储库，可以直接进入 fork 的存储库。如果没有，请单击存储库右上角的 Fork 按钮，这将在 https://github.com//AccelerateDevOps 下创建一个副本。

2. 在复制的存储库副本中，导航到 Settings | Pages。选择想运行网站的分支 main 并选择 /docs 目录作为网站的根目录。读者只能选择存储库的根目录或 /docs，不能使用其他文件夹。单击 Save 来初始化网站（见图 4-9）。

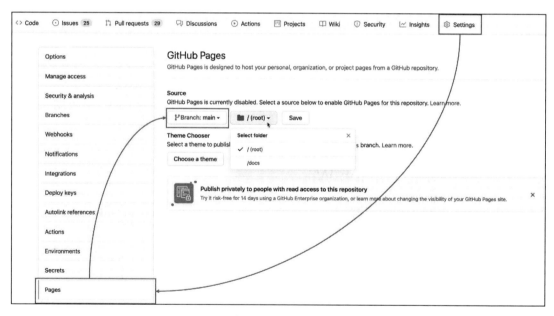

图 4-9　在存储库中建立 GitHub Pages

3. 几分钟后网站创建完成。单击链接，如图 4-10 所示，如果还不能使用，请刷新页面。

4. 检查网站，页面有一个带有静态页面的菜单和一个显示带有摘录的帖子的菜单（见图 4-11）。

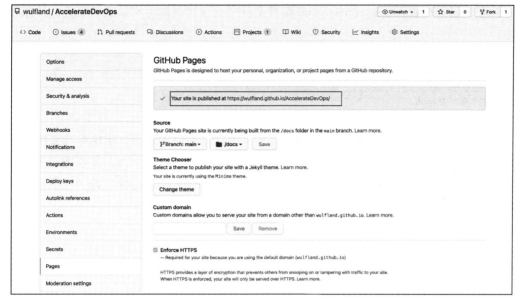

图 4.10 导航至 Web 页面

图 4-11 Jekyll 网站

5. 在代码中检查 /docs/_config.yaml 配置文件。在这里可以为网站全局配置，如标题和描述：

```
title: Accelerate DevOps with GitHub
description: >-
  This is a sample Jekyll website that is hosted in
  GitHub Pages.
  ...
```

开发者可以选择主题用来渲染网站，每个主题都有自己的特点，建议查看文档。本书有默认的 Jekyll 主题 minima。要渲染 Markdown，可以使用 Kramdown 或 GitHub Flavored Markdown（GFM）。Jekyll 也支持不同的插件。minima 主题支持 jekyll-feed，通过 show_excerpts 选项，可以设置是否在主页上显示文章的摘录：

```
theme: minima
Markdown: kramdown
plugins:
  - jekyll-feed
show_excerpts: true
```

许多主题支持附加选项。例如可以设置在网站上显示的社交媒体账户：

```
twitter_username: mike_kaufmann
github_username: wulfland
```

通常情况下，静态页面按字母顺序显示在顶部导航栏。为了对页面进行过滤和排序，可以在配置中添加一个部分。由于要添加一个新的页面，在 About.md 之前添加一个 my-page.md 条目：

```
header_pages:
- get-started.md
- about-Markdown.md
- my-page.md
- About.md
```

直接将修改提交到主分支。

6. 在 /docs 文件夹中，选择右上角的 Add file | Create new file。输入 my-page.md 作为文件名，并在该文件中添加以下内容：

```
---
layout: page
title: "My Page"
permalink: /my-page/
---
```

用户可以再添加一些 Markdown 内容并直接提交到主分支。

7. 前往 /docs/_posts/ 文件夹。在右上角再次选择 Add file | Create new file。输入 YYYY-MM-DD-my-post.md 作为文件名，其中 YYYY 是当前年份，MM 是两位数字的月份，DD 是该月的两位数字的日期。添加以下内容，并将日期替换为当前日期：

```
---
layout: post
title:  "My Post"
permalink: /2021-08-14_writing-with-Markdown/
---
```

在页面上添加更多的 Markdown 内容，并直接提交到主分支。

8. 后台进行编译处理，然后刷新页面，就可以在起始页上看到页面和帖子，用户可以单击它们（见图 4-12）。

图 4-12　在 Jekyll 上创建新页面并推送

现在可以看到在 GitHub Pages 中发布内容是多么容易。Jekyll 是一个非常强大的工具，几乎可以定制一切，包括主题。安装 Ruby 和 Jekyll 时，还可以离线运行网站进行测试（详见 https://docs.github.com/en/pages/setting-up-a-github-pages-site-with-jekyll/testing-your-github-pages-site-locally-with-jekyll）。然而，这是一个非常复杂的话题，超出了本书的讨论范围。

使用 Jekyll 的 GitHub Pages 是一种展示内容的绝佳方式，并像在代码上一样通过 Pull Request 对内容进行协作。读者可以把它用作技术博客或用户文档。在一个分布式的团队中，可以用它来发布每个迭代周期的成果，还可以发布短视频。这有助于与他人交流，即使他们不能参加迭代周期审查会议。

Wiki（维基）

GitHub 在每个存储库中都有一个简单的维基，也可以选择在代码旁边创建开发者自己的基于 Markdown 的维基。

GitHub Wiki

每个存储库中都有一个非常简单的维基。可以选择以不同的格式（如 Markdown、AsciiDoc、Creole、MediaWiki、Org-mode、Prod、RDoc、Textile，或 reStructuredText）来编辑页面。由于 GitHub 中的其他内容都是 Markdown，本书认为这是最好的选择，但如果已经有其他格式的维基内容，也可以帮助把内容转移到 Markdown。

注意

其他的编辑格式，如 AsciiDoc 或 MediaWiki，有更高级的功能，如自动生成的目录（ToC）。如果开发者的团队已经熟悉了语法，可能更有意义，但同时学习 Markdown 本身和另一种 Markdown 语言可能弊大于利。

维基是非常简单的。有一个可以编辑的主页，开发者可以添加一个自定义的侧边栏和页脚。与其他页面的链接在双括号中被指定为 [[页面名称]]。如果创建一个单独的链接文本，可以使用 [[链接文本|页面名称]] 格式。如果创建了一个还不存在的页面的链接，会被显示为红色，开发者可以通过单击该链接来创建一个页面。

维基是一个 Git 存储库，其名称与存储库相同，扩展名为 .wiki。开发者可以克隆一个存储库，在本地用 wiki 的分支工作。但到目前为止，还没有办法使用 Pull Request 来协作修改，这也是 GitHub Wiki 的最大缺点！

另外，维基不支持嵌套页面。所有页面都在存储库的根目录。开发者可以使用侧边栏来创建一个使用 Markdown 嵌套列表的层次结构的菜单：

```
[[Home]]
* [[Page 1]]
  * [[Page 1.1]]
  * [[Page 1.2]]
```

如果开发者想让菜单的部分内容可折叠，可以使用 GitHub Markdown 功能 `<details></details>`。这将在 Markdown 中创建一个可折叠的部分，通过 `<summary></summary>` 可以定制标题：

```
* [[Page 2]]
  * <details>
    <summary>[[Page 2.1]] (Click to open)</summary>
      * [[Page 2.1.1]]
      * [[Page 2.1.2]]
    </details>
```

请注意，空行不能删除。结果如图 4-13 所示。

GitHub Wiki 是一个非常简单的维基解决方案，但缺乏其他维基解决方案所具有的许多功能，尤其是不能使用 Pull Request，这限制了它在异步工作流程中的优势。但幸运的是，可以在自己的存储库中托管 Markdown，自行建立一个自定义的维基。

图 4-13　GitHub Wiki 结构

一个自定义的维基

如果开发者不喜欢 GitHub Pages 的复杂性，但又想在维基上处理 Pull Request，则可以直接把 Markdown 文件放到存储库中。GitHub 会为开发者所有的 Markdown 文件自动渲染一个自动生成的目录 ToC（见图 4-14）。可能读者已经在 GitHub 存储库的 README 文件中注意到了这一点。

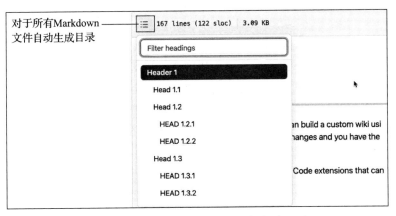

图 4-14　GitHub Markdown 文件自动目录

自定义维基的问题在于导航。使用 Markdown 嵌套列表和相对链接来建立一个导航系统是很容易的。开发者也可以用 details 使其可折叠：

```
<details>
    <summary>Menu</summary>
* [Home](#Header-1)
* [Page1](Page1.md)
  * [Page 1.1](Page1-1.md)
  * [Page 1.2](Page1-2.md)
* [Page2](Page2.md)
</details>
```

但如果开发者希望它出现在每个页面上，必须在改变它时将其复制粘贴到所有页面上。开发者可以将其自动化，但它仍然会使历史记录变得混乱。最好是在每个页面上都有类似面包屑的导航，人们可以用它来返回主页，并从那里使用菜单。读者可以在 https://github.com/wulfland/AccelerateDevOps/blob/main/ch4_customWiki/Home.md 看到一个 Markdown 的自定义导航的例子。

从社区论坛，到简单的 Markdown 维基，再到用 Jekyll 制作的完全可定制的网页，在 GitHub 上为开发者的工作托管额外内容有很多选择。为手头的工作选择合适的方案并不容易。开发者需要通过尝试寻找适合自己的团队的方法。

通过 GitHub Mobile 随时随地工作

大多数时候，开发者会在浏览器上协作处理 GitHub 的 issue、Pull Request 和 Discussions。但也有其他选择，可以帮助开发者随时随地浏览 GitHub。

GitHub Mobile 是一款移动应用程序，可通过其市场平台（https://github.com/mobile）下载并安装在安卓和苹果手机上使用。这款应用可以让开发者访问所有的 issue、Pull Request 和 Discussions。它有夜晚模式和日间模式，并可以把开发者喜欢的存储库固定在开始屏幕上（见图 4-15）：

作者非常喜欢 GitHub 的移动应用——它做得非常好，可以帮助开发者在日常工作中独立于工作站或笔记本电脑，并协作处理问题和讨论。开发者可以配置通知，这样当被提及和分配时，或者当有人要求审阅时，就会收到通知。通知会出现在开发者的收件箱中，开发者可以使用可配置的轻扫动作，将通知标记为完成、阅读或未读；保存通知；或取消订阅通知源。默认的标记选项是完成和保存。收件箱界面如图 4-16 所示。

作者第一次使用该应用程序时留下最深刻印象的是代码审阅体验在移动设备上的效果。开发者可以打开换行功能，这样就可以很容易地阅读代码，查看改动，并对其进行评论（见图 4-17）。

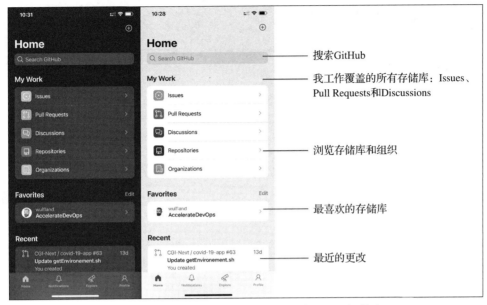

图 4-15　GitHub Mobile 首页的夜间模式和日间模式

图 4-16　GitHub Mobile 收件箱界面

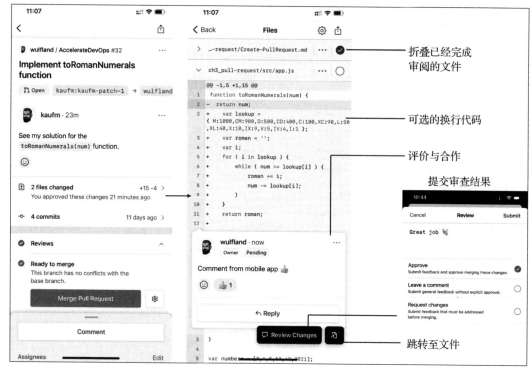

图 4-17　GitHub Mobile 上的 Pull Request 审阅

GitHub Mobile 是一个很好的工具，即使开发者不在办公室，也可以为团队成员解围。它允许开发者参与讨论，并对代码修改和问题进行评论。在旅途中审阅小改动的功能可以帮助开发者的团队转向小批量的工作，这缩短了开发者的审批等待时间。

案例研究

在 Tailwind Gears 的两个试点团队做的第一件事就是把他们的代码转移到 GitHub 存储库。一个团队已经在 Bitbucket 服务器上使用 Git。对该团队来说，迁移就像把存储库推送到一个新的远程存储库一样容易。另一个团队使用的是 Team Foundation Server（TFS）的版本控制，在推送到 GitHub 之前，必须先在服务器上将代码迁移到 Git 上。两个团队都决定参加为期两天的 Git 培训，以便能够充分利用 Git 的强大功能，制作易于审阅的提交。他们使用 Pull Request 草稿，以便团队中的每个人始终知道其他人在做什么，而且他们暂时设定了至少两个必要的审阅者。

许多工作仍在存储库之外，例如 Word、Excel 和 Visio 文档，这些文档存储在公司的 SharePoint 服务器上。一些文件被转换为便携式文件格式（PDF），在发布符合某些规定的产品之前，由管理层签字确认。有太多的文件需要一次性转换为 Markdown。这些团队在他们的代码库中创建了一个基于 Markdown 的自定义维基，以使所有东西都接近代码。他们在 SharePoint 中的当前文档中添加了链接。每当需要对文件进行修改时，内容就会被迁移到 Markdown 文件中，链接也会被删除。管理层被添加为相应文件的代码所有者，并直接在 Pull Request 中批准更改，而不是签署 PDF 文件。连同审计日志，这对所有必要的合规性审计都是有效的。

当迁移到新平台时，许多方面都与两个团队有关，以后也会与其他团队有关，因为他们也会迁移到新平台上。这就是为什么他们要创建一个共享的平台存储库。该存储库包含 GitHub Discussions，以便与所有工程师合作，即使是那些还不在这两个团队中的人。技术博客是使用 GitHub Pages 建立的，以分享技巧和窍门。Jekyll 网站也被用来合作制定共同的审阅准则和行为守则。

总结

本章介绍了同步和异步工作的优缺点。读者可以用它来创建有效的异步工作流程，从而实现更好的跨团队协作，使远程和混合团队能够跨越多个地区和时区。通过本章，可以了解到 GitHub Discussions、GitHub Pages 和 GitHub Wiki 如何帮助开发者为代码和需求以外的主题制定异步工作流程。

下一章将介绍开源和内部开源对软件交付性能的影响。

拓展阅读和参考资料

以下是本章的参考资料，可以通过它们获取更多信息：

- 通信技术的历史：`https://en.wikipedia.org/wiki/History_of_communication`、`https://www.g2.com/articles/history-of-communication` 和 `https://www.elon.edu/u/imagining/time-capsule/150-years/`
- 历史常识：`https://www.dhm.de/lemo/kapitel`（German）
- 世界人口增长：`https://ourworldindata.org/world-population-growth`
- 混合工作模式：`https://www.microsoft.com/en-us/worklab/work-trend-index/hybrid-work`
- 工作模式发展趋势：`https://www.microsoft.com/en-us/worklab/work-trend-index`
- GitHub Discussions: `https://docs.github.com/en/discussions`
- GitHub Pages: `https://docs.github.com/en/pages`
- GitHub Mobile: `https://github.com/mobile`

## 第 5 章

开源和内部开源对软件交付性能的影响

2001 年 6 月 1 日，微软前首席执行官史蒂夫·鲍尔默在接受《芝加哥星期日报》的采访中提出：

> "Linux 可以说是一种癌症，从知识产权的意义上来讲，它会把自己附着在它所接触的一切事物上。"（Greene T.C.，2001）

他担忧的不仅仅是 Linux，还包括开源许可证。今天，微软超过了 Facebook、Google、Red Hat 和 SUSE 成为世界上最大的开源贡献者。微软不仅有许多开源产品，例如 PowerShell、Visual Studio Code 和 .NET，而且还为 Windows 10 提供了一个完整的 Linux 内核，以便用户可以在其上运行任何发行版本。微软总裁布拉德·斯米特承认，"当 21 世纪开源爆发时，微软站在了历史的错误一边"（Warren T.，2020）。

如果读者去了解对开源贡献最大的 10 家企业，会发现其中包含所有制造商业软件的大型科技企业（见表 5-1）。

表 5-1 开源贡献指数，截至 2021 年 8 月 2 日（参见 https://opensourceindex.io/）

	企业名	活跃贡献者总数	社区总数
1	Microsoft	5368	10 924
2	Google	4907	9635
3	Red Hat	3211	4738
4	IBM	2125	5062
5	Intel	1901	3982
6	Amazon	1742	4415
7	Facebook（今 Meta）	1350	4017
8	GitHub	1122	2871
9	SAP	811	1606
10	VMware	786	1604

到底在过去二十年发生了什么变化，以至于有影响力的科技企业都开始拥抱开源？

本章将介绍自由和开源软件的历史，以及为什么在过去几年中它变得如此重要。本章还将介绍开源对开发者的项目速度的影响，以及在企业如何使用开源的原则来实现更好的跨团队协作（内部开源）。

本章包括如下主题：

- 自由软件和开源软件的历史
- 开源与开放开发的区别
- 企业采用开源的好处
- 实施开源战略
- 开源和内部开源
- 内包的重要性
- GitHub 赞助商

自由软件和开源软件的历史

如果想要理解开源，必须回到计算机科学的早期。

公共领域软件

在 20 世纪五六十年代，与必要的硬件相比，软件的价格很低，主要由学者和企业研究团队开发。源代码与软件一起发布是很正常的——通常都会成为公共领域软件。这意味着软件是免费的，开发者没有所有权、版权、商标或专利。这些开放与合作的原则对当时的黑客文化产生了巨大影响。

在 20 世纪 60 年代末，操作系统和编译器的兴起增加了软件成本。这是由不断增长的软件行业与硬件供应商竞争所推动的，硬件供应商会将其软件与硬件捆绑在一起销售。

在 20 世纪七八十年代，销售软件使用许可证开始变得普遍，1983 年，IBM 停止将其源代码与购买的软件一起发布。

自由软件

理查德·史泰尔曼认为这在道德上是错误的，他于 1983 年创立了 GNU 项目，不久后他发起了自由软件运动。自由软件运动认为，如果软件的使用者被允许执行以下操作，则认为软件是自由的：

- 可以出于任何目的运行程序
- 研究软件并以任何方式更改它
- 重新发布程序并制作副本
- 改进软件并发布改进

理查德在 1985 年创建了自由软件基金会（FSF）。FSF 因为以下说法闻名：

　　"自由是指像言论自由一样，而非是畅饮啤酒那样。"

这意味着"自由"一词的含义是分配的自由，而不是成本的自由（开源是自由的，而不是免费的）。由于大部分自由软件已经是免费的，因此软件（自由软件）与免费软件和零成本相关。

自由软件运动创造了 copyleft 这一概念。这授予用户使用和修改软件的权利，但保留了软件的自由状态。这些许可证的示例包括 GNU 通用公共许可证（GPL）、Apache 许可证和 Mozilla 公共许可证。

今天仍在数百万设备上运行的大多数优秀软件都是使用这些版权许可证发布的；例如，Linux 内核（由 Linus Torvalds 于 1992 年发布）、BSD、MySQL 和 Apache。

开源软件

1997 年 5 月，在德国维尔茨堡举行的 Linux 大会上，埃里克·雷蒙德发表了他的论文《 The Cathedral and the Bazaar 》（ Raymond E.S，1999 ）。他在论文里介绍了自由软件原则、黑客文化以及软件开发的好处。这篇论文备受关注，并促使 Netscape 公司将其浏览器 Netscape 作为免费软件发布。

Raymond 和其他人希望将自由软件原则引入更多的商业软件供应商，但"自由软件"一词对商业软件企业也有负面影响。

1998 年 2 月 3 日，自由软件运动的许多重要人士在帕洛阿尔托举行了一次战略会议，在会议上讨论了自由软件的未来。与会者包括埃里克·雷蒙德、迈克尔·铁曼和克里斯汀·彼得森，他们提出了开源一词，支持自由软件。

开放源代码倡议（OSI）是由埃里克·雷蒙德和布鲁斯·佩雷斯于 1998 年 2 月创立的，雷蒙德担任第一任主席（OSI 2018）。

1998 年，在出版商蒂姆·奥莱利（Tim O'Reilly）的历史性自由软件峰会（后来被命名为开源峰会）上，该术语迅速被早期支持者［如莱纳斯·托瓦尔兹、拉里·沃尔（Perl 的创建者）、布莱恩·贝伦多夫（Apache）、埃里克·奥尔曼（Sendmail）、吉多·范·罗森（Python）和菲尔·齐默尔曼（PGP）］所采纳（O'Reilly 1998）。

但是理查德·史泰尔曼和 FSF 拒绝了新的开源术语（ Richard S.，2021 ）。这就是为什么自由开源软件（FOSS）运动存在分歧，今天仍然使用不同的术语。

20 世纪 90 年代末和 21 世纪初，在网络泡沫中开源和开源软件（OSS）这两个术语被公共媒体广泛采用，并最终成为更流行的术语。

开源软件的兴起

在过去的二十年中，开源越来越流行。Linux 和 Apache 等软件很大程度上驱动着互联网的发展。一开始 OSS 很难进行商业化，第一个想法是围绕开源产品提供企业级支持服务。在这个方面做得比较成功的企业是红帽和 MySQL，但是具体实施很困难，而且没有商业许可所提供的规模。因此，大量投资于构建 OSS 的开源企业开始创建开放核心产品：一种免费的开源核心产品，以及商业附加组件，客户可以购买这些产品。

软件商业模式从传统许可证向软件即服务（SaaS）订阅的转变帮助开源企业将其 OSS 商业化。这促使传统软件供应商将他们的软件（至少是核心软件）作为开源发布，以与社区互动。

不仅微软、谷歌、IBM 和亚马逊等大型软件企业成为大型开源企业，而且像红帽和 MuleSoft 这样的纯开源企业也获得了很多价值和市场认可。例如，红帽于 2018 年被 IBM 以 320 亿美元收购。同年，Salesforce 以 65 亿美元收购了 MuleSoft。

因此，今天的开源并不是来自创造替代自由软件的革命思想。为云提供商提供软件和平台服务的大多数顶级软件都是开源软件（Volpi M.，2019）。

开源与开放开发的区别

OSS 指的是根据许可证发布的计算机程序，该许可证授予用户使用、研究、修改和共享软件及其源代码的权利。

但将源代码公开在版权许可下只是第一步。如果一家企业想要拥有开源的所有收益，它必须采用开源的价值观，这就引出了开放开发这一概念，意味着开发者不仅可以访问源代码，而且开发者必须使整个开发和产品管理透明。这包括：

- 需求
- 架构和研究
- 会议
- 标准

.NET 团队是一个很好的例子，他们在 Twitch 和 YouTube 上主持社区站（https://dotnet.microsoft.com/live/community-standup）。

开放开发还意味着创造一个开放和包容的环境，让每个人都能安全地提出改变。这包括一个强大的道德规范和一个干净的代码库，该代码库高度自动化，允许每个人快速轻松地做出贡献。

企业采用开源的好处

开源如何与更好的开发绩效相关联，以及企业如何从良好的开源战略中获益？

使用开源软件更快地交付

根据来源的不同，新产品已经包含 70% ～ 90% 的开源代码。这意味着开发者自己编写的代码将减少 70% ～ 90%，可以显著增加产品的营销时间。

除了在产品中重用开源代码之外，还有很多平台工具可以作为开源工具使用。可重复使用的 GitHub 操作、测试工具或容器编排等。在大多数情况下，开发者可以使用开源软件来更快地交付软件。

通过吸引社区参与，打造更好的产品

如果开发者在公开环境中开发产品的某些部分，读者可以利用社区的蜂巢思维来构建更好、更安全的软件。它还可以帮助读者从世界各地的优秀工程师那里获得有关读者正在做什么的早期反馈。

特别是对于复杂、关键和安全相关的软件，与社区合作通常会带来更好的解决方案：

"问题越大，开源开发人员就越被吸引，就像磁铁一样，一起致力于解决这个问题。"（Ahlawat P.、Boyne J.、Herz D.、Schmieg F. 和 Stephan M.，2021）

使用弃用风险较低的工具

使用开源可以降低工具过时的风险。如果读者可以自己构建工具，那么必须自己维护它们——这不是读者的首要任务。使用小供应商提供的工具或由合作伙伴构建的工具会带来无法维护或合作伙伴退出市场的风险。相反，选用开源工具可以显著降低这些风险。

吸引人才

让工程师能够在工作中利用开源，并在工作时间为开源项目做出贡献，这会对企业的招聘能力产生重大影响，参与社区并参与开源将有助于吸引人才。

影响新兴技术和标准

许多新兴技术和标准都是公开开发的。对这些计划的贡献可使企业能够影响这些技术，并成为前沿开发的一部分。

通过学习开源项目来改进流程

如果接受开源，企业可以学习协作开发，并应用这些原则来改善企业内部的跨团队协作（称为内部开源）。

实施开源战略

尽管拥抱开源的好处很多，但也有一些风险必须解决。在产品和工具链中使用开源软件时，必须严谨并且遵守许可证。如果开源组件造成损害，开发者还必须自己承担责任，因为开发者没有可以起诉的供应商。此外，如果产品承担了太多的依赖关系（直接或间接），其中一个依赖关系中断，也会带来风险。

注意

在第 14 章中读者将了解一个软件包中的 11 行代码和一个名称的冲突是如何造成严重破坏并摧毁互联网的大部分内容的。

这就是为什么企业应该制定开源战略。该策略应该定义什么类型的开源软件开发人员可用于何种目的。对于不同的目的，可能有不同的规则。如果想在产品中包含开源，企业将需要某种治理策略来管理相关风险。

该策略还应定义是否允许开发人员在工作时间为开源做出贡献，以及这方面的条件是什么。

本书不会深入探讨该战略的细节。这在很大程度上取决于企业计划如何使用开源以及如何开发和发布产品。只要确保企业有一份关于开源战略的文档（即使它一开始很简短）。它将随着开源的成熟度和实战经验的增长而完善。

建议实施一个精英中心或社区，它帮助读者制定一个策略，如果开发人员有疑问或不确定开源组件是否符合要求，他们可以求助于该策略（Ahlawat P.、Boyne J.、Herz D.、Schmieg F. 和 Stephan M.，2021）。

开源和内部开源

开源的成功在于其开放和协作的文化。让合适的人自愿进行远程异步协作，有助于以最佳方式解决问题。原则如下：

- 开放式协作
- 开放式沟通
- 代码评审

将这些原则应用于组织内的专有软件称为内部开源。这一术语从 2000 年开始由蒂姆·奥莱利提出。内部开源是打破与企业其他部分隔绝的部分并促进团队和产品之间强大协作的好方法。

但是像开源和开放开发一样，仅仅使代码可用不足以创建内部开源文化。许多因素决定内部开源方法能否成功：

- **模块化产品架构**：如果企业有一个大型的整体架构，这将使人们无法做出贡献。此外，代码的质量、文档以及开发者理解代码和贡献的速度对内部源代码的采用产生很大影响。
- **标准化工具和流程**：如果每个团队都有一个工具链和工作流程，需要避免其他工程师参与其中。拥有一个通用的工程系统和类似的分支和 CI/CD 方法将有助于其他人专注于问题，而不必首先学习其他工具链和工作流程。

- **自主性和自组织性**：只要组织向团队提出需求，工程师就会忙于在他们的截止日期完成工作，那么对其他团队的贡献就不会发生。只有当团队能够自主地确定优先级并以自组织的方式工作时，他们才能自由地参与其他社区——无论是开源还是内部开源。

内部开源可以帮助打破企业部门之间的壁垒，提高工程速度。但这也与高水平的DevOps 成熟度有关。内部开源是随着企业的 DevOps 能力和开源成熟度的提高而发展的。因此，将其视为对于企业的加速是输出而不是输入。

注意

从技术上讲，内部开源通常是通过在企业中激活派生来完成的。这与分支工作流紧密相连，第 11 章将详细介绍。

内包的重要性

许多企业认为软件开发不是他们的核心业务，因此他们倾向于将其外包。外包意味着一家企业雇佣另一家企业或自由职业者来执行特定的功能。外包通常不是一个坏方法：如果企业有另一家专门从事一项技术的企业帮助做这些工作，这样就可以把自己的员工和投资专门放在核心产品上。专业企业通常会做得更便宜、更好——而自己培养具备这些技能的人才可能需要花费大量时间和金钱。

但现在软件基本上是所有产品的关键区别。不仅是数字客户体验，智能制造和供应链管理也能带来竞争优势。定制软件正在成为核心业务的一部分。基于这一点，许多企业已经制定了软件开发的内包战略——即内部招聘和雇佣软件开发人员及 DevOps 工程师。

问题是软件开发人员和 DevOps 工程师的市场竞争激烈（所谓的人才争夺战）。这通常会导致合作伙伴在核心产品上工作，开发人员维护工具的分散局面。

一个好的内包策略是问问自己，软件是不是业务的核心，也就是说，它是否能带来竞争优势：

- **核心软件应由内部开发人员开发**。如果不能雇佣足够熟练的开发人员，可以与你信任的合作伙伴之一的工程师共同寻找并扩充你的员工。但目标应该始终是以后用自己的工程师替换这些开发人员。
- **辅助软件可以外包**。在最好的情况下，可以使用现有的产品。如果没有，可以让合作伙伴构建它。这里是开源发挥作用的地方：企业可以利用现有的开源解决方案，或者让合作伙伴在开放环境中构建解决方案。这降低了企业成为唯一客户和解决方案过时的风险。由于软件只是对业务的补充，不在乎其他企业是否使用它。相反，核心软件使用得越多，软件过时的风险就越小。此外，如果软件是在公开环境中开发的，则质量是可靠的。

雇佣其他企业或个人为自己开发特殊的开源软件，或为现有的开源解决方案添加功能并不常见。但随着越来越多的企业采用内包战略，以及人才争夺战的持续，这将在未来几年显著呈现。

GitHub 赞助商

一开始，开源策略似乎与内包策略相冲突，但问题更为复杂。对于核心软件来说，为开源项目提供一个小功能可能比自己实现一个解决方案更有用。但在许多企业中，团队层面在自制还是购买的决策中总是倾向于自制，因为用金钱购买或资助某些东西的过程太复杂。一个好的内包策略应该始终包括一个轻量级和快速的过程，并在工具和软件供应链上投入一定的预算。如果企业内部开发人员不足，购买软件或赞助开源贡献者应该没有问题。

让团队能够投资于开源项目的一个好方法是利用一个名为 GitHub 赞助商的功能。它允许用户投资于产品依赖的项目（软件供应链），并保持这些项目的活力。它还可以让维护人员自由地编写新请求的特性，而不必自己实现它们。

一个积极的副作用是赞助对开源社区来说是显而易见的。这是一个很好的营销手段，既增长了企业信誉，又有助于吸引新的人才。

如果个人开发者或组织是 GitHub 赞助商计划的一部分，可以为他们提供赞助，也可以代表组织赞助他们。这种赞助可以是一次性的或每月支付，并且可以在个人资料或组织的个人资料中看到（见图 5-1）。

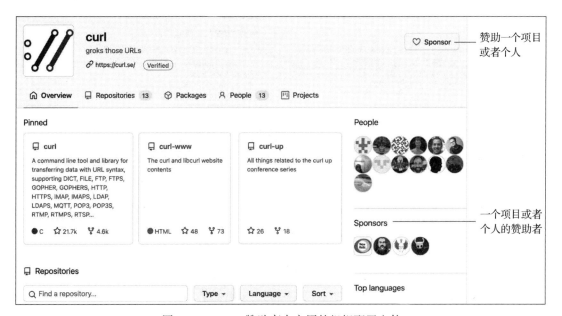

图 5-1 GitHub 赞助商中启用的组织配置文件

GitHub 赞助商不会从用户账户收取任何赞助费用，因此这些赞助全部归受赞助的开发者或组织所有。

赞助商级别

赞助商可以设置不同的赞助级别。这可以通过一次性赞助或者每月定期付款来实现（见图 5-2）。

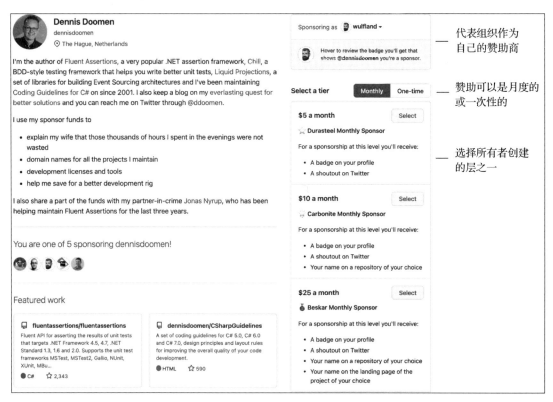

图 5-2   月度或一次性赞助的选项

所有者每月最多可以设置 10 层，一次性付款最多可设置 10 层。这使他们能够将制定的回报链接到不同的层。例如：

- **知名度**：可以在网站或社交媒体上提及赞助商。也可能用徽章（如银牌、金牌和白金赞助商）区分不同级别的赞助。
- **访问**：赞助商可以访问私有存储库或早期版本。
- **优先支持**：赞助商的 bug 或功能请求可以优先支持。
- **支持**：一些赞助商也在一定程度上为解决方案提供了支持。

赞助目标

赞助账户可以设定融资目标。目标可以基于赞助商数量或每月的赞助金额（单位：美元），并显示在赞助页面上（见图 5-3）。

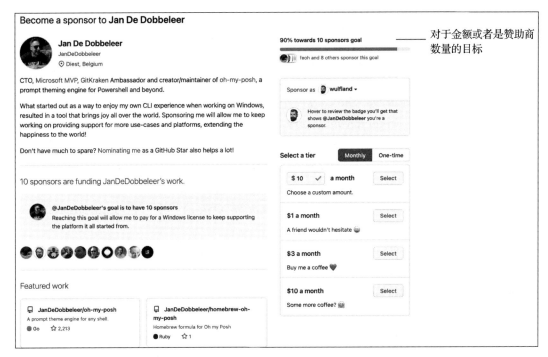

图 5-3　Python 的赞助目标是每月获得 12 000 美元

赞助目标可以与某些里程碑联系起来。例如，维护人员可以在他们辞去日常工作并开始全职工作时设置一定的金额。组织还可以设置雇佣新开发人员以帮助维护项目所需的金额。

总结

在本章中，读者了解了自由软件和开源软件的历史、价值观和原则，以及它对软件交付性能的影响。一个好的开源战略，再加上一个良好的内包战略，以及团队赞助和资助开源项目的能力，可以帮助企业显著缩短上市时间，并且要让内部工程师开发对企业至关重要的功能。将这些原则应用于企业内部开源，可以帮助企业建立协作文化，实现更好的跨团队协作。

在下一章将学习如何用 GitHub Actions 实现自动化。

拓展阅读和参考资料

有关本章内容的更多信息，请参阅以下材料：

- Greene T. C. (2001). *Ballmer*: *Linux is a cancer*: `https://www.theregister.com/2001/06/02/ballmer_linux_is_a_cancer/`
- Warren T. (2020). *Microsoft*: *we were wrong about open source*: `https://www.theverge.com/2020/5/18/21262103/microsoft-open-source-linux-history-wrong-statement`
- Raymond, E. S. (1999). *The Cathedral and the Bazaar*: *Musings on Linux and Open Source by an Accidental Revolutionary*. O'Reilly Media.
- O'Reilly (1998). *FREEWARE LEADERS MEET IN FIRST-EVER SUMMIT O'Reilly Brings Together Creators of Perl, Apache, Linux, and Netscape's Mozilla* (Press Release): `https://www.oreilly.com/pub/pr/636`
- OSI (2018). *Open Source Initiative-History of the OSI*: `https://opensource.org/history`
- Richard S. (2021). *Why Open Source Misses the Point of Free Software*: `https://www.gnu.org/philosophy/open-source-misses-the-point.en.html`
- Volpi M. (2019). *How open-source software took over the world*: `https://techcrunch.com/2019/01/12/how-open-source-software-took-over-the-world/`
- Ahlawat P., Boyne J., Herz D., Schmieg F., & Stephan M. (2021). *Why You Need an Open Source Software Strategy*: `https://www.bcg.com/publications/2021/open-source-software-strategy-benefits`
- 内部开源：`https://en.wikipedia.org/wiki/Inner_source`
- GitHub 赞助商：`https://github.com/sponsors`

工程 DevOps 实践

第二部分将介绍有效的 DevOps 所涉及的最重要的工程实践。读者将学习如何使用 GitHub Actions 自动化发布流水线和其他工程任务，以及如何使用主干和功能标记。

本部分包括以下章节：

- 第 6 章　使用 GitHub Actions 实现自动化
- 第 7 章　运行工作流
- 第 8 章　使用 GitHub Packages 管理依赖
- 第 9 章　部署到任何平台
- 第 10 章　功能标记和功能生命周期
- 第 11 章　主干开发

使用 GitHub Actions 实现自动化

很多敏捷方法的使用者认为工程实践不如管理和团队实践重要。但是像持续集成（CI）、持续交付（CD）和基础设施即代码（IaC）等工程能力是实现更频繁、更稳定和更低风险发布的支撑因素（Humble J.、Farley D，2010）。这些做法降低了部署的难度，从而让开发者少加班，使工作更加轻松。

从本质上讲，这些做法都与自动化有关，即让计算机执行重复任务，使人们可以专注于解决重要问题和进行一些创造性工作。

> "计算机执行重复任务，人们解决问题。"（Forsgren N.、Humble J. 和 Kim G.，2018）

自动化对企业文化和人们的工作方式有很大的影响，因为许多习惯是为了避免手动、重复的任务而养成的，尤其是一些非常容易出错的任务。本章将介绍 GitHub 自动化引擎——GitHub Actions，该引擎具有包括 CI/CD 在内的多种功能。

本章包括如下主题：
- GitHub Actions 概述
- 工作流、流水线和操作
- YAML 基础
- 工作流语法
- 使用密钥工作
- 动手实践：第一个工作流
- 动手实践：第一个操作
- GitHub Marketplace

GitHub Actions 概述

GitHub Actions 是 GitHub 原生自动化引擎，不仅可用于提交代码进行版本控制，它还允许用户在 GitHub 中的任何事件上都可以运行工作流。GitHub 可以在以下情况下触发工作流：issue 状态更改或被添加到里程碑、卡片在 GitHub Projects 中被移动、存储库被他人点亮星标或讨论中新增了评论，几乎所有事件都可以触发工作流。工作流本身是为重用而构建的，用户只需要将代码提交到存储库中即可构建可重用的操作。也可以分享自己的操作到拥有约 10 000 个操作的 GitHub Marketplace（https://github.com/marketplace）上。

工作流可以在 Linux、macOS、Windows、ARM 和容器这些主流平台的云端中执行，甚至可以在云端或自己的数据中心配置和托管执行器，而无须对外暴露端口。

GitHub Learning Lab

GitHub Learning Lab（https://lab.github.com）是一门通过实操来学习 GitHub 的课程，课程通过 issue 和 Pull Request 不断推进，其中有一条完整的 DevOps with GitHub Actions 学习路线（https://lab.github.com/githubtraining/devops-with-github-actions）。读者也可以单独参加一些课程，比如 GitHub Actions：Hello World（https://lab.github.com/githubtraining/github-actions:-helloworld）。所有课程都是免费的，如果读者之前没接触过 GitHub 并且喜欢在实践中学习，这值得一试！

工作流、流水线和操作

GitHub 工作流是一个可配置的自动化过程，由不同的作业组成，可以在 YAML 文件中配置，并放在存储库的 .github/workflows 目录中。工作流可用于构建并部署软件到不同的环境或平台，在其他 CI/CD 系统中通常称为**流水线**。

作业是在配置好的执行器上执行的工作流的一部分，执行器环境使用 runs-on 属性进行配置。默认情况下作业并行运行，不同作业可以通过依赖（使用 needs 关键字）连接在一起来顺序执行，每个作业可以在指定环境中运行。环境是资源的逻辑分组，可以由多个工作流共享，还可以使用保护规则进行保护。

作业由一系列称为步骤的任务组成，每个步骤可以运行命令、脚本或 GitHub 操作。**操作**是工作流的可重用部分，并非所有步骤都是操作，但所有操作都作为作业中的步骤执行。

表 6-1 展示了工作流中的一些重要术语。

表 6-1　GitHub Actions 中的一些重要术语

名词	描述
工作流	自动化流程，通常称为流水线
作业	工作流的一部分，由一系列在执行器上执行的任务组成
执行器	执行工作流作业的虚拟或物理计算机或容器，可以云托管或自托管，也称为代理
步骤	单个任务，作为作业的一部分执行
操作	一个可用于不同作业和工作流的可重用步骤，可以是 Docker 容器、JavaScript 或由其他步骤组成的复合操作，可分享在 GitHub Marketplace 中
环境	可以共享相同保护规则和密钥的一组逻辑资源，可用于多个工作流

YAML 基础

工作流是用扩展名为 .yml 或 .yaml 的 YAML 文件编写的。YAML（即 YAML Ain't Markup Language）是一种优化后的可供人类直接写入和读取的数据序列化语言。它是 JSON 的严格超集，但是使用换行符和缩进代替大括号进行语法表示。与 Markdown 一样，它也适用于 Pull Request，因为更改总是以行为单位。以下将介绍一些可以帮助读者入门的 YAML 基础知识。

注释

YAML 中的注释以"#"开头：

```
# A comment in YAML
```

标量类型

可以使用以下语法定义单个值：

```
key: value
```

YAML 支持很多数据类型。

```
integer: 42
float: 42.0
string: a text value
boolean: true
null value: null
datetime: 1999-12-31T23:59:43.1Z
```

注意键和值可以包含空格且不需要引号，但是可以用单引号或双引号来引用键和值：

```
'single quotes': 'have ''one quote'' as the escape pattern'
"double quotes": "have the \"backslash \" escape pattern"
```

跨越多行的字符串，例如脚本块，可以使用流水线符号"|"和缩进：

```
literal_block: |
    Text blocks use 4 spaces as indentation. The entire
    block is assigned to the key 'literal_block' and keeps
    line breaks and empty lines.
    The block continuous until the next element.
```

集合类型

嵌套数组类型（也称映射）经常用于工作流中，使用两个空格缩进：

```
nested_type:
  key1: value1
  key2: value2
```

```
another_nested_type:
  key1: value1
```

序列在每个项目之前使用破折号 "-"：

```
sequence:
  - item1
  - item2
```

由于 YAML 是 JSON 的超集，还可以使用 JSON 语法单行表示序列和映射：

```
map: {key: value}
sequence: [item1, item2, item3]
```

以上基础足以使读者在 GitHub 上编辑工作流，如果想了解有关 YAML 的更多信息，可查看 https://yaml.org/。接下来介绍工作流语法。

工作流语法

工作流文件中首先映入眼帘的是它的名称，GitHub 在存储库的 "Actions" 选项卡上会显示工作流的名称：

```
name: My first workflow
```

名称后面紧跟着触发器。

工作流触发器

触发器是指 on 键对应的值：

```
on: push
```

触发器可以包含多个值：

```
on: [push, pull_request]
```

触发器可能包含其他可配置的值：

```
on:
  push:
    branches:
      - main
      - release/**
  pull_request:
    types: [opened, assigned]
```

触发器可分为三类：
- Webhook 事件
- 计划事件
- 手动事件

Webhook 事件几乎包含到目前为止接触到的所有事件，比如将代码推送到 GitHub（`push`）、创建或更新 Pull Request（`pull_request`）、创建或修改 issue（`issue`）等都属于 Webhook 事件。完整 Webhook 事件列表参见 https://docs.github.com/en/actions/reference/events-that-trigger-workflows。

计划事件与 cron 作业使用相同的语法，由五个字段组成，分别代表分钟（0-59）、小时（0-23）、日期（1-31）、月份（1-12 或 JAN-DEC）和星期（0-6 或 SUN-SAT）。表 6-2 展示了用户可以使用的运算符：

表 6-2　计划事件相关运算符

运算符	描述
*	任何值
,	列表分隔符
-	取值范围
/	增量值

以下是一些示例：

```
on:
  schedule:
    # Runs at every 15th minute of every day
    - cron: '*/15 * * * *'
    # Runs every hour from 9am to 5pm
    - cron: '0 9-17 * * *'
    # Runs every Friday at midnight
    - cron: '0 0 * * FRI'
    # Runs every quarter (00:00 on day 1 every 3rd month)
    - cron: '0 0 1 */3 *'
```

手动事件允许用户手动触发工作流：

```
on: workflow_dispatch
```

用户可以定义启动工作流时的可选（或必需）**参数**。以下示例定义了一个名为 homedrive 的变量，可以使用 `${{ github.event.inputs.homedrive }}` 表达式在工作流中使用该变量：

```
on:
  workflow_dispatch:
    inputs:
      homedrive:
        description: 'The home drive on the machine'
        required: true
        default: '/home'
```

也可以使用 GitHub API 触发工作流。为此，用户必须定义一个 `repository_dispatch` 触发器并指定一个或多个相关事件的名称：

```
on:
  repository_dispatch:
    types: [event1, event2]
```

该工作流会在发送 HTTP POST 请求后被触发，以下是使用 curl 命令发送 HTTP POST 请求的示例：

```
curl \
  -X POST \
  -H "Accept: application/vnd.github.v3+json" \
  https://api.github.com/repos/<owner>/<repo>/dispatches \
  -d '{"event_type":"event1"}'
```

以下是相应的 JavaScript 示例（有关 JavaScript 的 Octokit API 客户端的更多详细信息可见 https://github.com/octokit/octokit.js）：

```
await octokit.request('POST /repos/{owner}/{repo}/dispatches',
{
  owner: '<owner>',
  repo: '<repo>',
  event_type: 'event1'
})
```

使用 `repository_dispatch` 触发器，用户可以在任意系统中使用任意 webhook 来触发工作流，这有助于工作流的自动化和集成到其他系统。

工作流作业

工作流本身在作业中进行配置，作业是映射，而不是列表，并且作业默认是并行运行的。如果用户想按照一定的顺序链接它们，可以使用 `needs` 关键字让一个作业依赖于其他作业：

```
jobs:
  job_1:
    name: My first job
  job_2:
    name: My second job
    needs: job_1
  job_3:
    name: My third job
    needs: [job_1, job_2]
```

每个作业都在执行器上执行，执行器可以是自托管的，也可以从云端选择，云端有各种适用于不同平台的版本。如果想一直使用最新版本，用户可以使用 `ubuntu-latest`、`windows-latest` 或 `macos-latest`。读者将在第 7 章中了解有关执行器的更多信息。

```
jobs:
  job_1:
    name: My first job
    runs-on: ubuntu-latest
```

如果要运行具有不同配置的工作流，可以使用**矩阵策略**。工作流将执行配置矩阵值的所有组合对应的多个作业，矩阵中的键可以是任意值，可以使用 `${{ matrix.key }}` 表达式进行引用：

```
strategy:
  matrix:
    os_version: [macos-latest, ubuntu-latest]
    node_version: [10, 12, 14]
jobs:
  job_1:
    name: My first job
    runs-on: ${{ matrix.os_version }}
    steps:
      - uses: actions/setup-node@v2
        with:
          node-version: ${{ matrix.node_version }}
```

工作流步骤

一个作业包含了一系列步骤，每个步骤可以执行一条命令：

```
steps:
  - name: Install Dependencies
    run: npm install
```

语句块可以运行多行脚本。如果用户不想让工作流在默认 shell 中运行，则可以对 shell
进行配置，也可以同时配置其他值（如 working-directory）：

```
- name: Clean install dependencies and build
  run: |
    npm ci
    npm run build
  working-directory: ./temp
  shell: bash
```

表 6-3 展示了工作流中可用的 shell。

表 6-3   工作流中可用的 shell

参数	描述
bash	Bash shell 是所有非 Windows 平台的默认 shell，可以兼容 sh。在 Windows 平台指定时，将使用 Git 中包含的 Bash shell
pwsh	PowerShell 核心，Windows 平台的默认 shell
python	Python shell，可以运行 Python 脚本
cmd	Windows 平台专属，Windows 命令提示符
powershell	Windows 平台专属，传统的 Windows PowerShell

bash 是非 Windows 系统上的默认 shell，可以兼容 sh，Windows 上的默认 shell 是 cmd。
用户还可以使用语法 command [options] {0} 来自定义 shell：

```
run: print %ENV
shell: perl {0}
```

大多数用户会重用步骤。可重用的步骤称为 **GitHub 操作**，可以使用 uses 关键字和以下语法引用操作：

```
{owner}/{repo}@{ref}
```

{owner}/{repo} 是 GitHub 上操作的目录路径。{ref} 指代版本：它可以是标签、分支或某个提交的哈希值，一个常见的应用是使用标签对主要版本和次要版本进行显式版本控制：

```
# Reference a version using a label
- uses: actions/checkout@v2
- uses: actions/checkout@v2.2.0
# Reference the current head of a branch
- uses: actions/checkout@main
# Reference a specific commit
- uses: actions/checkout@a81bbbf8298c0fa03ea29cdc473d45769f953
675
```

如果操作与工作流在同一存储库内，则可以使用操作的相对路径：

```
uses: ./.github/actions/my-action
```

用户可以使用 docker//{image}:{tag} 引用存储在容器镜像存储库（如 Docker Hub 或 GitHub Packages）中的操作：

```
uses: docker://alpine:3.8
```

上下文和表达式语法

矩阵策略中有一些表达式，表达式的语法如下：

```
${{ <expression> }}
```

表达式可以获取上下文数据并将其与运算符组合，许多对象（如 matrix、github、env 和 runner）都可以提供上下文。举例来说，可以通过 github.sha 来获取触发工作流提交的 SHA 值，可以通过 runner.os 来获取执行器的操作系统，可以通过 env 访问环境变量等。完整列表参见 https://docs.github.com/en/actions/reference/context-and-expression-syntax-for-github-actions#contexts。

用户可以使用两种语法获取上下文数据，其中第二种语法较为常见：

```
context['key']
context.key
```

根据键的格式，在某些情况下用户可能必须使用第一种语法，比如键以数字开头或键中包含特殊字符。

表达式经常在 if 对象中使用，以便根据不同条件决定是否运行作业：

```
jobs:
  deploy:
```

```
if: ${{ github.ref * 'refs/heads/main' }}
runs-on: ubuntu-latest
steps:
  - run: echo "Deploying branch $GITHUB_REF"
```

有许多预定义的函数可供使用，比如 contains (search, item)：

```
contains('Hello world!', 'world')
# returns true
```

其他函数的例子有 startsWith() 或 endsWith() 等，还有一些特殊的函数可用于检查当前作业的状态：

```
steps:
  ...
  - name: The job has succeeded
    if: ${{ success() }}
```

该步骤只有在所有其他步骤都成功后才会执行，表 6-4 展示了可用于检查当前作业状态的特殊函数。

表 6-4　用于检查当前作业状态的特殊函数

函数	描述
success()	如果前面的步骤都没有失败或取消，则返回 true
always()	如果之前某个步骤被取消就会导致该步骤一直执行，并返回 true
cancelled()	如果工作流被取消，则返回 true
failure()	如果该作业之前的某一步骤失败，则返回 true

除了函数，用户还可以在上下文和函数中使用运算符，表 6-5 展示了一些常见的运算符。

表 6-5　表达式中的常见运算符

运算符	描述	运算符	描述
( )	逻辑组合	==	等于
!	非	!=	不等于
<,<=	小于，小于等于	&&	且
>,>=	大于，大于等于	||	或

要了解更多关于上下文对象和表达式语法的信息，可访问 https://docs.github.com/en/actions/reference/context-and-expression-syntax-for-github-actions。

工作流命令

用户可以使用工作流命令在步骤中与工作流交互，工作流命令通常使用 echo 指令传递给进程，向进程发送诸如 ::set-output name={name}::{value} 的字符串。以下示例指定了一个步骤的输出，并在另一步骤中获取它，注意如何使用步骤 ID 来获取某个步骤的输出变量：

```
- name: Set time
  run: |
    time=$(date)
    echo '::set-output name=MY_TIME::$time'
  id: time-gen
- name: Output time
  run: echo "It is ${{ steps.time-gen.outputs.MY_TIME }}"
```

另一个例子是 ::error 命令，可以将错误消息写入日志。该命令还有一些可选配置参数，可以设置文件名、行号和列号：

```
::error file={name},line={line},col={col}::{message}
```

用户还可以输出警告和调试消息、对日志行进行分组或设置环境变量。要了解更多关于工作流命令的信息，可访问 https://docs.github.com/en/actions/reference/workflow-commands-for-github-actions。

使用密钥工作

所有自动化工作流的一个非常重要的环节是管理密钥。无论部署应用还是访问 API 接口，都需要凭证或密钥，所以它们需要被谨慎管理。

在 GitHub 中，可以在存储库层级、组织层级或某个环境中安全地存储密钥。密钥被加密后再进行存储和传输，不会在日志中显示。

对于组织层级的密钥，用户可以决定哪些存储库可以访问密钥。对于环境级别的密钥，可以决定所需的审阅者：只有当工作流被他们审批时，才能访问密钥。

提示

密钥名不区分大小写，由普通字符（[a-z] 和 [A-Z]）、数字（[0-9]）和下划线（_）组成，且不能以 GITHUB_ 或数字开头。

推荐使用下划线（_）分隔的大写单词对密钥进行命名。

存储密钥

要存储加密的密钥，用户必须拥有存储库的管理员权限，可以通过网页或 GitHub CLI 创建密钥。

通过网页创建新密钥时，请到存储库页面的 Settings | Secrets。Secrets 有三个选项卡，分别是 Actions（默认）、Codespaces 和 Dependabot。请单击 New repository secret 创建

新密钥，接着输入密钥名和密钥值（见图 6-1）。

图 6-1   管理存储库密钥

组织层级密钥的创建方法与之类似，在 Settings | Secrets 页面单击 New organization secret 来创建新的组织层级密钥，并设置该密钥的访问规则，可选访问规则如下：

- All repositories（所有存储库）
- Private repositories（私有存储库）
- Selected repositories（指定存储库）

当选择的访问规则是 Selected repositories 时，用户可以授予指定存储库对该密钥的访问权限。

如果使用 GitHub CLI，则可以通过命令 gh secret set 创建一个新密钥：

```
$ gh secret set secret-name
```

输入以上命令后用户将得到一个新密钥。可以从文件中读取密钥，将其传输到命令中，也可以将其指定为密钥的主体（-b 或 --body）：

```
$ gh secret set secret-name < secret.txt
$ gh secret set secret-name --body secret
```

如果密钥是用于环境的，可以使用 --env(-e) 参数指定。

对于组织密钥，用户可以使用 --visibility 或 -v 参数将该密钥的可见性设置为 all、private 或 selected。如果设为 selected，则必须使用 --repos 或 -r 参数指定一个或多个存储库：

```
$ gh secret set secret-name --env environment-name
$ gh secret set secret-name --org org -v private
$ gh secret set secret-name --org org -v selected -r repo
```

获取密钥

用户可以在工作流中通过 secrets 上下文获取密钥，将其作为工作流文件的一个**输入**（with:）或**环境变量**（env:）添加到步骤中。当工作流在队列中时，会读取组织和存储库密钥，而在引用环境的作业开始时，会读取环境密钥。

注意

GitHub 会自动从日志中删除密钥，但在步骤中进行密钥相关操作时要十分谨慎！

不同 shell 和环境获取环境变量的语法不同。在 Bash 中，通过 $SECRET-NAME 获取；在 PowerShell 中，通过 $env:SECRET-NAME 获取；而在 cmd.exe 中，通过 %SECRET-NAME% 获取。

以下示例展示了如何在不同 shell 中获取密钥并将其作为一个输入或环境变量：

```
steps:
  - name: Set secret as input
    shell: bash
    with:
      MY_SECRET: ${{ secrets.secret-name }}
    run: |
      dosomething "$MY_SECRET "
  - name: Set secret as environment variable
    shell: cmd
    env:
      MY_SECRET: ${{ secrets.secret-name }}
    run: |
      dosomething.exe "%MY_SECRET%"
```

注意

以上示例展示了如何将密钥传递给操作。如果用户的工作流步骤是 run:，也可以通过 ${{secrets.secret-name}} 直接访问密钥上下文。如果希望避免脚本注入风险，则不建议这样做。但由于只有管理员可以添加密钥，在评估工作流可读性时需要考虑这点。

GITHUB_TOKEN 密钥

GITHUB_TOKEN 密钥是一种特殊的密钥，该密钥是自动创建的，可以通过 github.

token 或 secrets.GITHUB_TOKEN 上下文访问。即使工作流没有将其作为输入或环境变量，也可以通过 GitHub 操作获取它。该令牌可用于在访问 GitHub 资源时进行身份验证，资源的默认权限可以设置为 permissive 或 restricted，在工作流中可以调整这些权限：

```
on: pull_request_target
permissions:
  contents: read
  pull-requests: write
jobs:
  triage:
    runs-on: ubuntu-latest
    steps:
      - uses: actions/labeler@v2
        with:
          repo-token: ${{ secrets.GITHUB_TOKEN }}
```

要了解更多有关 GITHUB_TOKEN 密钥的信息，可访问 https://docs.github.com/en/actions/reference/authentication-in-a-workflow。

动手实践：第一个工作流

现在读者已经具备了足够的基础，之后的章节将深入研究执行器、环境和安全性。如果读者刚开始接触 GitHub Actions，现在可以开始创建第一个工作流和第一个操作了！

> **提示**
>
> 读者可以使用 GitHub 的代码搜索，设置编程语言过滤条件（language:yml）和工作流路径过滤条件（path:.github/workflows），来筛选找到一些现有的 GitHub Actions 工作流作为模板。
>
> 比如以下搜索请求将返回德国 Corona-Warn-App 项目的所有工作流程：
>
> ```
> language:yml path:.github/workflows@corona-warn-app
> ```

具体步骤如下：

1. 进入存储库主页（https://github.com/wulfland/getting-started），单击右上角的 Fork 按钮将该存储库克隆到个人账号中。

2. 在克隆得到的存储库主页，点击 Actions 选项卡，就能看到所有可使用的工作流模板，这些模板针对存储库内代码进行了优化。在本示例中，选择 .NET 模板，点击 Set up this workflow 按钮（见图 6-2）。

3. GitHub 会在编辑器中创建并打开一个相应的工作流文件，该编辑器支持语法高亮和自动补全（按"Ctrl+Space"组合键），读者也可以在右侧的 Marketplace 窗口内搜索操作。接着将 `dotnet-version` 参数设置为 3.1.x 并提交该工作流文件（见图 6-3）。

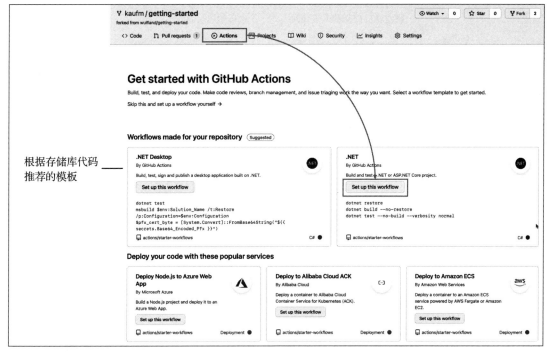

图 6-2　为 .NET 设置一个 GitHub 操作

图 6-3　设置版本并提交工作流文件

4. 工作流将被自动触发，读者可以在 Actions 选项卡下找到运行的工作流。如果单击该工作流，就可以得到其中的所有作业以及其他一些关键信息（见图 6-4）。

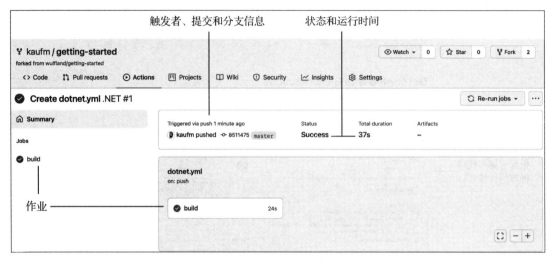

图 6-4　工作流总览页面

5. 单击作业可以查看作业内所有步骤的详细信息（见图 6-5）。

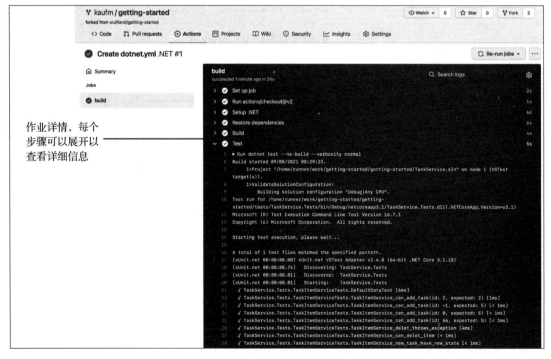

图 6-5　作业和步骤详情

如果读者使用的是其他语言，则可以克隆其他存储库。例如，该存储库使用的是 Java 和 Maven（存储库链接：https://github.com/MicrosoftDocs/pipelinesjava）。

如果克隆了该存储库，当选择工作流模板时，首先向下滚动到 Continuous integration workflows 分类，接着单击 More continuous integration workflows 按钮，最后选择 Java with Maven，这样工作流就能正常运行（见图 6-6）。

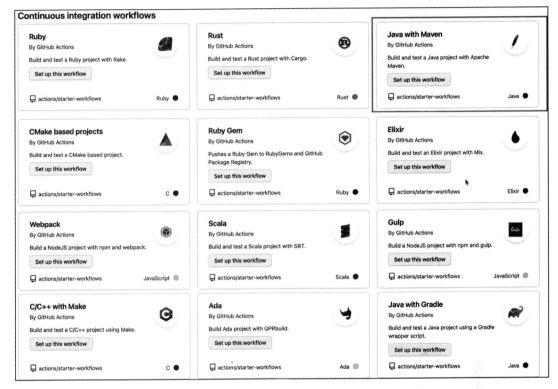

图 6-6　其他持续集成模板，比如"Java with Maven"

GitHub 中有大量的模板，所以可以较容易地设置一个基本工作流来构建代码。

动手实践：第一个操作

GitHub Actions 的强大之处在于它的可重用性，因此了解如何创建和使用操作十分重要。在这个动手实践中，读者将创建一个在 Docker 容器内运行的容器操作。

> **提示：**
>
> 读者可以在 https://docs.github.com/en/actions/creating-actions/creating-a-docker-container-action 找到这个示例，并复制粘贴相关文本文件的内容。如果需要，还可以进入

> 模板存储库（存储库链接：https://github.com/actions/container-action）并单击"Use this template"按钮，这将自动创建一个包含所有文件的存储库。

具体步骤如下：

1. 创建一个名为 hello-world-docker-action 的新存储库，接着将其克隆到读者个人主机上。

2. 打开终端并进入存储库目录：

```
$ cd hello-world-docker-action
```

3. 创建一个名为 Dockerfile 的文件，该文件不带扩展名，将以下代码添加到文件中：

```
# Container image that runs your code
FROM alpine:3.10
# Copies your code file from your action repository to
the filesystem path '/' of the container
COPY entrypoint.sh /entrypoint.sh
# Code file to execute when the docker container starts
up ('entrypoint.sh')
ENTRYPOINT ["/entrypoint.sh"]
```

在本示例中，该 Dockerfile 文件定义了一个基于 Alpine Linux 3.1 镜像的容器，并将 entrypoint.sh 文件复制到这个容器中。如果该容器被执行，就会运行 entrypoint.sh。

4. 创建一个名为 action.yml 的新文件，文件内容如下：

```
# action.yml
name: 'Hello World'
description: 'Greet someone and record the time'
inputs:
  who-to-greet:  # id of input
    description: 'Who to greet'
    required: true
    default: 'World'
outputs:
  time: # id of output
    description: 'The time we greeted you'
runs:
  using: 'docker'
  image: 'Dockerfile'
  args:
    - ${{ inputs.who-to-greet }}
```

action.yml 文件定义了操作及该操作的输入和输出参数。

5. 创建 entrypoint.sh 脚本，该脚本将在容器中运行并可以调用其他二进制文件，向其添加以下内容：

```
#!/bin/sh -l
echo "Hello $1"
time=$(date)
echo "::set-output name=time::$time"
```

输入参数作为参数传给脚本，并可以通过 $1 访问。脚本中使用 set-output 工作流命令将 time 参数设置为当前时间。

6. 必须保证 entrypoint.sh 文件可以执行。在非 Windows 系统上，只需要在终端运行以下命令，然后添加并提交更改：

```
$ chmod +x entrypoint.sh
$ git add .
$ git commit -m "My first action is ready"
```

在 Windows 系统上，上述命令无效，但是当文件被添加到索引中时，可以将其标记为可执行文件：

```
$ git add .
$ git update-index --chmod=+x .\entrypoint.sh
$ git commit -m "My first action is ready"
```

7. 操作的版本控制使用 Git 标签实现。给操作添加 v1 版本标签并把所有更改推送到远程存储库：

```
$ git tag -a -m "My first action release" v1
$ git push --follow-tags
```

8. 现在可以在工作流中测试操作了。进入 getting-started 存储库（.github/workflows/dotnet.yaml) 中的工作流目录并编辑该文件，删除 jobs（第 9 行）下的所有内容，替换为：

```
hello_world_job:
  runs-on: ubuntu-latest
  name: A job to say hello
  steps:
  - name: Hello world action step
    id: hello
    uses: your-username/hello-world-action@v1
    with:
      who-to-greet: 'your-name'
  - name: Get the output time
    run: echo "The time was ${{ steps.hello.outputs.time
}}"
```

工作流现在会调用操作（uses）并指向读者创建的存储库（your-username/hello-world-action），后面跟着标签（@v1）。它将读者的姓名作为一个输入参数传给该操作，并获取当前时间作为输出，然后将其输出到控制台。

9. 最后保存文件，工作流将自动运行。检查作业的详细信息，读者可以看到日志中输出的问候语和时间戳。

提示

　　如果想尝试其他类型的操作，可以使用现有模板；如果想尝试 JavaScript 操作，可参考 https://github.com/actions/javascript-action；如果想尝试 TypeScript 操作，可参考 https://github.com/actions/typescript-action。复合操作更加容易，因为只需要一个 action.yml 文件（可参考 https://docs.github.com/en/actions/creatingactions/creating-a-composite-action）。

　　处理操作是一样的，只是它们的创建方法不同。

GitHub Marketplace

　　用户可以使用 GitHub Marketplace（https://github.com/marketplace）搜索想在工作流中使用的操作。由于发布操作并不难，Marketplace 内已经有将近 10 000 个可用操作。用户可以按类别过滤操作或输入搜索条件来更快地找到合适的操作（见图 6-7）。

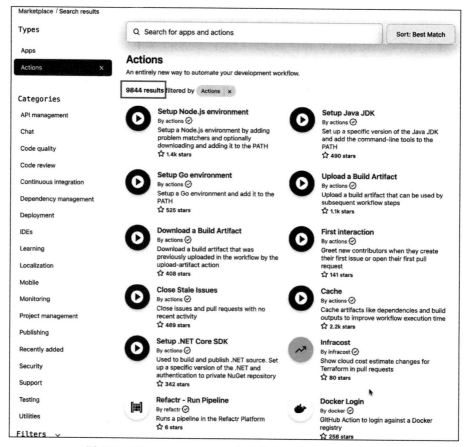

图 6-7   GitHub Marketplace 内有将近 10 000 个可用操作

操作详情页会显示对应存储库的 README 文件内容和一些其他信息，用户可以查看完整的操作版本列表并了解如何使用当前版本的操作（见图 6-8）。

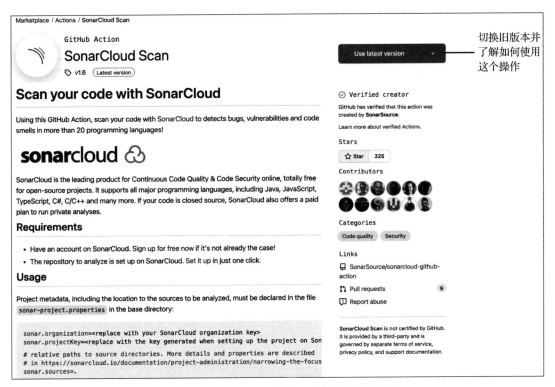

图 6-8　Marketplace 内的一个操作的详情页

发布操作到 Marketplace 上很容易。首先要确保该操作位于公开存储库中，其名称是唯一的，并且该存储库内有一个描述清楚的 README 文件。接着选择一个图标和图标颜色并将其添加到 action.yml 文件中：

```
branding:
  icon: 'award'
  color: 'green'
```

GitHub 会自动检测 action.yml 文件并提供一个 "Draft a release" 按钮，单击此按钮会进入发布编辑页面。如果用户选择将此操作发布到 GitHub Marketplace，则必须同意服务条款，并且 GitHub 将自动检查该操作是否包含所有必需的组件。在发布编辑页面可以为该发布选择合适的标签或创建一个新标签，并为其添加标题和描述信息（见图 6-9）。

发布操作或将其保存为草稿。

Marketplace 使自动化变得简单，因为几乎所有事件都可以被视为一个操作，所以近年来它发展迅速。

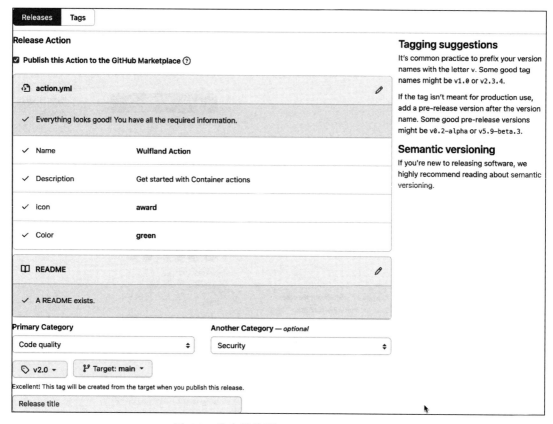

图 6-9   发布操作到 GitHub Marketplace

总结

本章介绍了自动化的重要性，以及 GitHub Actions——一种灵活、可扩展且适用于任何类型自动化的引擎。

下一章将学习不同的托管选项以及如何托管工作流执行器。

拓展阅读

若要了解本章相关话题的更多信息，可查阅以下参考资料：

- Humble J., & Farley, D. (2010). *Continuous Delivery*: *Reliable Software Releases through Build*, *Test*, *and Deployment Automation*. Addison-Wesley Professional.
- Forsgren, N., Humble, J., & Kim, G. (2018). *Accelerate*: *The Science of Lean Software*

and DevOps: *Building and Scaling High Performing Technology Organizations* (1st ed.) [E-book]. IT Revolution Press.

- *YAML*: `https://yaml.org/`
- *GitHub Actions*: `https://github.com/features/actions` and `https://docs.github.com/en/actions`
- *GitHub Learning Lab*: `https://lab.github.com`
- *Workflow Syntax*: `https://docs.github.com/en/actions/reference/workflow-syntax-for-github-actions`
- *GitHub Marketplace*: `https://github.com/marketplace`

## 第 7 章

运行工作流

本章将介绍运行工作流的不同选项，包括托管和自托管执行器，并解释如何利用不同的托管选项处理混合云场景或硬件循环测试。同时展示如何设置、管理和扩展自托管执行器，并介绍如何进行监视和故障排除。

本章包括如下主题：

- 托管执行器
- 自托管执行器
- 使用执行器组管理访问
- 使用标签
- 扩展自托管执行器
- 监控和故障排除

托管执行器

在前面的章节已经使用过托管执行器（hosted runner）。托管执行器是 GitHub 托管的用于运行工作流的虚拟机。这种执行器适用于 Linux、Windows 和 macOS 操作系统。

隔离和隐私

工作流中的每个作业都在一个全新的虚拟机实例中执行，并且完全隔离。用户拥有完整的管理员访问权限（在 Linux 上为无密码 sudo），而 Windows 机器上的用户账户控制（UAC）已被禁用。这意味着用户可以安装工作流中可能需要的任何工具（这仅会增加构建时间的成本）。

执行器还可以访问用户界面（UI）元素。这使用户可以在执行器内执行 UI 测试（例如 Selenium）而无须通过另一个虚拟机进行操作。

硬件

GitHub 托管的 Linux 和 Windows 系统的执行器运行在 Standard_DS2_v2 虚拟机的

Microsoft Azure 中。Windows 和 Linux 虚拟机的硬件要求如下：

- 双核 CPU
- 7GB RAM
- 14GB SSD 硬盘空间

macOS 版本的执行器运行在 GitHub 的 macOS 云上，其硬件要求如下：

- 3 核 CPU
- 14GB RAM
- 14GB SSD 硬盘空间

软件

表 7-1 为托管执行器当前可用的镜像列表。

表 7-1　托管执行器当前可用的镜像

虚拟环境	YAML 工作流标签	备注
Windows Server 2022	windows-2022	当前仍在测试阶段。windows-latest 标签目前使用 Windows Server 2019 的执行器镜像，当 2022 结束测试后，将切换为 Windows Server 2022
Windows Server 2019	windows-latest 或 windows-2019	windows-latest 标签当前指向该镜像
Windows Server 2016	windows-2016	
Ubuntu 20.04	ubuntu-latest 或 ubuntu-20.04	ubuntu-latest 标签当前指向该镜像
Ubuntu 18.04	ubuntu-18.04	
Ubuntu 16.04	ubuntu-16.04	已弃用，仅限制已存在的用户使用。用户应迁移到 Ubuntu 20.04
macOS Big Sur 11	macos-11	
macOS Catalina 10.15	macos-latest 或 macos-10.15	macos-latest 标签当前使用 macOS 10.15 的执行器镜像

用户可以在网址 https://github.com/actions/virtual-environments 中找到最新列表和所有包含的软件。

如果想请求一个新的工具作为默认工具安装，用户也可以在该存储库提起 issue，这个存储库还包括了执行器所有重大软件更新的公告。用户还可以使用 GitHub 存储库的"关注"（watch）功能来获取新版本创建的消息。

网络

托管执行器使用的 IP 地址在随时变化。用户可以通过 GitHub 的 API 来获取当前 IP 列表：

```
curl \
  -H "Accept: application/vnd.github.v3+json" \
  https://api.github.com/meta
```

更多信息可以查看网址：https://docs.github.com/en/rest/reference/meta#get-github-meta-information。

通过这些信息，用户可以通过一个允许列表来阻止来自因特网的对内部资源的访问。但是请注意，所有人都可以使用托管执行器和执行代码。阻止其他 IP 地址并不会使得资源安全。不要将内部系统对立于这些未经安全保护的 IP 地址，因为这些 IP 地址并不是以用户可以信任的方式从公共互联网访问的！这意味着必须对系统进行修补，并在适当的位置进行安全身份验证。如果情况不是这样，用户必须使用自托管的执行器。

注意

如果对 GitHub 组织或者企业账户使用 IP 地址允许列表，则不能使用 GitHub 托管执行器，而只能使用自托管执行器。

价格

托管执行器可免费使用公共存储库。根据所用的 GitHub 版本，用户将拥有指定的存储量和每月免费构建分钟数（见表 7-2）。

表 7-2   不同 GitHub 版本所包含的存储量和免费构建分钟数

GitHub 版本	存储空间	分钟数	最大并发任务数量
GitHub Free	500MB	2000	20（在 macOS 下为 5）
GitHub Pro	1GB	3000	40（在 macOS 下为 5）
GitHub Free for organizations	500MB	2000	20（在 macOS 下为 5）
GitHub Team	2GB	3000	60（在 macOS 下为 5）
GitHub Enterprise Cloud	50GB	50 000	180（在 macOS 下为 50）

如果用户通过 Microsoft 企业协议购买了 GitHub Enterprise，则可以将 Azure 订阅 ID 连接到 GitHub Enterprise 账户。这可以支付额外的 GitHub Actions 使用费，以补充用户的 GitHub 版本中包含的内容。

在 Windows 和 macOS 执行器上运行的作业比 Linux 消耗更多的构建分钟数。Windows 消耗的时间倍数是 2，而 macOS 消耗的时间倍数是 10。这意味着使用 1000 分钟 Windows 系统将消耗账户中包含的 2000 分钟，而使用 1000 分钟 macOS 系统将消耗账户中包含的 10 000 分钟。

这是因为构建分钟数更昂贵。用户可以支付额外的分钟数，以补充 GitHub 版本中包含的分钟数。这些是每个操作系统的构建分钟费用：

- Linux：0.008 美元
- macOS：0.08 美元
- Windows：0.016 美元

> **提示**
>
> 用户应该尽可能多地在工作流中使用 Linux，并将 macOS 和 Windows 减少到最低限度，以降低构建成本。另外，Linux 也有最好的启动性能。

额外存储的成本对所有的执行器来说是一样的——每 GB 的费用为 0.25 美元。

如果用户是月结客户，账户将有一个默认的支出限额：0 美元。这可以防止使用额外的分钟或存储。如果使用列账单支付，账户将默认有无限的支出限制。

如果用户设置的消费限额高于 0 美元，账户任何额外的分钟或存储将被计费，直到达到消费限额。

自托管执行器

如果用户需要比 GitHub 托管执行器支持的硬件、操作系统、软件和网络访问更多的控制，可以使用自托管执行器。自托管执行器可以安装在物理机器、虚拟机或容器中。它们可以在本地或任何公共云环境中运行。

自托管运行程序允许从其他构建环境轻松迁移。如果用户已经有了自动构建，那么只需要在机器上安装运行程序，代码就可以构建了。但如果构建机仍然是手动维护的老式机器，或者机器位置远离开发者，那么这不是一个永久性的解决方案。请记住，无论是托管在云端还是本地，构建和托管一个动态扩展环境都需要专业知识，并且需要花费资金。因此，如果用户可以使用托管执行器，那么它总是更简单的选择。但是，如果需要自托管的解决方案，请确保使其具有可扩展性。

> **注意**
>
> 拥有自己的执行器可以让用户在 GitHub Enterprise Cloud 内安全地构建和部署本地环境。这样，用户就可以使用混合模式运行 GitHub，即可以在云端使用 GitHub Enterprise，并使用托管执行器进行基本的自动化和部署到云环境，而使用自托管执行器来构建或部署托管在本地的应用程序。这比自行运行 GitHub Enterprise Server 和所有构建和部署的构建环境更加便宜和简单。

如果用户依赖硬件来测试软件，例如使用硬件在环测试，则必须使用自托管执行器。这是因为没有办法将硬件连接到 GitHub 托管执行器。

执行器软件

执行器是开源的，并可以在 https://github.com/actions/runner 上找到。它支持 Linux、 macOS 和 Windows 上的 x64 处理器架构。它也支持 Linux 上的 ARM64 和 ARM32 架构。该执行器支持许多操作系统，包括 Ubuntu、Red Hat Enterprise Linux 7 或更高版本、Debian 9 或更高版本、Windows 7/8/10 和 Windows Server、macOS 10.13 或更高版本等。有关完整列表，请参阅文档：https://docs.github.com/en/actions/hosting-your-own-runners/about-self-hosted-runners#supported-architectures-and-operating-systems-for-self-hosted-runners。

执行器会自动更新，因此用户不需要管理更新。

执行器和 GitHub 之间的通信

执行器软件使用出站连接，在 HTTPS 443 端口上长轮询 GitHub。它打开一个 50 秒的连接，如果没有收到响应，则会超时。

用户必须确保机器可联网访问以下 URL：

```
github.com
api.github.com
*.actions.githubusercontent.com
github-releases.githubusercontent.com
github-registry-files.githubusercontent.com
codeload.github.com
*.pkg.github.com
pkg-cache.githubusercontent.com
pkg-containers.githubusercontent.com
pkg-containers-az.githubusercontent.com
*.blob.core.windows.net
```

用户不必在防火墙上打开任何入站端口。所有通信都通过客户端运行。如果对 GitHub 组织或企业使用 IP 地址允许列表，必须将自托管执行器的 IP 地址范围添加到该允许列表。

在代理服务器上使用自托管执行器

如果用户需要在代理服务器上运行自托管执行器，需要注意可能会导致很多问题。执行者本身可以正常通信，但是，包管理、容器注册表以及执行器执行需要访问资源的所有内容都会产生开销。请尽可能避免使用代理服务器。如果不得不在代理服务器上运行工作流，用户可以使用以下环境变量配置执行器：

- https_proxy：这包括 HTTPS（端口 443）流量的代理 URL，还可以包括基本身份验证（例如 https://user:password@proxy.local）。
- http_proxy：这包括 HTTP（端口 80）流量的代理 URL，还可以包括基本身份验证（例如 http://user:password@proxy.local）。
- no_proxy：这包括应该绕过代理服务器的逗号分隔的主机列表。

如果更改环境变量，必须重新启动执行器才能使更改生效。

另一种代替使用环境变量的方法是使用 .env 文件。在执行器的应用程序文件夹中保存

一个名为 .env 的文件，之后语法与环境变量相同：

```
https_proxy=http://proxy.local:8081
no_proxy=example.com,myserver.local:443
```

接下来看一下如何将自托管执行器添加到 GitHub。

将自托管执行器添加到 GitHub

用户可以在 GitHub 的不同层面添加执行器：存储库、组织或企业。如果在存储库级别添加执行器，它们仅限于该单个存储库。组织级别的执行器可以处理组织中多个存储库的作业，企业级别的执行器可以分配给企业中的多个组织。安装执行器并在用户的 GitHub 实例中注册很容易。只需要转到用户希望添加执行器的级别的 Settings | Actions | Runners，然后再选择操作系统和处理器架构（参见图 7-1）。

图 7-1 安装自托管执行器

这个脚本为用户生成了以下内容：
①下载和解压执行器。
②使用相应值配置执行器。
③启动执行器。

脚本的第一部分始终创建一个名为 actions-runner 的文件夹，然后将工作目录更改为该文件夹：

```
$ mkdir actions-runner && cd actions-runner
```

在 Linux 和 macOS 上，使用 curl 命令下载最新的 runner 包；在 Windows 上使用 Invoke-WebRequest。

```
# Linux and macOS:
$ curl -o actions-runner-<ver>.tar.gz -L https://github.com/
actions/runner/releases/download/<ver>/actions-runner-<ver>.
tar.gz
# Windows:
$ Invoke-WebRequest -Uri https://github.com/actions/runner/
releases/download/<ver>/actions-runner-<ver>.zip -OutFile
actions-runner-<ver>.zip
```

为确保安全，验证下载压缩包的哈希值，以确保包没有被破坏：

```
# Linux and macOS:
$ echo "<hash> actions-runner-<ver>.tar.gz" | shasum -a 256 -c
# Windows:
$ if((Get-FileHash -Path actions-runner-<ver>.zip -Algorithm
SHA256).Hash.ToUpper() -ne '<hash>'.ToUpper()){ throw 'Computed
checksum did not match' }
```

然后，执行器从 ZIP/TAR 文件中被提取出来：

```
# Linux and macOS:
$ tar xzf ./actions-runner-<ver>.tar.gz
# Windows:
$ Add-Type -AssemblyName System.IO.Compression.FileSystem ;
[System.IO.Compression.ZipFile]::ExtractToDirectory("$PWD/
actions-runner-<ver>.zip", "$PWD")
```

配置是使用 config.sh/config.cmd 脚本完成的，URL 和令牌由 GitHub 自动创建：

```
# Linux and macOS:
$ ./config.sh --url https://github.com/org --token token
# Widows:
$ ./config.cmd --url https://github.com/org --token token
```

配置要求选择执行器组（默认为 Default 组）、执行器名称（默认为机器名称）以及其他标签。默认标签用于描述自托管状态、操作系统和处理器架构（例如分别是自托管、Linux 和 X64）。默认的工作文件夹是 _work，不应更改。在 Windows 上，用户还可以选择将 action runner 作为服务运行。在 Linux 和 macOS 上，必须在配置后使用另一个脚本安装服务：

```
$ sudo ./svc.sh install
$ sudo ./svc.sh start
```

如果不想以服务方式运行执行器，可以使用 run 脚本交互式运行它：

```
$ ./run.sh
$ ./run.cmd
```

如果执行器正在运行，用户可以在"Settings | Actions | Runners"中看到其状态和标签（见图 7-2）。

图 7-2　自托管执行器及其标签和状态

现在来学习如何从 GitHub 中删除这些自托管执行器。

删除自托管执行器

如果用户想重新配置或从 GitHub 中删除执行器，必须使用带有"删除"选项的 config 脚本。通过单击其名称打开执行器的详细信息，单击 Remove 按钮（参见图 7-3），将生成脚本和令牌。

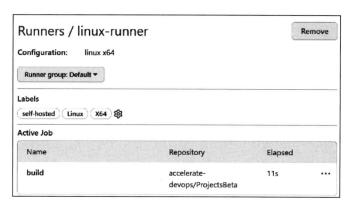

图 7-3　执行器详细信息

不同操作系统的脚本如下：

```
# Linux and macOS
./config.sh remove --token <token>
# Windows
./config.cmd remove --token <token>
```

记住永远要在销毁机器之前先删除执行器！如果忘记这样做，用户可以在 Remove 对话框中使用"Force remove this runner"按钮，但这应该仅作为最后一招儿。

使用执行器组管理访问

如果在组织或企业级别注册用户的执行器，则使用执行器组来控制对自托管执行器的访问。企业管理员可以配置访问策略，以控制企业中的哪些组织有访问执行器组的权限，而组织管理员可以配置访问策略，以控制组织中的哪些存储库有访问执行器组的权限。每个企业和每个组织都有一个默认的执行器组，名为 Default，不能被删除。

注意

一个执行器只能在一个执行器组中。

在管理访问时，打开企业级别的 Policies 或组织级别的 Settings，并在菜单中找到 Actions | Runner Groups。用户可以创建新的执行器组或单击现有组件以调整其访问设置。根据级别是企业还是组织，用户可以允许访问特定组织或存储库（参见图 7-4）。

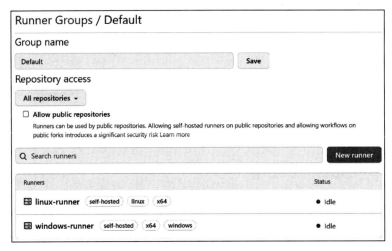

图 7-4　执行器组设置

警告

默认情况下，禁用访问公共存储库。请不要更改该设置！不应该在公共存储库中使用自托管执行器！这会带来风险，因为 Forks 可能会在执行器上执行恶意代码。如果需要公共存储库的自托管执行器，请确保使用没有访问内部资源的临时和加固执行器。一种可能的情况是，用户需要开源项目的特殊工具，并且它在托管执行器上安装时间过长。但这是很少见的情况，用户应该尽量避免。

当用户注册一个新的执行器时，需要为它输入执行器组的名称，也可以在 config 脚本中将其作为参数传递：

```
$ ./config.sh --runnergroup <group>
```

现在读者已经学会了如何使用执行器组管理访问权限，接下来将学习如何使用标签。

使用标签

GitHub Actions 通过搜索正确的标签来将工作流匹配到用户的执行器。标签在用户注册执行器时被应用，也可以在 config 脚本中作为参数传递：

```
$ ./config.sh --labels self-hosted,x64,linux
```

稍后用户可以在执行器的详情中修改标签，并单击标签旁边的齿轮图标创建新标签（参见图 7-5）。

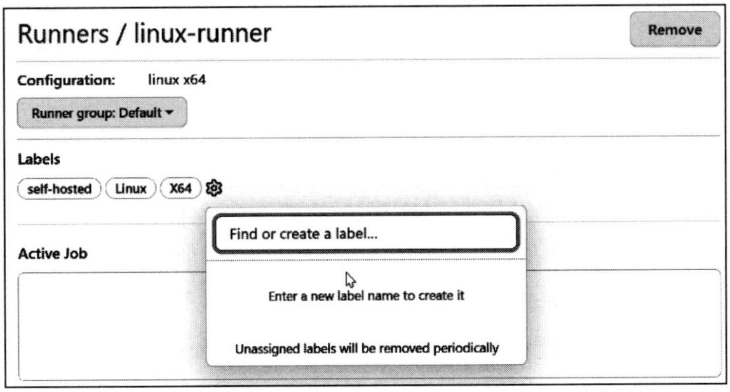

图 7-5　为执行器创建新标签

如果用户的工作流程有特定的需求，可以为它们创建自定义标签。自定义标签的一个例子可能是为工具（如 matLab）添加标签，或者添加必需的 GPU 访问标签。

所有自托管执行器默认都有 self-hosted 标签。

要在工作流中使用执行器，用户需要在标签形式中指定需求：

```
runs-on: [self-hosted, linux, X64, matlab, gpu]
```

这样，用户的工作流程就可以找到满足必要需求的相应执行器。

扩展自托管执行器

在现有构建机上安装 action runner 可以轻松迁移到 GitHub。但这不是长久之计！如果用户无法使用托管执行器，则应该自己构建弹性扩展的构建环境。

瞬时执行器

如果用户为构建机或容器构建了弹性扩展解决方案，应该使用瞬时执行器。这意味着使用来自空白镜像的虚拟机或 Docker 镜像并安装临时执行器，每次运行后，一切都会被清除。这种情况下，不推荐使用弹性扩展的持久性执行器。

要配置执行器为瞬时执行器，需要向配置脚本传递以下参数：

```
$ ./config.sh --ephemeral
```

使用 GitHub Webhooks 扩展

用户可以使用 GitHub Webhooks 调整虚拟环境的配置。如果有新工作流到达队列，则

webhook 的 workflow_job 会调用 queued 操作。用户可以使用此事件创建新的构建机并将其添加到机器池中。如果工作流运行完成，则 workflow_job 会调用 completed 操作。用户可以使用此事件进行清理和销毁机器。更多信息可参阅文档 https://docs.github.com/en/developers/webhooks-and-events/webhooks/webhook-events-and-payloads#workflow_job。

现有解决方案

在 Kubernetes、AWS EC2 或 OpenShift 中构建弹性虚拟构建环境超出了本书的范围。GitHub 本身并不提供此解决方案，但如果用户希望利用它们，则有很多开源解决方案可以节省时间和精力。Johannes Nicolai（@jonico）对所有解决方案进行了整理。读者可以在 https://github.com/jonico/awesome-runners 中找到相关资料。矩阵在 GitHub 页面中更容易阅读，因此读者可能更喜欢访问 https://jonico.github.io/awesome-runners。矩阵基于目标平台比较了解决方案，比较标准包括是否具有 GitHub Enterprise 支持、自动缩放功能、清理因素等。

> **提示**
>
> 使用自定义镜像构建和运行可扩展的构建环境需要大量的时间和精力，这些时间和精力可以用于其他事情。使用托管执行器是更便宜和持续性更强的解决方案。请确保真的需要在自己的平台上进行这样的投资。通常，还有其他选择搭载自己的执行器，例如将自己的 Docker 镜像带入 GitHub Actions 或使用机器人自动部署到本地资源。

监控和故障排除

如果用户有自托管执行器的问题，以下内容可以帮助进行故障排除。

检查执行器的状态

用户可以在"Settings|Actions|Runners"下检查执行器的状态。执行器的状态可以是空闲、活动或离线。如果执行器状态是离线，则机器可能已经关闭或未连接到网络，或者自托管执行器应用程序可能未在机器上运行。

查看应用程序日志文件

日志文件保存在执行器的根目录中的"_diag"文件夹中。用户可以在其中查看执行器应用程序日志文件。应用程序日志文件名以 Runner_ 开头，并追加 UTC 时间戳：

```
Runner_20210927-065249-utc.log
```

查看作业日志文件

作业日志文件也位于 _diag 中。每个作业都有自己的日志。应用程序日志文件名以 Worker_ 开头，也有 UTC 时间戳：

```
Worker_20210927-101349-utc.log
```

检查服务状态

如果执行器以服务的形式运行，用户可以根据操作系统检查服务状态。

Linux

在 Linux 上，可以从 runner 文件夹中的 .service 文件中获取服务的名称。使用 journalctl 工具监视 runner 服务的实时活动：

```
$ sudo journalctl -u $(cat ~/actions-runner/.service) -f
```

可以在 /etc/systemd/system/ 下检查和自定义服务的配置：

```
$ cat /etc/systemd/system/$(cat ~/actions-runner/.service)
```

macOS

在 macOS 上，可以使用 svc.sh 脚本检查服务的状态：

```
$ ./svc.sh status
```

上述脚本的输出包含服务名称和进程 ID。
要检查服务配置，请找到以下位置的文件：

```
$ cat /Users/<user_name>/Library/LaunchAgents/<service_name>
```

Windows

在 Windows 上，用户可以使用 PowerShell 检索有关服务的信息：

```
$ Get-Service "action*"
```

使用 EventLog 监视服务的最近活动：

```
Get-EventLog -LogName Application -Source ActionsRunnerService
```

监控执行器更新过程

执行器会自动更新。如果更新失败，执行器将无法运行工作流。用户可以在 _diag 目录中的 Runner_* 日志文件中检查它的更新活动。

案例研究

Tailwind Gears 的两个试点团队在新平台上开始了他们的第一个迭代周期。他们首先要自动化的是构建过程，以便在合并前对所有 Pull Request 进行构建。Tailwind Gears 尽量多地使用 GitHub 托管执行器。大部分软件都能很好地构建。然而，一些使用旧版编译器的 C 代码以及在当前构建机上安装的其他依赖项存在问题。该代码目前在两个由开发者自行维护的本地 Jenkins 服务器上构建。这些服务器也连接到用于硬件在环测试的硬件上。为了方便过渡，在这些机器上安装了自托管执行器，并且构建正常运行。IT 部门本来就想摆脱本地服务器，因此他们与 GitHub 合作伙伴一起构建了一个弹性、可扩展、基于容器的解决方案，可以运行自定义镜像，并可以访问附加硬件。

总结

本章介绍了运行工作流的两种托管选项：
- GitHub 托管执行器
- 自托管执行器

并介绍了自托管执行器如何使用户能够在混合云场景中运行 GitHub。了解了如何设置自托管执行器，以及如何找到帮助构建自己的弹性可扩展构建环境的信息。

下一章将介绍如何使用 GitHub Packages 管理代码依赖关系。

拓展阅读

有关本章主题的更多信息，可以参考以下资源：
- 使用 GitHub 托管执行器：`https://docs.github.com/en/actions/using-github-hosted-runners`
- 自托管执行器：`https://docs.github.com/en/actions/hosting-your-own-runners`
- awesome-runners（大量比较矩阵中优秀的自托管 *GitHub* 动作执行器解决方案的列表）：`https://jonico.github.io/awesome-runners`

## 第 8 章

使用 GitHub Packages 管理依赖

使用包注册来管理依赖项应该是毋庸置疑的。如果用户在编写 .NET，可以使用 NuGet；如果是在编写 JavaScript，也许可以使用 npm；如果使用的是 Java，则可以使用 Maven 或 Gradle。然而，作者碰到许多团队仍然使用文件系统或 Git 子模块在多个代码库中重用代码文件，或者构建程序集并将其存储在源代码管理中。将共享代码迁移到具有语义版本控制的包十分简单且成本低廉，还能提高代码的质量和可发现性。

本章将重点介绍如何使用 GitHub Packages 来管理内部依赖，就像管理软件供应链一样。主要内容如下：

- GitHubPackages
- 将 npm 包与 Actions 结合使用
- 将 Docker 和包结合使用
- Apache Maven、Gradle、NuGet 和 RubyGems 包

语义版本控制

语义版本控制是指定软件版本号的正式约定，它由不同的部分组成，且各部分含义相异。语义版本号的示例为 1.0.0 或 1.5.99-beta。格式如下：

```
<major>.<minor>.<patch>-<pre>
```

主要版本：如果版本不兼容以前的版本并且有重大更改，将增加该数字标识符。必须谨慎更新一个新的主要版本！主要版本设置为 0 用于初始开发。

次要版本：如果添加了新功能，将增加该数字标识符。该版本兼容以前的版本，如果需要新功能，可以在不损坏任何内容的情况下进行更新。

补丁：如果发布向后兼容的错误修复，将增加该数字标识符。用户应始终安装最新补丁。

预版本：使用连字符附加的文本标识符。该标识符只能使用 ASCII 字母、数字字符和连字符（[0-9A-Za-z-]）。文本越长，预版本越小（即 -alpha<-beta<-rc）。预

> 发布版本总是比普通版本小（`1.0.0-alpha < 1.0.0`）。
>
> 　请参阅 https://semver.org/ 查看完整的规范。

使用包并不自动意味着开发者在使用松散耦合的体系结构，在大多数情况下，包仍然是硬依赖。这取决于如何使用包来真正地解耦发布节奏。

GitHub Packages

GitHub Packages 是一个用来托管和管理包、容器以及其他依赖的平台。

用户可以将 GitHub Packages 与 GitHub Actions、GitHub API 和 webhooks 集成在一起，以创建一个端对端的工作流来发布和使用代码。

GitHub Packages 当前支持以下注册表：

- 支持 Docker 和 OCI 镜像的 Container 注册表
- 适用于使用 npm 的 JavaScript 的 npm 注册表（package.json）
- 适用于 .NET 的 NuGet 注册表（nupkg）
- 适用于 Java 的 Apache Maven 注册表（pom.xml）
- 适用于 Java 的 Gradle 注册表（build.gradle）
- 适用于 Ruby 的 RubyGems 注册表（Gemfile）

价格

对于公共包，GitHub Packages 是免费的，而对于专用包，每个 GitHub 版本都包含一定数量的存储和数据传输，超出部分将单独收费，并且可以由支出限额进行控制。

按月计费的客户的默认支出限额为 0 美元，这可以防止额外使用存储或数据传输，使用发票支付的客户具有无限制的默认支出限额。

每种产品包含的存储量和数据传输量如表 8-1 所示。

表 8-1　GitHub 产品中包含的存储量和数据传输量

产品	存储量	数据传输量（每月）
GitHub Free	500MB	1GB
GitHub Pro	2GB	10GB
GitHub Free for organizations	500MB	1GB
GitHub Team	2GB	10GB
GitHub Enterprise Cloud	50GB	100GB

由 GitHub Action 触发时，所有出站数据传输都是免费的，任何来源的入站数据传输也是免费的。

当达到产品的限制容量时，将按以下标准进行收费：

- **存储**：每 GB 收取 0.25 美元
- **数据传输**：每 GB 收取 0.5 美元

有关定价的更多信息，请参阅 https://docs.github.com/en/billing/managing-billing-for-github-packages/about-billing-for-github-packages。

权限和可见性

发布到存储库的包将继承拥有该包的存储库的权限和可见性。目前，只有容器包支持精细权限和访问控制（见图 8-1）。

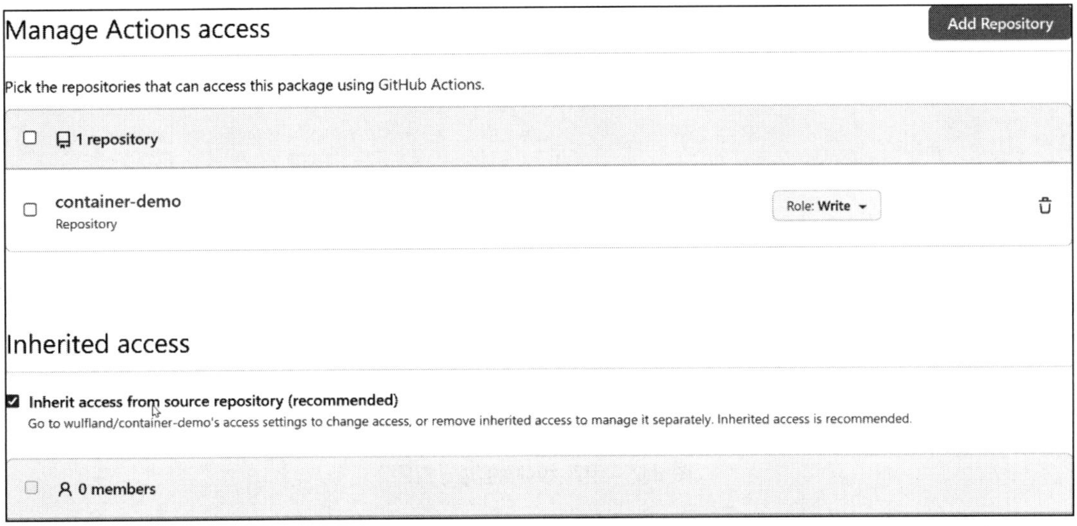

图 8-1　管理对容器包的访问权限

其他所有类型的包都遵循存储库范围内包的存储库访问权限。在组织级别，包是私有的，所有者具有写入权限，成员具有读取权限。

如果用户对容器镜像具有管理者权限，则可以将容器镜像的访问权限设置为私有或公共。公共镜像允许匿名访问而无须身份验证。用户还可以授予容器镜像的访问权限，该权限与在组织和存储库级别设置的权限不同。

在组织级别，用户可以设置成员允许发布的容器包类型，也可以查看和恢复已删除的包（如图 8-2 所示）。

对于个人账户拥有的容器镜像，用户可以将访问角色授予给任何人。对于组织发布和拥有的容器镜像，只能向组织中的个人或团队授予访问角色。

有关权限和可见性的更多详情，可参阅 https://docs.github.com/en/packages/learn-github-packages/configuring-a-packages-access-control-and-visibility。

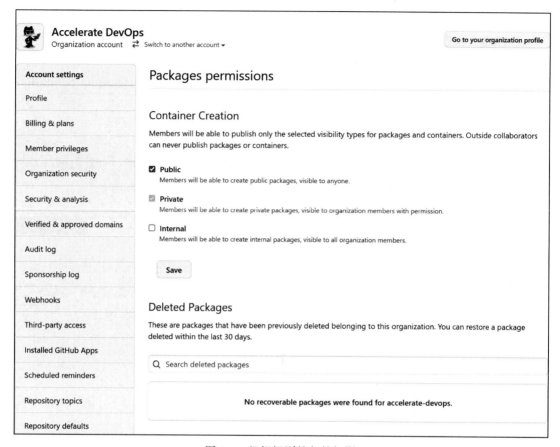

图 8-2   组织级别的包的权限

将 npm 包和 Actions 结合使用

使用 GitHub Actions 设置发布包的工作流非常容易。用户可以使用 GITHUB_TOKEN 对包管理者的本地客户端进行身份验证。要使用 npm 进行试用，可以按照链接 https://github.com/wulfland/package-demo 的分步说明进行操作。

如果计算机上安装了 npm，则可以使用 `npm init` 创建包，否则，需从上述存储库中复制 package.json 和 package-lock.json 文件的内容。

发布包的工作流非常简单。首先设置每次创建新版本时都会触发：

```
on:
  release:
    types: [created]
```

工作流由两个作业组成。第一个作业只使用 npm 构建和测试包：

```
build:
  runs-on: ubuntu-latest
  steps:
    - uses: actions/checkout@v2
    - uses: actions/setup-node@v2
      with:
        node-version: 12
    - run: npm ci
    - run: npm test
```

第二个作业将镜像发布到注册表中，这需要编写包和读取内容的权限，使用 ${{ secrets.GITHUB_TOKEN }} 向注册表进行身份验证。

```
publish-gpr:
  needs: build
  runs-on: ubuntu-latest
  permissions:
    packages: write
    contents: read
  steps:
    - uses: actions/checkout@v2
    - uses: actions/setup-node@v2
      with:
        node-version: 12
        registry-url: https://npm.pkg.github.com/
    - run: npm ci
    - run: npm publish
      env:
        NODE_AUTH_TOKEN: ${{secrets.GITHUB_TOKEN}}
```

工作流很简单，每当用户在 GitHub 中创建一个新版本，都会将一个新包发布到 npm 注册表中。用户可以在 Code | Packages 下找到包的详情与设置信息（如图 8-3 所示）。

然后可以通过 npm install @<owner-name>/<package-name> 在其他项目中使用该包。

注意

请注意包的版本不是标签或者发布版本，而是 package.json 文件中的版本。如果用户在创建第二个版本之前不将其更新，工作流将会失败。

如果用户想要自动执行此操作，有一些操作可以提供帮助。可以使用 NPM-Version（参阅 https://github.com/marketplace/actions/npm-version）在发布前自动设置 npm 的版本。用户可以将版本名称（github.event.release.name）或版本标签（github.event.release.tag_name）设置为包的版本：

```
- name: 'Change NPM version'
  uses: reedyuk/npm-version@1.1.1
  with:
    version: ${{github.event.release.tag_name}}
```

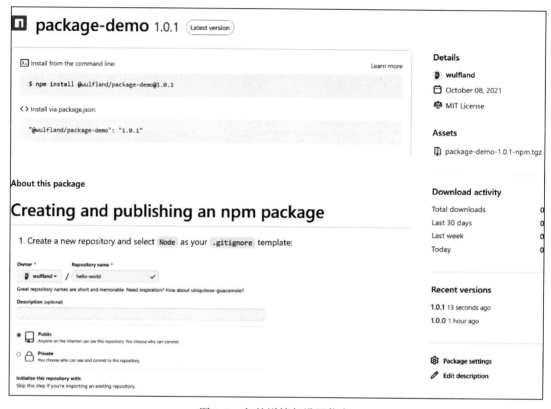

图 8-3　包的详情与设置信息

　　如果想要一种更灵活的方式来根据标签及分支计算语义版本号，可以使用 GitVersion（参阅 https://gitversion.net/）。GitVersion 是 GitTools 操作的一部分（参阅 https://github.com/marketplace/actions/gittools）。

　　要使 GitVersion 正常运行，必须执行浅克隆，可以通过将 fetch-depth 参数添加到 checkout 操作中并将其设置为 0：

```
steps:
  - uses: actions/checkout@v2
    with:
      fetch-depth: 0
```

　　然后，下载 GitVersion 并运行 execute 操作。如果想要获取语义版本的详细信息，请设置一个 id。

```
- name: Install GitVersion
  uses: gittools/actions/gitversion/setup@v0.9.7
  with:
    versionSpec: '5.x'
- name: Determine Version
  id:  gitversion
  uses: gittools/actions/gitversion/execute@v0.9.7
```

最终计算出的语义版本号存储为环境变量 $GITVERSION_SEMVER。例如可以将其作为 npm-version 的输入。

注意

请注意，GitVersion 支持配置文件以了解它应如何计算版本号！请参阅 https://gitversion.net/ 获取更多信息。

如果需要从 GitVersion 中访问详细信息（例如主要版本、次要版本或补丁），用户可以将其作为 gitversion 任务的输出参数，进而访问：

```
- name: Display GitVersion outputs
  run: |
    echo "Major: ${{ steps.gitversion.outputs.major }}"
```

使用 GitVersion 可以扩展工作流，从分支或标签中创建包——而不仅仅是发布版本：

```
on:
  push:
    tags:
      - 'v*'
    branches:
      - 'release/*'
```

使用自动语义版本控制来构建发布工作流很复杂，并且很大程度上依赖于用户所使用的工作流和包管理器，本章可以帮助读者入门。这些技术还可以应用于 NuGet、Maven 或其他任何包管理器。

将 Docker 和包结合使用

GitHub 的容器注册表是 ghcr.io。容器镜像可以由组织或个人账户所持有，但用户可以自定义对它们的访问权限。默认情况下，镜像继承运行工作流的存储库的权限及可见性模型。

如果读者想要自行尝试，可以在链接 https://github.com/wulfland/container-demo 找到分步指南。按照以下步骤理解构建的作用：

1. 新建一个名为 container-demo 的存储库，添加一个简单的 Dockerfile 文件（不带扩展名）:

```
FROM alpine
CMD ["echo", "Hello World!"]
```

Docker 镜像继承自 alpine 发行版，输出"Hello World!"到控制台。如果用户是 Docker 新手并且想要尝试一下，请将存储库克隆下来，并更改本地存储库根目录中的目录。为容器构建镜像:

```
$ docker build -t container-demo
```

然后运行容器:

```
$ docker run --rm container-demo
```

--rm 参数的作用是在容器结束后将其自动删除。这里应该在控制台中打印 Hello World!

2. 现在在 .github/workflows/ 目录下创建一个名为 release-container.yml 的工作流文件。每次创建新版本时都会触发该工作流:

```
name: Publish Docker image
on:
  release:
    types: [published]
```

注册表和镜像名将被设置为环境变量。作者使用存储库名作为镜像名，读者也可以在此设置为一个固定名字:

```
env:
  REGISTRY: ghcr.io
  IMAGE_NAME: ${{ github.repository }}
```

该作业需要对包的写入权限，并且需要克隆存储库:

```
jobs:
  build-and-push-image:
    runs-on: ubuntu-latest
    permissions:
      contents: read
      packages: write
    steps:
      - name: Checkout repository
        uses: actions/checkout@v2
```

docker/login-action 使用 GITHUB_TOKEN 来对工作流进行验证。这是推荐的方式:

```
- name: Log in to the Container registry
  uses: docker/login-action@v1.10.0
  with:
    registry: ${{ env.REGISTRY }}
    username: ${{ github.actor }}
    password: ${{ secrets.GITHUB_TOKEN }}
```

metadata-action 从 Git 上下文中提取元数据，并将标签应用于 Docker 镜像。每当创建一个版本，将会推送一个标签（refs/tags/<tag-name>）。该操作将创建一个与 Git 标签同名的 Docker 标签，并为镜像创建一个 latest 标签。请注意，元数据作为输出变量传递给下一个步骤！这也是为这一步设置 id 的原因：

```
- name: Extract metadata (tags, labels)
  id: meta
  uses: docker/metadata-action@v3.5.0
  with:
    images: ${{ env.REGISTRY }}/${{ env.IMAGE_NAME }}
```

build-push-action 构建镜像并将其推送到容器注册表中。tags 和 labels 是从 meta 步骤的输出中提取的：

```
- name: Build and push Docker image
  uses: docker/build-push-action@v2.7.0
  with:
    context: .
    push: true
    tags: ${{ steps.meta.outputs.tags }}
    labels: ${{ steps.meta.outputs.labels }}
```

3. 新建一个版本和标签来触发工作流。工作流完成后，用户可以在 Code | Packages 下找到包的详情和设置信息（如图 8-4 所示）。

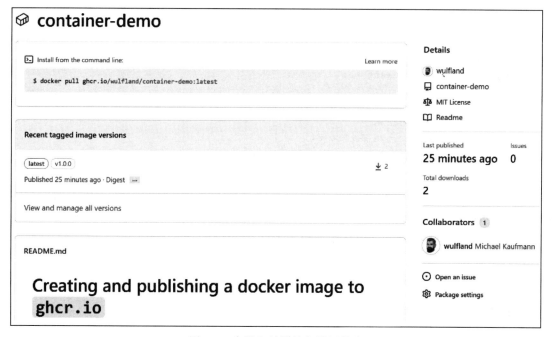

图 8-4　容器包的详情与设置信息

如果用户创建新版本，GitHub 将新建一个 Docker 镜像并将其添加到注册表中。

4. 用户可以从注册表中本地拉取容器并运行：

```
$ docker pull ghcr.io/<user>/container-demo:latest
$ docker run --rm ghcr.io/<user>/container-demo:latest
> Hello World!
```

请注意，如果包不是公开的，则在拉取镜像之前必须使用 `docker login ghcr.io` 进行身份验证。

容器注册表不失为一个发布软件的好方法，从命令行工具到完整的微服务，用户可以将软件及其所有依赖项一起发送给其他人进行使用。

Apache Maven、Gradle、NuGet 和 RubyGems 包

其他包类型与 npm 和 Docker 基本一致：如果读者了解本机包管理器，它们真的很容易使用。对于每一个类型本书只会进行简短的介绍。

Apache Maven 管理的 Java 包

对于用 Maven 管理的 Java 包，用户只需要将包注册表添加到 pom.xml 文件中：

```
<distributionManagement>
  <repository>
    <id>github</id>
    <name>GitHub Packages</name>
    <url>https://maven.pkg.github.com/user/repo</url>
  </repository>
</distributionManagement>
```

然后可以使用 `GITHUB_TOKEN` 在工作流中发布包：

```
- name: Publish package
  run: mvn --batch-mode deploy
  env:
    GITHUB_TOKEN: ${{ secrets.GITHUB_TOKEN }}
```

如果想要从开发机中检索包，必须使用具有 `read:packages` 范围的**个人访问令牌**（Personal Access Token，PAT）。用户可以在 Settings | DeveloperSettings | Personal access tokens 下生成一个新令牌，并添加用户和 PAT 至 `-/.m2/settings.xml` 文件中。

更多详细信息，请参阅 https://docs.github.com/en/packages/working-with-a-github-packages-registry/working-with-the-apache-maven-registry。

Gradle

在 Gradle 中，用户必须将注册表添加到 build.gradle 文件中。用户可以从环境变量中读

取用户名和访问令牌：

```
repositories {
  maven {
    name = "GitHubPackages"
    url = "https://maven.pkg.github.com/user/repo"
    credentials {
      username = System.getenv("GITHUB_ACTOR")
      password = System.getenv("GITHUB_TOKEN")
    }
  }
}
```

在工作流中，可以使用 `gradle publish` 进行发布：

```
- name: Publish package
  run: gradle publish
  env:
    GITHUB_TOKEN: ${{ secrets.GITHUB_TOKEN }}
```

详细信息请参阅 https://docs.github.com/en/packages/working-with-a-github-packages-registry/working-with-the-gradle-registry。

RubyGems

如果用户想在存储库中为 `.gemspec` 文件构建和发布所有 gem，可以使用 GitHub 上的 Marketplace 中的操作：

```
- name: Build and publish gems got .gemspec files
  uses: jstastny/publish-gem-to-github@master
  with:
    token: ${{ secrets.GITHUB_TOKEN }}
    owner: OWNER
```

要使用包，用户至少需要 RubyGems 2.4.1 和 bundler 1.6.4 开发环境。修改 `~/.gemrc` 文件，并通过提供用户名和个人访问令牌来添加注册表，并将其作为源文件来安装包：

```
---
:backtrace: false
:bulk_threshold: 1000
:sources:
- https://rubygems.org/
- https://USERNAME:TOKEN@rubygems.pkg.github.com/OWNER/
:update_sources: true
:verbose: true
```

要使用 bundler 安装包，还必须使用用户和令牌对其进行配置：

```
$ bundle config \
https://rubygems.pkg.github.com/OWNER \
USERNAME:TOKEN
```

详细信息请参阅 https://docs.github.com/en/packages/working-with-a-github-packages-registry/working-with-the-rubygems-registry。

NuGet

用户可以使用 `setup-dotnet` 操作来发布 NuGet 包，它有 `source-url` 的附加参数。令牌是使用环境变量设置的：

```
- uses: actions/setup-dotnet@v1
  with:
    dotnet-version: '5.0.x'
    source-url: https://nuget.pkg.github.com/OWNER/index.json
  env:
    NUGET_AUTH_TOKEN: ${{secrets.GITHUB_TOKEN}}
```

用户可以构建并测试项目。完成后，只需要打包并将包推送到注册表：

```
- run: |
  dotnet pack --configuration Release
  dotnet nuget push "bin/Release/*.nupkg"
```

要安装包，用户必须将注册表作为源文件添加到 nuget.config 文件中，包括用户和令牌：

```
<?xml version="1.0" encoding="utf-8"?>
<configuration>
    <packageSources>
        <add key="github" value="https://nuget.pkg.github.com/
OWNER/index.json" />
    </packageSources>
    <packageSourceCredentials>
        <github>
            <add key="Username" value="USERNAME" />
            <add key="ClearTextPassword" value="TOKEN" />
        </github>
    </packageSourceCredentials>
</configuration>
```

详细信息请参阅 https://docs.github.com/en/packages/working-with-a-github-packages-registry/working-with-the-nuget-registry。

总结

使用包很简单，最大的挑战是身份验证。但通过 GitHub 中的 `GITHUB_TOKEN` 可以轻松地设置完全自动化的发布工作流。这就是团队需要将其纳入工具箱的重要原因。如果使用语义版本控制和单独的发布工作流将代码共享为容器或包，在发布代码时将会减少很多问题。

　　本章介绍了如何使用语义版本控制和包来更好地管理内部依赖和共享代码，也介绍了包是什么，以及如何为每种包类型设置发布工作流。

　　下章将更深入地探讨环境以及如何将 GitHub 操作部署到任意平台上。

拓展阅读

有关本章主题的更多信息，请参阅以下资料：

- 语义版本控制：`https://semver.org/`
- 账单与定价：`https://docs.github.com/en/billing/managingbilling-for-github-packages/about-billing-for-github-packages`
- 访问控制和可见性：`https://docs.github.com/en/packages/learn-github-packages/configuring-a-packages-access-control-and-visibility`
- 与存储库协同工作（容器、Apache Maven、Gradle、NuGet、npm、RubyGems）：`https://docs.github.com/en/packages/working-with-a-github-packages-registry`

## 第 9 章

部署到任何平台

前面的章节学习了如何使用 GitHub Actions 作为自动化引擎和 GitHub Packages 来轻松共享代码和容器，开发者可以通过自动化部署来完成**持续集成 / 持续交付（CI/CD）**的功能。

本章将展示如何以安全合规的方式轻松部署到任何云或平台。

本章包括如下主题：

- 分阶段部署
- 自动化部署
- 如何部署到 Azure App Service
- 如何部署到 AWS ECS
- 如何部署到 GKE
- 基础设施即代码
- 衡量成功

CI/CD

CI 意味着每次把代码修改推送到存储库时，代码都会被构建和测试，输出打包成一个构建工件。在 CD 中，每当创建一个新的构建工件时，会自动将该工件部署到指定环境中。

当执行 CI/CD 时，开发和交付阶段是完全自动化的，代码随时准备好部署到生产环境。

存在多种区分**持续交付**和**持续部署**（都属于 **CD**）的定义，但是这些定义在文献中不一致，对该主题的价值几乎没有贡献。

分阶段部署

阶段或层是部署和执行软件的环境。典型的阶段包括开发、测试、暂存（或预生产）和生产。通常，暂存（或预生产）阶段是生产环境的完全镜像，有时它用于通过使用负载均衡切换两个环境的零停机部署，而接近生产的阶段需要手动批准才能部署。

如果一个企业使用功能标志（请参考第 10 章）和 CD，则阶段的数量会减少。我们可以不谈阶段，而谈**基于环形的部署**或**扩展单元**。基于环形的部署的想法是，客户在不同的生产环，所以把更新部署到一个环中，并自动监控系统以查找意外的异常或不寻常的指标，如 CPU 或内存使用情况。此外，可以在生产环境中运行自动化测试。如果没有错误，发布过程是连续的，并部署到下一个环。在讨论基于环的部署时，通常意味着不涉及手动批准。但是，环间可以存在手动批准。

在 GitHub 中可以使用环境来进行阶段性部署和基于环的部署，用户可以在存储库的"Settings | Environments"下查看、配置或创建新的环境。

对于每个环境，可以定义以下内容：

- **必要的审批者**：这些包括最多 5 个用户或团队作为手动审批者，在执行部署前需要其中的一个审批者批准。
- **等待计时器**：这是指部署在执行前等待的宽限期。最大的时间是 43 200 分钟或 30 天。此外，如果在前一个阶段发现了任何错误，则可以使用 API 来取消部署。
- **部署分支**：这里可以限制要部署到环境的分支，可选择所有受保护的分支或自定义模式，模式可以包含通配符（如 `release/*`）。
- **环境密钥**：环境中的密钥会覆盖存储库或组织范围内的密钥，只能在指定的审批者批准部署后加载密钥。

配置如图 9-1 所示。

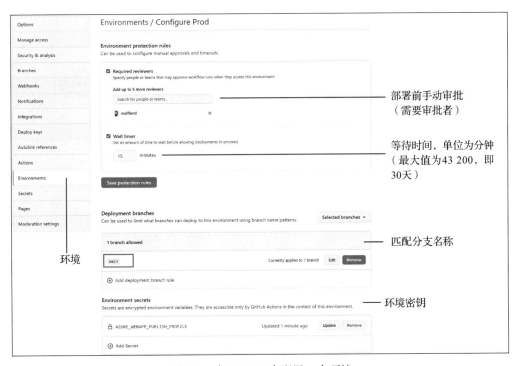

图 9-1　在 GitHub 中配置一个环境

在工作流文件中，可以在工作层面指定环境：

```
jobs:
  deployment:
    runs-on: ubuntu-latest
    environment: prod
```

也可以指定一个 URL，然后显示在概览页面上：

```
jobs:
  deployment:
    runs-on: ubuntu-latest
    environment:
      name: production
      url: https://writeabout.net
```

通过 needs 关键字可以定义作业之间的依赖关系，也可以定义环境之间的依赖关系（见图 9-2）。

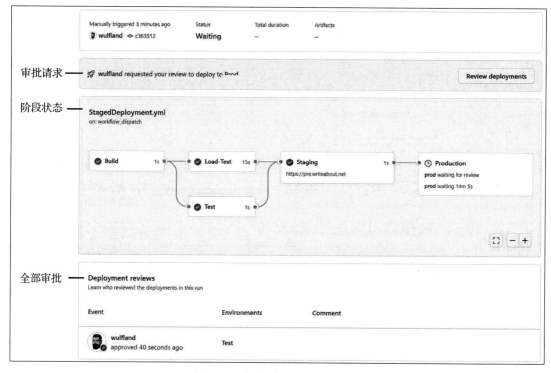

图 9-2　阶段性部署的概览页面

环境的状态会显示在存储库主页上（见图 9-3）。

如果读者想尝试相关操作，可以在 https://github.com/wulfland/AccelerateDevOps/ 的分支中运行 Staged Deployment 工作流，并将自己添加为某些阶段的必要审批者。

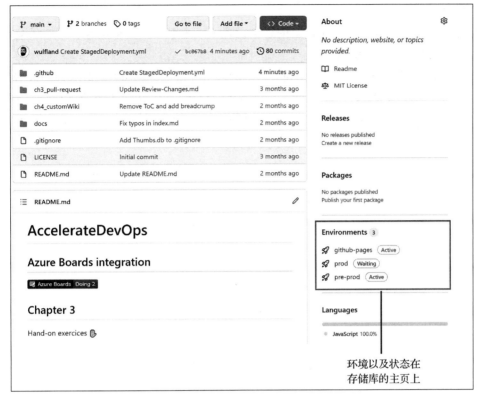

环境以及状态在
存储库的主页上

图 9-3　主页上的环境

自动化部署

当询问客户是否已经自动化了他们的部署时，通常得到的回答是肯定的。然而，自动化只意味着有一个脚本，或者有一个安装程序的文件，这只是部分自动化。只要有人登录到服务器创建账户或 DNS 记录，或手动配置防火墙，部署就不是自动的！

人类会犯错误，但机器不会！请确保自动化部署的所有步骤，而不仅仅是最后一步。由于 GitHub Actions 是完美的自动化引擎，因此让工作流执行所有自动化部署是一种好的做法。

如何部署到 Azure App Service

为了让读者开始使用 GitHub Actions 的自动部署，本书创建了三个动手实践：
- 部署到 Azure App Service
- 部署到 AWS ECS

- 部署到 GKE

所有动手实践都假设读者在指定的云中设置了一个账户。如果读者有单一云策略，则可以直接跳到相关的实践步骤。

动手实践的步骤说明位于 GitHub 中（https://github.com/wulfland/AccelerateDevOps/blob/main/ch9_release/Deploy_to_Azure_App_Service.md）。建议读者按照网站的步骤进行，因为其提供的链接方便复制粘贴。本书将以逐步指导的方式讲解，重点是如何部署应用程序。

部署 Azure 资源

Azure 资源的部署是在 `setup-azure.sh` 脚本中进行的。它创建了一个资源组、一个应用服务计划和一个应用服务。读者可以在工作流中轻松地执行这个脚本。部署完成后，从 Web 应用程序获取 publish 配置文件，并将其存储在 GitHub 的密钥中，也可以在 Azure 门户或 Azure CLI 中获取发布配置文件：

```
$ az webapp deployment list-publishing-profiles \
    --resource-group $rgname \
    --name $appName \
    --xml
```

用 GitHub Actions 部署应用程序

工作流由两个作业组成：构建和部署。构建作业为执行器配置正确的 NodeJS 和 .NET 版本，并构建应用程序。接下来的任务使用 dotnet publish 将网站发布到名为 publish 的文件夹中：

```
- name: Build and publish with dotnet
  working-directory: ch9_release/src/Tailwind.Traders.Web
  run: |
    dotnet build --configuration Release
    dotnet publish -c Release -o publish
```

下一步是将工件上传到 GitHub，这样就可以在以后的工作中使用它。这使用户可以将同一个包发布到多个环境中：

```
- name: Upload Artifact
  uses: actions/upload-artifact@v2
  with:
    name: website
    path: ch9_release/src/Tailwind.Traders.Web/publish
```

此外，可以在工作流完成后看到并检查工件（见图 9-4）。

Deploy 工作依赖于 Build，并部署到 prod 环境。在环境中，用户可以设置密钥并添加必要的审批者：

```
Deploy:
  runs-on: ubuntu-latest
  environment: prod
  needs: Build
```

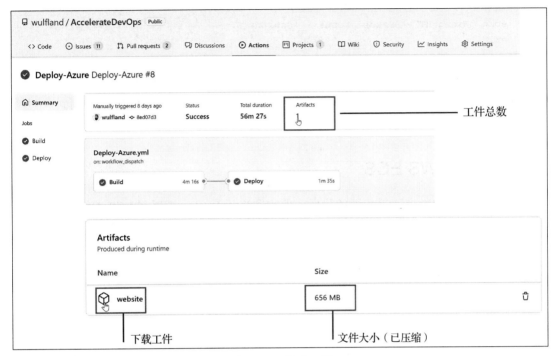

图 9-4　工作流工件

该工作流将名为 website 的工件下载到一个名为 website 的文件夹中：

```
- uses: actions/download-artifact@v2
  with:
    name: website
    path: website
```

然后，使用 azure/webapps-deploy 操作使用发布配置文件部署网站：

```
- name: Run Azure webapp deploy action using publish profile
credentials
  uses: azure/webapps-deploy@v2
  with:
    app-name: ${{ env.appName }}
    slot-name: Production
    publish-profile: ${{ secrets.AZUREAPPSERVICE_PUBLISHPROFILE
}}
    package: website
```

最后一步是如何验证部署的示例。当然，用户必须对同时针对数据库的站点进行 curl

URL：

```
u=https://${{ env.appName }}.azurewebsites.net/
status=`curl -silent --head $u | head -1 | cut -f 2 -d' '`
if [ "$status" != "200" ]
then
  echo "Wrong HTTP Status. Actual: '$status'"
  exit 1
fi
```

如果读者完成了动手实践里的所有步骤，就将拥有一个可以添加额外环境并部署到不同的应用服务部署槽（更多信息请访问 https://docs.microsoft.com/en-us/azure/app-service/deploystaging-slots）。

如何部署到 AWS ECS

接下来将在 AWS 上部署相同的代码，但这次将从 Docker 容器到 ECS 进行部署。ECS 是一个高度可扩展的容器管理服务，可以在集群上运行、停止和管理容器。读者可以在 https://github.com/wulfland/AccelerateDevOps/blob/main/ch9_release/Deploy_to_AWS_ECS.md 找到逐步指导。

以下是一些补充说明和背景资料。

部署 AWS 资源

作者找不到一个简单的脚本可以把所有的东西部署到 AWS，而不包括一些复杂的 JSON。这就是在动手实践中使用手动操作的原因。

首先，读者可以创建一个**弹性容器注册表（Elastic Container Registry，ECR）**存储库，以便将容器部署。用于部署的密钥称为访问密钥，由两个值组成：Access Key ID（访问密钥 ID）和 Secret Access Key（密钥值）。

部署完成后，容器在存储库中，可以使用它与向导一起设置 ECS 资源。

用户必须提取任务定义并将其保存到 `aws-task-definition.json` 文件中。第二次工作流运行时，它成功将容器部署到 ECS。

用 GitHub Actions 部署容器

本书把工作流分为一个构建阶段和一个部署阶段，使读者能够在以后轻松地添加环境和更多阶段。要做到这一点，必须把 Build 作业中的镜像名称传递给 Deploy 作业，可以使用作业输出：

```
jobs:
  Build:
    runs-on: ubuntu-latest
```

```
  outputs:
    image: ${{ steps.build-image.outputs.image }}
```

为了配置认证，这里使用 `configure-aws-credentials` 操作，并使用密钥 ID 和密钥值。

请注意，GitHub 会屏蔽部分镜像名称，并不将其传递给下一个作业。为了避免这种情况，用户必须阻止 `configure-aws-credentials` 操作覆盖自己的账户 ID：

```
- name: Configure AWS credentials
  uses: aws-actions/configure-aws-credentials@v1
  with:
    aws-access-key-id: ${{ secrets.AWS_ACCESS_KEY_ID }}
    aws-secret-access-key: ${{ secrets.AWS_SECRET_ACCESS_KEY }}
    aws-region: ${{ env.AWS_REGION }}
    mask-aws-account-id: no
```

登录 ECR 会返回在后续行动中使用的注册表的名称：

```
- name: Login to Amazon ECR
  id: login-ecr
  uses: aws-actions/amazon-ecr-login@v1
```

下一步将建立一个镜像并把其推送到 ECR。此外，还要为下一项作业设置输出：

```
- name: Build, tag, and push image to Amazon ECR
  id: build-image
  env:
    ECR_REGISTRY: ${{ steps.login-ecr.outputs.registry }}
    IMAGE_TAG: ${{ github.sha }}
  working-directory: ch9_release/src/Tailwind.Traders.Web
  run: |
    imagename=$ECR_REGISTRY/$ECR_REPOSITORY:$IMAGE_TAG
    echo "Build and push $imagename"
    docker build -t $imagename .
    docker push $imagename
    echo "::set-output name=image::$imagename"
```

下一个作业取决于 Build，并在 prod 环境下运行：

```
Deploy:
  runs-on: ubuntu-latest
  environment: prod
  needs: Build
```

此外，它必须配置 AWS 凭证，然后使用通过 `needs` 上下文传递给作业访问的镜像名称配置 `aws-task-definition.json` 文件：

```
- name: Fill in the new image ID in the ECS task definition
  id: task-def
  uses: aws-actions/amazon-ecs-render-task-definition@v1
  with:
```

```
task-definition: ${{ env.ECS_TASK_DEFINITION }}
container-name: ${{ env.CONTAINER_NAME }}
image: ${{ needs.Build.outputs.image }}
```

最后一步是用前面任务的输出来部署容器：

```
- name: Deploy Amazon ECS task definition
  uses: aws-actions/amazon-ecs-deploy-task-definition@v1
  with:
    task-definition: ${{ steps.task-def.outputs.task-definition
}}
    service: ${{ env.ECS_SERVICE }}
    cluster: ${{ env.ECS_CLUSTER }}
    wait-for-service-stability: true
```

如果执行完所有步骤，就能得到一个可以部署到 ECS 上的阶段性工作流，还可以添加更多阶段并在不同服务中运行容器的不同版本。

如何部署到 GKE

还可以将系统代码部署到 GKE。读者可以在 https://github.com/wulfland/AccelerateDevOps/blob/main/ch9_release/Deploy_to_GKE.md 中找到实践步骤。

在执行这些实践步骤之前，有一些需要注意的细节。

谷歌资源的部署

完整的部署发生在 Cloud Shell 中执行的 setup-gke.sh 脚本中，该脚本创建了一个只有一个节点的 GKE 集群，但对于测试来说足够了：

```
gcloud container clusters create $GKE_CLUSTER --num-nodes=1
```

此外，该脚本还为 Docker 容器创建了一个工件库，以及一个服务账户来执行部署。

在 Kubernetes 中，有一个名为 pods 的概念。这包含容器，并使用 YAML 文件部署，在本例中是 Deployment.yaml，其中定义了容器并将其绑定到一个镜像上：

```
spec:
  containers:
  - name: $GKE_APP_NAME
    image: $GKE_REGION-docker.pkg.dev/$GKE_PROJECT/$GKE_
PROJECT/$GKE_APP_NAME:$GITHUB_SHA
    ports:
    - containerPort: 80
    env:
      - name: PORT
        value: "80"
```

这里在文件中使用环境变量，并在传递给 kubectl apply 命令之前用 envsubst 替换它们：

```
envsubst < Deployment.yml | kubectl apply -f -
```

服务公开了 pod——在本例中，公开到互联网。服务以同样的方式部署，使用 Service. yml 文件：

```
spec:
  type: LoadBalancer
  selector:
    app: $GKE_APP_NAME
  ports:
  - port: 80
    targetPort: 80
```

服务的部署需要一些时间，可能要多次执行以下命令：

```
$ kubectl get service
```

如果用户有一个外部 IP 地址，可以用它来测试部署（见图 9-5）。

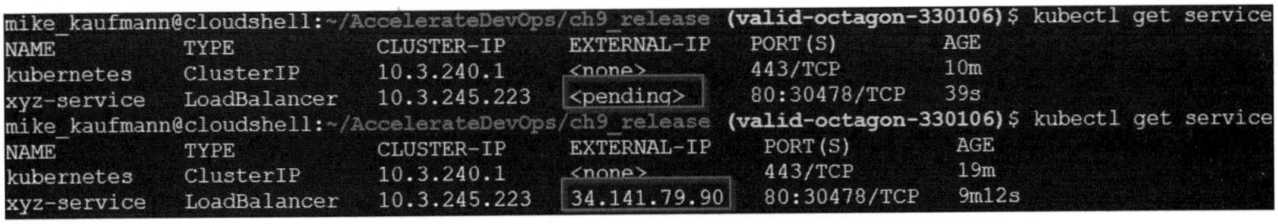

图 9-5　获取 GKE LoadBalancer 的外部 IP 地址

服务账户的凭证在 key.json 文件中。用户必须对其进行编码，并将其保存在 GitHub 中的一个加密密钥中，命名为 GKE_SA_KEY：

```
$ cat key.json | base64
```

脚本已经做到了这一点，所以可以直接复制输出并粘贴到密钥中。

用 GitHub Actions 部署容器

在 GitHub Actions 工作流中的部署是直接的。认证和 gcloud CLI 的设置在 setup-gcloud 操作中进行：

```
- uses: google-github-actions/setup-gcloud@v0.2.0
  with:
    service_account_key: ${{ secrets.GKE_SA_KEY }}
    project_id: ${{ secrets.GKE_PROJECT }}
    export_default_credentials: true
```

然后，该工作流构建并将容器推送到注册表，其使用 gcloud 来认证到 Docker 注册表：

```
gcloud auth configure-docker \
   $GKE_REGION-docker.pkg.dev \
   --quiet
```

为了将新镜像部署到 GKE，本书使用 `get-gke-credentials` 操作进行认证：

```
- uses: google-github-actions/get-gke-credentials@v0.2.1
  with:
    cluster_name: ${{ env.GKE_CLUSTER }}
    location: ${{ env.GKE_ZONE }}
    credentials: ${{ secrets.GKE_SA_KEY }}
```

接下来只需要在部署文件中替换变量，并将它们传递给 kubectl apply 即可：

```
envsubst < Service.yml | kubectl apply -f -
envsubst < Deployment.yml | kubectl apply -f -
```

至此，按照实践的步骤，应该有一个部署到 GKE 的工作副本了！

部署到 Kubernetes 上

在 Kubernetes 中部署可能非常复杂，这超出了本书的范围。读者可以使用不同的策略：重新创建、滚动更新（也称为斜坡式更新）、蓝 / 绿部署、canary 部署和 A/B 测试。官方文档是个非常好的指导，可以在 https://kubernetes.io/docs/concepts/workloads/controllers/ 找到。此外，还可以在 https://github.com/ContainerSolutions/k8s-deployment-strategies 上找到策略的可视化以及如何执行部署的实例。

在使用 Kubernetes 时，还有许多其他工具可以利用。例如，Helm（https://helm.sh/）是 Kubernetes 的一个包管理器，Kustomize（https://kustomize.io/）是一个可以帮助管理多种配置的工具。

基础设施即代码

基础设施即代码（Infrastructure as Code，IaC）是通过机器可读文件来管理和配置所有基础设施资源的过程。通常这些文件是以类似 Git 的代码进行版本管理的，在这种情况下，它通常被称为 GitOps。

IaC 可以是命令式的，也可以是声明性的，或者两者的混合。命令式意味着文件是程序性的（如脚本），而声明式是指一种功能性的方法，用 YAML 或 JSON 等标记语言描述所需的状态。为了充分利用 IaC 的功能，应该以能够应用更改（不仅完成配置和去配置）的方式管理它。这通常被称为**连续配置自动化**（Continuous Configuration Automation，CCA）。

工具

有许多工具可以用于 IaC 和 CCA。例如，有一些特定的云工具，如 Azure ARM、Bicep 或 AWS CloudFormation。然而，也有许多可用于本地基础设施的独立工具。一些最受欢迎的工具如下：

- **Puppet**：由 Puppet 于 2005 年发布（https://puppet.com）
- **Chef**：由 Chef 于 2009 年发布（https://www.chef.io）
- **Ansible**：由 RedHat 于 2021 年发布（https://www.ansible.com）
- **Terraform**：由 HashiCorp 于 2014 年发布（https://www.terraform.io）
- **Pulumi**：由 Pulumi 于 2017 年发布（https://www.pulumi.com）

IaC 和多云部署

请注意，支持多个云提供商的 IaC 工具并不意味着它可以在多个云上部署相同的资源！这是一个常见的错误认知。读者仍然需要编写特定于云的自动化，但可以使用相同的语法和工具。

这只是冰山一角。市场上有许多工具。寻找最佳组合的过程可能非常复杂，这超出了本书的范围。如果有一个单一的云战略，那么最好使用云原生工具。如果在一个有多个云和本地资源的复杂环境中，想用同一个工具来管理它们，则必须进行详细分析。

最佳实践

无论读者使用的是什么工具，在实施 IaC 时，有一些必须要考虑的点：

- 将配置存储在 Git 中，并使用受保护的分支、拉取请求和代码所有者将其视为代码。代码所有者是确保合规性的一个好方法，特别是将其与应用程序代码配合使用时。
- 使用 GitHub Actions 执行部署，在编写和调试 IaC 时，以交互方式发布资源是可行的。然而，一旦完成，应该通过工作流完成完全自动化的发布。IaC 是代码，与应用程序代码一样，从开发者机器上部署它也有不可复制的风险。
- 密码和密钥管理是 IaC 的最关键部分。要确保不把它们保存在代码中，而是把它们放在一个安全的地方（如 GitHub Secrets）。诸如 HashiCorp Vault 或 Azure KeyVault 这样的保险库，可以在某个密钥被泄露的情况下方便地进行密钥轮换。此外，它解耦了安全管理与资源配置。
- 在可能的情况下，使用 OpenID Connect（OIDC）。这是为了使用短暂的令牌而不是凭证来访问云资源，这些令牌也可以被轮换（更多信息请参考 https://docs.github.com/en/actions/deployment/securityhardening-your-deployments）。

本书中使用了云原生工具，从它们转换到 IaC 或 CCA 工具比反过来要容易。

策略

有不同的策略用于以可管理、可扩展和符合要求的方式组织基础设施代码。从本质上讲，这取决于组织结构，以及哪一个组织架构是最适合的。

- **中心化**：基础设施资源存在于中央存储库中，功能团队可以通过自助服务（即触发一个工作流）从那里提供。这种方法的好处是所有资源都在一个地方，负责单位对它有很强的控制力。缺点是对开发者来说不是很灵活，从代码到基础设施的距离会影响工程师如何处理基础架构。
- **分散式**：基础设施资源与代码并存。用户可以使用模板（请参考工作流模板部分）来帮助工程团队建立基础设施。也可以使用 CODEOWNERS 和受保护的分支来要求一个共享的、负责任的团队进行审批。这种方法非常灵活，但对成本的控制和治理却比较困难。用户可以在每次构建时部署或确保基础设施处于正确状态。但这将减慢构建时间，并花费宝贵的构建分钟数。在大多数情况下，最好是在一个单独的工作流中按需部署资源。
- **模板化**：负责共享基础设施的团队提供固定的模板，可供各功能团队使用。这些模板可以是操作，也就是带有预配置的本地操作或者在 Docker 或 JavaScript 中完全定制的复合操作。也可以使用一个可重用的工作流（请参考可重用工作流部分）。在任何情况下，重用工作流或操作的所有权都属于中央团队。如果限制了企业内允许的操作数量，则这种方法效果很好。
- **混合型**：这是前三种策略的混合。例如，测试和开发基础设施可以是分散的，而生产环境可以是模板化的。

无论使用哪种策略，都要用心去做。该解决方案将极大地影响团队的合作方式，以及在价值交付中如何使用基础设施！

工作流模板

工作流模板是工作流文件，与元数据文件和图标文件一起存储在一个组织的 `.github` 存储库中的 `workflow-templates` 文件夹中（见图 9-6）。

工作流模板本质上是一个普通的工作流文件。读者可以使用 `$default-branch` 变量为触发器进行过滤，以筛选默认分支。

除了模板外，还需要保存一个 `.svg` 格式的图标和一个属性文件。属性文件的格式如下：

```
{
    "name": "My Workflow Template",
    "description": "Description of template workflow",
    "iconName": "my-template",
    "categories": [
        "javascript"
    ],
```

```
"filePatterns": [
    "package.json$",
    "^Dockerfile",
    ".*\\.md$"
]
}
```

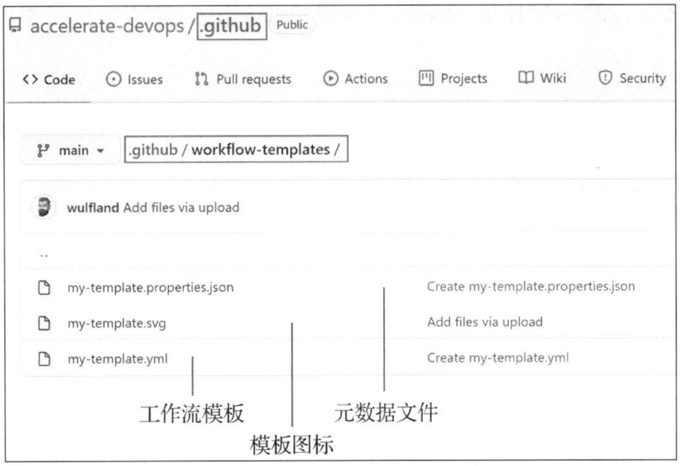

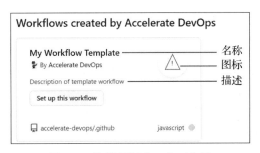

图 9-6　组织的工作流模板

在这里，`name`、`description` 和 `iconName` 值是必需的。请注意，`iconName` 的值是没有扩展名的。在 `categories` 数组中可以指定这个工作流模板所对应的编码语言。对于文件模式也是如此：可以为用户存储库中的某些文件指定模式。如果存储库包含与模式匹配的文件，则模板将更加突出显示。现在，如果组织的用户创建了新的工作流，他们将会看到该组织的模板（见图 9-7）。

图 9-7　从模板创建一个工作流

模板已经被复制并且可以被修改！这就是为什么工作流模板不适合使用模板策略。

要了解更多关于工作流模板的信息，请访问 https://docs.github.com/en/actions/learn-github-actions/creating-workflow-templates。

可重用的工作流

可重用的工作流是一个可以被其他工作流调用的工作流。一个工作流必须有 `workflow_call` 触发器才能被重用：

```
on:
  workflow_call:
```

读者可以定义能传递给工作流的输入，可以是布尔值、数字、字符串或一个密钥：

```
on:
  workflow_call:
    inputs:
      my_environment:
        description: 'The environment to deploy to.'
        default: 'Prod'
        required: true
        type: string
    secrets:
      my_token:
        description: 'The token to access the environment'
        required: true
```

可以使用 inputs 上下文（`inputs.my_environment`）和 secrets 上下文（`secrets.my_token`）访问可重用工作流中的输入。

要使用一个可重用的工作流，必须以下列格式引用该文件：

```
{owner}/{repo}/{path}/{filename}@{ref}
```

该工作流在一个作业中被调用，可以按照以下方式指定输入和密钥：

```
jobs:
  call-workflow-1:
    uses: org/repo/.github/workflows/reusable.yml@v1
    with:
      my_environment: development
    secrets:
      my_token: ${{ secrets.TOKEN }}
```

可重用的工作流是避免重复的完美选择。再加上语义版本和标签，这是一个给企业中的团队发布可重用的工作流的绝佳方式。

想要了解更多关于可重用的工作流，请访问 https://docs.github.com/en/actions/learn-github-actions/reusing-workflows。

衡量成功

第 1 章向读者介绍了 "四要素" 仪表盘，这是一个显示 DORA 指标的仪表盘。如果读者自动部署到生产中，是时候从调查转向真正的衡量标准了，仪表盘是实现这一目标的方法之一。

要安装仪表盘，请按照 https://github.com/GoogleCloudPlatform/fourkeys/blob/main/setup/README.md 上的说明进行。首先，在谷歌云中创建一个已启用计费的项目，并记下项目 ID（不是名字！）。然后，打开 Google Cloud Shell（位于 https://cloud.google.com/shell），克隆存储库，并执行部署脚本。

```
$ git clone \
  https://github.com/GoogleCloudPlatform/fourkeys.git
$ cd fourkeys
$ gcloud config set project <project-id>
$ script setup.log -c ./setup.sh
```

脚本会问用户一些问题，用户可以用这些问题来定制化部署。如果一切顺利，读者应该在 Grafana 中看到一个仪表盘。为了配置 GitHub 向 Google 的事件处理程序发送数据，必须获得事件处理程序的端点和密钥。只需要在 Cloud Shell 中执行以下两个命令并复制输出即可：

```
$ echo $(terraform output -raw event_handler_endpoint)
> https://event-handler-dup4ubihba-uc.a.run.app
$ echo $(terraform output -raw event_handler_secret)
> 241d0765b5a6cb80208e66a2d3e39d254051377f
```

现在，前往 GitHub 中想发送数据到仪表盘的存储库，在 Setting | Webhooks | Add webhook 下创建一个 webhook。把事件处理程序的 URL 和密钥粘贴到字段中，然后选择 Send me everything。单击 Add webhook 以开始将所有事件发送到事件处理程序（见图 9-8）。

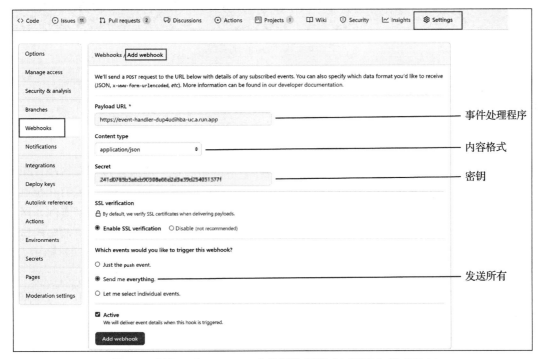

图 9-8　添加一个 webhook 来发送数据到"四要素"仪表盘上

遗憾的是，目前只能将部署数据发送到仪表盘，在以前的版本中能够将单个事件发送到工作流中。要表明一个现场问题，用户必须在一个开放的问题上添加一个名为 Incident 的标签。在正文中要添加根本原因（root cause），后面是造成事件的 SHA 提交。

"四要素"仪表盘是查看 DevOps 指标的好方法（见图 9-9）。

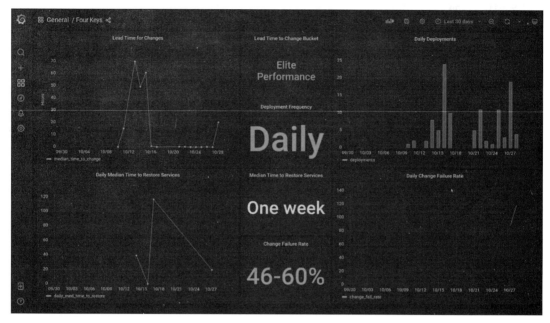

图 9-9　"四要素"仪表盘

然而，不要忘记，这些并不是用来相互比较团队的指标。不要让指标成为目标！

案例研究

随着 CI 的建立，我们在 Tailwind Gears 的两个试点团队接下来需要将软件的部署和发布过程自动化。第一个团队运行一些仍然在企业内部托管的网络应用。该团队没有在企业内部进行自动部署，而是将这些应用转移到云端的 Kubernetes 托管服务中。集群实例、网络和其他云资源已经在上一个迭代中由 IT 部门设置好了。因此，团队可以轻松将部署转换为阶段性部署流程。他们部署到测试实例，并运行所有的自动化测试，还添加了一个使用 curl 的测试，该测试调用了一个检查数据库和后端可访问性的网站，以确保一切按预期工作。如果所有的测试都通过，则部署将自动使用滚动更新部署到生产环境，以确保用户的零停机时间。

网络应用程序的一些代码，包含共享的关注点，需要调整以在云中工作。这些代码也包含在其他团队的网络应用中。该团队决定将代码移至 GitHub Packages（JavaScript 的

NPM 和 .NET 的 NuGet），并配有自己的发布周期和语义版本，以使其他团队在未来迁移到云端时可以轻松重用代码。

第二个团队为硬件产品生产软件，这些产品被用于机器的安全关键功能。这意味着开发过程受到高度监管。他们被要求对他们所做的所有修改都要有端到端的可追溯性。由于所有的需求都被导入到 GitHub issue 中，并使用嵌套的 issue 进行链接，因此这不是问题。他们只需要在提交信息中引用最低级别的 issue。除了端到端的可追溯性之外，还有一些不同层次需求的测试文档没有被自动化。另外还有一些用于风险管理的文件。为了确保在发布产品之前满足所有这些标准，需要审批者手动批准发布，以确保所有需求都符合要求。与保护分支和代码所有者（所需的文件已被转换为 Markdown 格式）结合使用，可以大大降低发布的难度。

企业拥有的自定义工具在生产机器上运行，用于在硬件上安装二进制文件。该工具用于从文件共享中提取二进制文件。这对于端到端的可追踪性并不是最佳的，并且依赖于日志文件。部署到测试环境是手动执行的，这意味着二进制文件的分发方式不一致。为了解决这个问题，团队把二进制文件和工具一起放入 Docker 容器中，并把镜像发布到 GitHub Packages 的容器注册表中。然后，可以用 Docker 镜像将版本传输到测试机器上，并以同样的方式进行装配。

总结

本章介绍了如何使用 GitHub 环境来实现阶段性并保护部署，以及如何使用 GitHub Actions 来以安全的方式部署到任何云平台。本章演示了如何使用工作流模板和可重用的工作流来帮助用户在 IaC 上进行协作。

在下一章中，读者将学习如何使用功能标记 / 功能切换来优化功能推出和整个功能生命周期。

拓展阅读

下面是本章的参考资料列表，读者可以从中获得更多有关信息。

- CI/CD: https://azure.microsoft.com/en-us/overview/continuous-delivery-vs-continuous-deployment/
- 部署环: https://docs.microsoft.com/en-us/azure/devops/migrate/phase-rollout-with-rings
- 部署到 Azure App Service: https://docs.github.com/en/actions/deployment/deploying-to-your-cloud-provider/deploying-to-azure-app-service
- 部署到 Google Kubernetes Engine: https://docs.github.com/en/actions/

deployment/deploying-to-your-cloud-provider/deploying-to-google-kubernetes-engine

- 部署到 Amazon Elastic Container Service：https://docs.github.com/en/actions/deployment/deploying-to-your-cloud-provider/deploying-to-amazon-elastic-container-service
- 安全强化部署：https://docs.github.com/en/actions/deployment/security-hardening-your-deployments
- Kubernetes 部署：https://kubernetes.io/docs/concepts/workloads/controllers/
- Kubernetes 部署策略：https://github.com/ContainerSolutions/k8s-deployment-strategies
- Helm：https://helm.sh/
- Kustomize：https://kustomize.io/
- 基础设施即代码：https://en.wikipedia.org/wiki/Infrastructure_as_code
- IaC 和环境或配置草稿：https://docs.microsoft.com/en-us/devops/deliver/what-is-infrastructure-as-code
- 创建工作流模板：https://docs.github.com/en/actions/learn-github-actions/creating-workflow-templates
- 可重用的工作流：https://docs.github.com/en/actions/learn-github-actions/reusing-workflows
- "四要素"项目：https://github.com/GoogleCloudPlatform/fourkeys

## 第 10 章

功能标记和功能生命周期

功能标记是作者多年团队合作时见过的最具颠覆性的功能之一。它们有许多不同的用例，可以帮助开发者通过尽早合并代码来减少开发工作流中的复杂性，而且可以帮助开发者执行零停机部署。功能标记通过管理整个功能生命周期，帮助开发者更好地利用功能。

本章将详细介绍功能标记（也称为功能切换），以及开发者如何使用功能标记，但GitHub 中没有原生解决方案可帮助开发者实现功能标记。开发者可以使用可用的框架和服务来引入功能标记。本章接下来将为读者提供有关如何为自己的用例选择最佳工具的指导。

本章包括如下主题：

- 什么是功能标记
- 功能的生命周期
- 功能标记的优点
- 开始使用功能标记
- 功能标记和技术债务
- 框架和产品
- 使用功能标记进行实验

什么是功能标记

功能标记（Feature Flag）是一种软件开发技术，允许在不改变代码的情况下修改运行时行为。它把最终用户功能的发布与二进制文件的推出分离开来。功能标记的工作原理类似于开关或切换，由于具有布尔性质，因此通常被称为功能切换或功能开关。但是功能标记可以有许多不同的用例，并且可能比开关更复杂，因此功能标记这个术语更加适合。功能标记允许开发者把新代码封装在功能标记后，将其推出到生产系统，然后可以根据给定目标受众的上下文启用该功能（参见图 10-1）。

对开发者来说，如果具有持续交付和负责基础架构的独立团队，功能标记是一种非常地道实用的技术。将标记添加到代码比更改基础架构更容易，因此开发者通常会使用标记允许测试人员执行与普通用户不同的操作，或者允许某些测试版用户测试某些内容。问题是，如果没有明确指定功能标记，配置通常会分散在不同的位置（配置文件、组成员身份和应用程序数据库）。明确使用功能标记有助于提高团队的透明度，并确保方法统一，可以启用更高级别的用例并确保安全性和可扩展性。

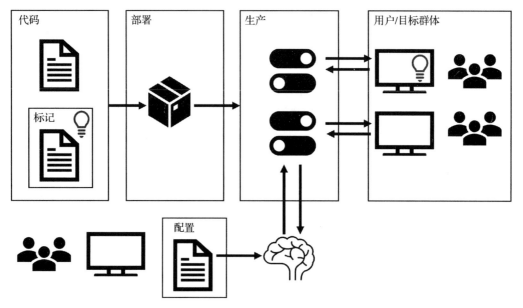

图 10-1　功能标记的工作原理

功能的生命周期

直到几年前，大多数软件每 1 ～ 2 年发布一个主要版本，这些版本必须单独购买或者与先前的订阅许可版本密切耦合。所有新功能都被加载进这些新版本中。新版本通常配备培训资料、书籍和在线课程，以教授用户使用新功能。

如今这些销售模式基本上已经不存在了。客户想要软件作为服务存在。无论是Facebook 或 WhatsApp 之类的移动应用，还是 Office 或 Windows 之类的桌面软件，软件都会持续更新和优化，不断添加新功能。这带来了一个挑战，即如何指导终端用户正确使用新功能。直观的用户体验和易于发现的新功能比旧的销售模式更重要。功能必须能够自我解释，并且简单的屏幕对话框必须足以指导用户如何使用新功能。

此外，价值创造完全不同。客户不会每隔几年就做出购买决策，他们每天都决定是否将软件用于手头的任务。因此，重点是通过删除未使用的功能或将它们优化至高价值，来提供少量具有高价值的功能，而不是在新版本中添加大量新功能以影响购买决策。

这意味着每个功能都有其生命周期。一个功能的生命周期可能如图 10-2 所示。

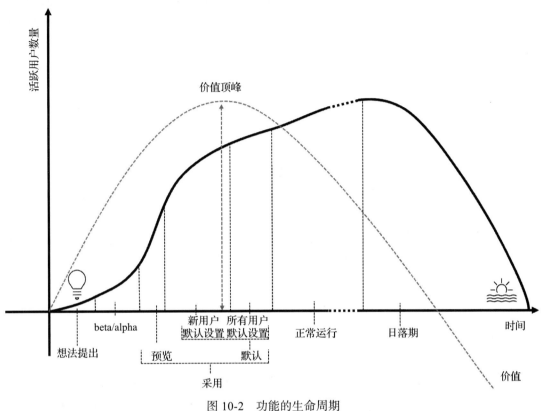

图 10-2　功能的生命周期

生命周期包括以下阶段：

- **构思和开发**：在提出新功能的想法之后，由少量内部用户进行实现，这些用户的反馈用于改进功能。
- **alpha 或 beta**：在 alpha 或 beta 阶段，将该功能提供给更广泛但仍非常有限的受众。受众可以是内部或外部客户。alpha 或 beta 阶段可以是封闭（私有）或开放（公开）的，但是该阶段的功能仍非常动态，可能会发生巨大变化。
- **采用**：如果该功能足够成熟以面向市场，那么它将逐渐面向更广泛的受众。采用阶段可以分为以下子阶段：
  - **预览**：用户可以选择加入并启用预览功能。
  - **新用户默认设置**：该功能是新用户的默认设置，但如果用户不想使用它，仍然可以选择退出。
  - **所有用户默认设置**：该功能对所有用户启用，但用户仍然可以选择退出。

- **正常运行**：所有用户都使用该功能，不可以选择退出。该功能的早期版本从系统中删除。正常运行可能持续多年。
- **日落期**：该功能被新的、更好的功能取代。使用此功能的用户数量下降，维护该功能的成本超过了其价值。当所有用户都可以重定向到新功能时，将从系统中删除该功能。

请注意，该功能的价值在早期的采用阶段最大，因为它吸引了新用户来使用应用程序。在正常运行阶段，热度可能已经平稳下来，竞争对手也会从功能中学习并通过调整其软件做出反应。

功能标记的优点

在不使用功能标记的情况下，管理功能的生命周期是不可能的。但是功能标记还有许多其他用例，可以为开发者的 DevOps 团队带来价值：

- **发布标记**：这些标记用于在标记后发布代码。发布标记通常在功能完全发布之前保留在代码中，可能需要保留数周或数月的时间。发布标记随着每个部署或系统配置的更改而变化。这意味着可以通过简单读取配置值来轻松实现它们。但是，如果开发者想将发布标记用于金丝雀发布（Canary release）（逐渐向更多用户暴露该功能）或蓝绿部署（blue-green deployment）（交换缓存和生产环境），它们就更具动态性。
- **实验标记**：如果开发者发布多个版本的同一功能并将其暴露给不同的受众，称为 A/B 测试或实验。实验标记通常用于通过测量用户如何与功能版本交互的某些指标来确认或排除假设。实验标记高度动态，并依赖于许多上下文来使用它们以针对不同的目标受众。
- **权限标记**：功能标记的一个常见用例是控制用户可以访问的内容。这可以是仅向特定受众暴露的管理功能或测试功能，或仅向付费客户暴露的高级功能。权限标记高度动态，通常会在代码中保留很长时间，有时甚至会持续到应用程序生命周期的结束。它们还会暴露出高风险的欺诈行为，因此必须小心使用。
- **操作标记**：有些标记用于应用程序的运营方面，例如用于禁用某些功能的故障开关（也称为断路器），这些功能可能会成为其他功能的瓶颈。控制后端系统不同版本的标记也被认为是操作标记。多变量标记通常用于控制日志详细程度或其他操作。

图 10-3 展示了按动态性和其在系统中停留的时间分类的不同类型的功能标记。

既然已经了解了功能标记是什么，以及可以使用它们做什么，下面将向读者展示如何在代码中实现它们。

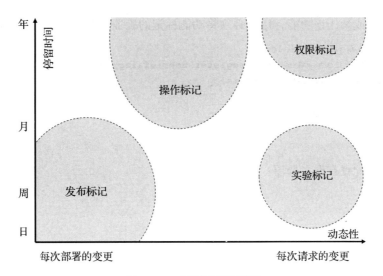

图 10-3　功能标记的类型

开始使用功能标记

在代码中，功能标记只是一个 if 语句。假设读者已经有了一个当前的实现用于注册新用户的对话框：

```
function showRegisterDialog(){
    // current implementation
}
```

现在想使用功能标记创建一个新的对话框，并能够在运行时打开新的对话框：

```
function showRegisterDialog(){
    var newRegisterDialog = false;
    if( newRegisterDialog ){
        return showNewRegisterDialog();
    }else{
        return showOldRegisterDialog();
    }
}
function showNewRegisterDialog(){
    // new implementation
}
function showOldRegisterDialog(){
    // old implementation
}
```

要动态启用或禁用该功能，用户必须将功能标记的验证提取到它自己的函数中：

```
function showRegisterDialog(){
    if( featureIsEnabled("new-register-user-dialog") ){
        return showNewRegisterDialog();
    }else{
        return showOldRegisterDialog();
    }
}
```

功能标记的配置有许多选项：

- 系统配置
- 用户配置
- 应用程序数据库
- 单独的数据库
- 单独的系统（通过 API 访问）

哪些位置是否适用取决于用例。

功能标记和技术债务

如果开始使用功能标记，通常会得到一个高度可配置的系统，可以在运行时更改其行为——通常是通过多个标记，这些标记分散在多个配置源中。这些标记彼此之间大概率存在依赖关系，因此启用或禁用标记会对系统的稳定性带来极大的风险。就算通过避免并行分支而成功逃避了合并困境（merge hell），但最终会进入功能标记困境（feature flag hell），即拥有成百上千个标记，但没有人知道这些标记的用途。

为了避免这种情况，应遵循以下最佳实践：

- **指标**：即使功能标记在代码中提供了很大价值，它们仍然是某种技术债务。应该像测量代码覆盖率或其他代码相关的指标一样对它们进行测量。测量功能标记的数量、存在时间（持续时间）、在每个环境中的评估值（在生产中为 100% 的标记可能可以删除）以及标记的使用频率（调用次数）。
- **中央管理**：在一个中央位置管理功能标记，特别是如果使用不同的方法来管理这些功能标记。每个标记应该有一个所有者和描述。记录功能标记之间的依赖关系。
- **集成到流程中**：将功能标记的管理集成到流程中。例如，如果用户使用 Scrum，则可以在审查会议中整合功能标记的审查。确保所有经常使用标记的人都会浏览所有标记，并检查哪些标记可以从系统中删除。
- **命名约定**：使用命名约定来命名使用的所有类型的标记。可以使用 tmp- 作为临时标记的前缀，perm- 作为永久标记的前缀。不要太复杂，但标记的名称应能显而易见地表明它是什么类型的标记以及它在代码库中存在的时间长短。

　　清理分支是一些团队喜欢，而另一些团队持相反态度的技术。读者可以自行审视这项技术是否适用。该技术的想法是，当创建标记并编写代码时，用户最清楚如果有一天要删除标记，代码应该是什么样子。因此，需要创建一个清理分支和拉取请求，并保持拉取请求开放，直到标记被删除。这个技术最适合使用良好的命名约定。

　　以前面的例子为例，有一个新功能对话框的标记。带有该标记的代码如下所示：

```
function showRegisterDialog(){
    if( featureIsEnabled("tmp-new-register-user-dialog") ){
        return showNewRegisterDialog();
    }else{
        return showOldRegisterDialog();
    }
}
```

　　代码是在 `features/new-register-dialog` 分支上开发的，用户创建了拉取请求来合并代码。

　　当标记被删除时，代码的最终状态将仅使用新对话框，因此创建一个新分支（例如，`cleanup/new-register-dialog`）并添加代码的最终版本：

```
function showRegisterDialog(){
    return showNewRegisterDialog();
}
```

　　最后可以创建一个 Pull Request，并保持开放状态，直到功能被完全推出并且想要清理代码。

　　这个技术并不适合所有团队，在复杂的环境中维护清理分支可能要付出巨大工作量，但可以尝试一下。

　　未清理并且未积极维护的功能标记是技术债务，但优点大于缺点。如果用户从一开始就小心谨慎，则可以避免功能标记困境，并从它们提供的灵活功能中获益，这样就可以发布和操作应用程序。

框架和产品

　　在使用功能标记时，有许多可供利用的框架。最好的框架很大程度上取决于用户的编程语言和用例。有些框架更注重 UI 集成，有些则更注重发布和操作。在选择框架时，应该考虑以下方面：

- **性能**：功能标记必须快速，不能降低应用程序的性能。应使用适当的缓存，以及在数据存储无法及时到达时使用的默认值。
- **支持的编程语言**：解决方案应适用于所有语言，特别是当使用客户端标记时，必须出于安全原因在服务器上进行评估，避免在不同位置配置标记。

- **UI 集成**：如果想让用户具备选择加入或退出功能的能力，需要很好地将其集成到 UI 中。通常需要两个标记：一个控制可见性，另一个用于启用或禁用功能。
- **上下文**：当想使用功能标记进行 A/B 测试和实验时，需要大量的上下文信息来评估标记：用户、群组成员资格、地区和服务器等，这也是许多框架失败的地方。
- **中央管理**：为每个环境单独配置的标记是不可能维护的，所以需要一个中央管理平台，可以在一个地方控制所有标记。
- **数据存储**：有些框架将配置存储在应用程序数据库中。对于许多场景来说，这是有问题的。通常，在所有环境中都有一个不同的数据库，因此跨环境管理设置是困难的。

建立一个可扩展、高效、成熟的解决方案需要大量的时间和精力，即使使用框架也是如此。但也有一些可以安装或作为服务使用的产品。一个已经存在多年且成熟的产品是 LaunchDarkly（https://launchdarkly.com/）。其主要竞争对手，包括以下产品：

- Switchover（https://switchover.io/）
- VWO（https://vwo.com/）
- Split（https://www.split.io/）
- Flagship（https://www.flagship.io/）
- Azure App configuration（https://docs.microsoft.com/en-us/azure/azure-app-configuration/overview）

值得一提的还有 Unleash（https://www.getunleash.io/）。它有一个开放的核心（https://github.com/Unleash/unleash），可以作为 Docker 容器免费自主托管。Unleash 也是 GitLab 使用的解决方案。

这里没有找到一个好的资源来比较这些解决方案，因此本书在 GitHub 上添加了一个页面（https://wulfland.github.io/FeatureFlags/），提供了这些解决方案的独立比较。

在做出自主开发 / 购买服务的决策时，大多数企业最好使用现有的服务或产品。（特别是对于新手而言）构建和运行一个良好的功能标记解决方案是困难和耗时的。应从一个好的产品开始。如果在一段时间后，用户仍然觉得有必要构建自己的解决方案，至少知道一个解决方案应该做些什么。

使用功能标记进行实验

实验和 A/B 测试不仅可以使用功能标记来完成，还可以在不同的分支中开发容器，并使用 Kubernetes 在生产环境中运行不同的版本；但是，这将增加 Git 中的复杂性，并且不易扩展，同时也没有用户的上下文信息，因此收集数据以证明或否定假设将变得更加困难。大多数功能标记的解决方案都内置了实验支持，因此这是最快速的开始方法。

要进行实验，首先需要定义一个假设，再进行实验，然后从结果中学习。一个实验可以定义如下内容（见图 10-4）。

- **假设**：我们相信 { 客户分层 }，需要 { 产品 /
  功能 }，因为 { 价值主张 }。
- **实验**：为了证明或否定上述假设，团队将进
  行一个实验。
- **学习**：通过影响以下指标，实验将证明假设。

例如：通过查看应用程序的使用数据，发现新用
户注册对话框的第一页的页面访问量要高于完成注册
流程的人数，只有约 20% 的用户完成了注册。假设
是由于注册对话框太复杂，因此简化对话框后，完成
注册的用户将大大增加。

为了进行实验，开发者在应用程序中添加了两个
新的指标：started-registration（每当用户单击注册链

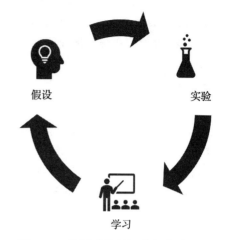

图 10-4　使用功能标记进行实验（1）

接时其值增加），以及 finished-registrations（用户成功注册后其值增加）。这两个指标使计算
aborted-registrations（终止注册）变得容易。在接下来的几周内收集数据，并确认终止注册
率在这些周内平均为 80%。团队使用 new-register-dialog 功能标记创建了一个新的简单对话
框。它删除了所有不必要的字段，如地址和付款信息，这些字段对于注册本身并非必需，因
为数据在结账前仍然需要验证，所以即使对于结账来说，简化的注册也可以使用，尽管这可
能会是一个可用性问题。

在生产环境中为 50% 的新用户打开标记，并比较两组的终止注册率。看到旧对话框的
用户如预期地保持在 70% ～ 80% 的终止率，而使用新对话框的用户仅具有 55% 的终止率。

结果仍然不完美，因此开始添加新指标以找出人们在对话框中遇到问题的位置。这导
致了下一个假设（见图 10-5）。

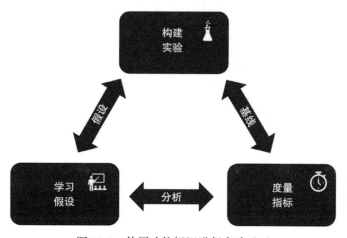

图 10-5　使用功能标记进行实验（2）

要进行功能标记实验需要数据。只有使用正确的指标并将指标映射到具有特定标记的受众群体，才能真正执行基于证据的开发。

第 19 章将更详细地介绍如何使用 GitHub 进行实验和 A/B 测试。

总结

功能标记是加速 DevOps 团队的最重要的能力之一。遗憾的是，迄今为止 GitHub 没有内置解决方案。但是，有许多产品可以帮助用户快速上手。

本章介绍了功能生命周期以及如何使用功能标记管理它，同时介绍了如何利用功能标记通过早期检查代码来降低复杂性。

下一章将介绍主干开发以及支持快速 DevOps 团队的最佳 Git 工作流。

拓展阅读

读者可以在以下链接获取更多有关这些主题的信息：

- Martin Fowler，"功能切换"（*Feature Toggles*）（又称功能标记），2017: `https://martinfowler.com/articles/feature-toggles.html`
- 功能标记解决方案的比较 `https://wulfland.github.io/FeatureFlags/`
- LaunchDarkly: `https://launchdarkly.com/`
- Switchover: `https://switchover.io/`
- VWO: `https://vwo.com/`
- Split: `https://www.split.io/`
- Flagship: `https://www.flagship.io/`
- Unleash: `https://www.getunleash.io/` 和 `https://github.com/Unleash/unleash`

## 第 11 章

主 干 开 发

与加速工程速度高度相关的功能之一是**主干开发**（也称为 TBD）。在任何时候高效的团队的代码库都不超过三个活跃分支，并且分支在合并到主分支之前的生命周期很短（不到一天）(Forsgren N.、Humble J. 和 Kim G.，2018，第 98 页)。遗憾的是，TBD 不是 git 工作流，而是自 20 世纪 80 年代以来一直在使用的分支模型。它没有明确的定义，有着很大的解释空间，尤其是在与 GitHub 一起使用时。此外，作者个人发现，仅切换到基于主干的工作流不会对性能有很大的改善，只有具有高度复杂工作流的大型团队在陷入**合并困境**时，切换才会对性能真正产生很大的影响。对于大多数团队来说，它更像是功能标记和持续集成 / 持续部署（CI/CD）等不同功能的组合，以及基于主干的工作流，才会产生很大的影响。

本章将解释基于主干的工作流的优势以及它与其他分支工作流的区别，还将介绍最好的 git 工作流，以加速用户的软件交付。

本章包括如下主题：

- 主干开发简介
- 为什么应该避免复杂分支
- 其他 git 工作流
- 使用 MyFlow 加速

主干开发简介

主干开发是一种源代码控制分支模型，开发者将小而频繁的更新合并到单个分支（通常称为主干，但在 git 中，这通常称为主分支）并抵制创建其他长期开发分支（参阅 https://trunkbaseddevelopment.com）。

基本思想是主分支始终处于干净状态，以便任何开发者在任何时候都可以基于成功构建的主分支创建新分支。

为了保持分支处于干净状态，开发者必须采取多种措施来确保只有不会破坏任何内容的代码才能被合并到主分支，如下所述：

- 从主分支获取最新的变更

- 执行清洁测试
- 运行所有测试
- 与团队有高度的凝聚力（结对编程或代码审阅）

这是为受保护的主分支和 CI 构建的拉取请求（PR）而预先确定的，该 CI 构建具有 PR 触发器并且能够构建和测试变更。然而，一些团队更喜欢手动完成这些步骤并在没有分支保护的情况下直接推送到主分支。对于实践结对编程的高凝聚力、小型、同地域团队这可能非常有效，但需要很多准则进行约束。在复杂的环境或异步工作的分布式团队中，建议使用分支保护和 PR。

为什么应该避免复杂分支

当谈论分支时，人们经常使用长期的（long-lived）和短期的（short-lived）这两个术语，它们指的是时间。作者发现这在某种程度上具有误导性。分支是关于变化的，而变化很难用时间衡量。开发者可以花费 8 小时编写大量重构的代码，并尝试在 1 天内合并这个非常复杂的分支。如果仅用时间衡量，这个分支仍然会被认为是短期（short-lived）的。相反，如果他们有一个分支只变更了一行（例如更新了代码依赖的包），但由于团队必须解决一些关于变更的架构问题，导致该分支持续 3 周保持开放，即使在主分支上只进行了非常简单的变更，但从时间角度上来说它也是长期（long-lived）的。

时间似乎不是区分分支好坏的最佳衡量标准，而应是复杂度和时间的结合。

在用户尝试合并变更之前，基于基础分支所创建的分支中的变更越多，将这些变更与其他分支的变更合并的难度就越大。复杂性可能来自一个非常复杂的合并，或者来自许多开发者合并许多小的变更。为了避免合并，许多团队试图在合并之前完成一个功能。当然，这会导致更复杂的变更，使得其他功能难以合并——也就是所谓的合并困境。因此，在发布之前，所有功能都必须集成到新版本中。

为了避免合并困境，开发者应该定期拉取主分支的最新版本。只要可以顺利地合并或变基，分支的集成就不是问题，但是如果变更过于复杂，那么合并变更时其他开发者可能会出现问题。这就是为什么开发者应该在变更超过一定的复杂度之前将其合并。复杂度在很大程度上取决于修改的代码，读者需要考虑以下几点：

- 是使用现有代码还是新代码？
- 是有很多依赖关系的复杂代码，还是简单代码？
- 使用的是孤立的代码还是高耦合的代码？
- 有多少人在同时更改代码？
- 是否同时对很多代码进行重构？

人们倾向于使用时间而非复杂度来进行衡量的原因是复杂度没有好的衡量标准。所以，如果开发者在完成一个更为复杂的功能，则至少应该以每天一次的频率将变更合并到主分支，但如果变更很简单，那么让分支 /PR 长时间开放是没有问题的。请记住，这与时间无关，而与复杂度有关!

其他 git 工作流

对于使用 GitHub 的 DevOps 工作团队，作者认为最有效的工作流是 git，在进一步研究 git 前，需要介绍一下当前最流行的工作流。

Gitflow

Gitflow 仍然是最流行的工作流之一。它由 Vincent Driessen 于 2010 年推出（参见 https://nvie.com/posts/a-successful-git-branching-mode1/）并流行开来。Gitflow 有一个很好的海报，它对如何解决 git 中的问题进行了描述性的介绍，例如，如何使用标签发布和处理合并后删除的分支（见图 11-1）。

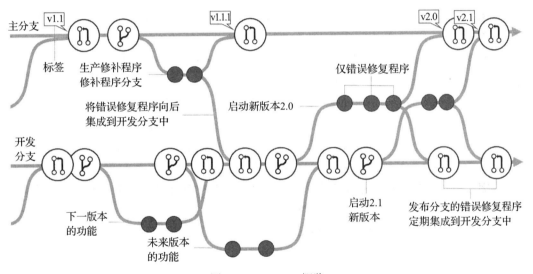

图 11-1　Gitflow 概览

如果企业每隔几个月将软件发送给不同的客户，想要将一些功能绑定到单独许可的新主要版本，并且需要持续多年地维护多个版本，那么 Gitflow 非常有用。在 2010 年，这几乎是所有软件的通用发布流程，但在复杂的环境中，该工作流会引发一些问题。它不是基于主干的，并且有多个长期存在的分支。在复杂环境中，这些分支之间的集成可能导致合并困境。随着 DevOps 和 CI/CD 实践的兴起，Gitflow 名声渐差。

如果企业想通过 DevOps 加速软件交付，Gitflow 不是适合的分支工作流! 但它的许多概念可以在其他工作流中找到。

GitHub flow

GitHub flow 非常注重与 PR 的结合。首先开发者创建一个具有描述性名称的分支并进行第一次变更，然后创建一个 PR 并通过代码的审阅意见与审阅者合作。一旦 PR 准备就绪，它会在合并到主分支之前被传送到生产环境（见图 11-2）。

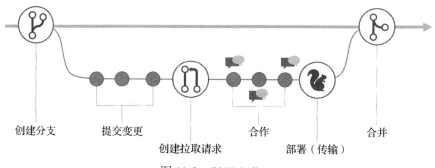

| 创建分支 | 提交变更 | 创建拉取请求 | 合作 | 部署（传输） | 合并 |

图 11-2　GitHub flow

GitHub flow 是基于主干的，且非常流行，不包含部署 PR 的基本部分是大多数其他工作流的基础。而问题就在于部署，将每个 PR 部署到生产中会造成瓶颈，并且不易扩展。GitHub 本身使用 ChatOps 和部署队列来解决这个问题（Aman Gupta，2015），但这似乎有点矫枉过正。只有在生产环境中被证实有效的更改才被合到主分支中，这个观点是有说服力的，但是在复杂的环境下，这个目标基本无法达成。企业将需要相当长的时间来查看在生产环境中隔离运行的变更，以真正确保它们不具有破坏性，但在这段时间内，该瓶颈会阻止其他团队或团队成员合并他们的更改。在具有快速失败和前滚原则的 DevOps 世界中，最好在隔离环境中验证 PR，并在使用主分支的 push 触发器合并 PR 后将它们部署到生产环境中。如果这些变更对生产环境产生了破坏，仍然可以部署上一个有效的版本（回滚），或者修复错误并立即部署修复（前滚），不需要干净的主分支来执行任何一个选项。

不推荐 GitHub flow 的另一个原因是它对用户、分支和 PR 的数量不是很明确。一个功能分支可能意味着多人向同一个功能分支提交代码。虽然这种情况较少发生，但仅从文档来看它并没有明确说明。

Release flow

Release flow（发布流）基于 GitHub flow，但它不是连续部署 PR，而是添加单向发布分支。分支不会合并，并且修复遵循上游优先原则：错误在基于主分支的一个分支中修复后，更改被拣选到发布分支中的一个分支里（Edward Thomson，2018）。这样，就不可能忘记对主分支进行错误修复了（参见图 11-3）。

发布流不是持续部署！创建发布仍然是一个必须单独触发的过程。如果必须维护软件的不同版本，发布流是一种很好的方式。条件允许的情况下，应该尽量做到持续部署。

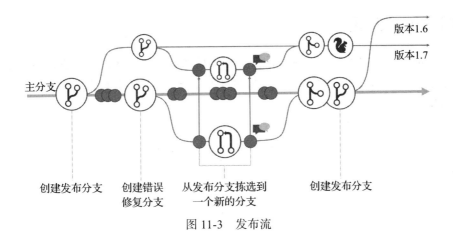

图 11-3　发布流

GitLab flow

　　GitLab flow 也基于 GitHub flow。它添加了环境分支（例如开发、暂存、预生产以及生产），并且每次部署都是在合并到这些环境时发生的（见图 11-4）。

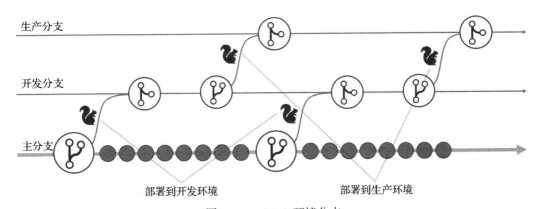

图 11-4　GitLab 环境分支

　　由于变更仅流向下游，因此用户可以确保所有变更在所有环境中都进行了测试。GitLab flow 也遵循上游优先的原则。如果在其中一个环境中发现错误，可以创建一个基于主分支的功能分支，并拣选该更改，使其对所有环境生效。错误修复在 GitLab flow 中的工作方式与在发布流中的工作方式相同。

　　如果没有支持多种环境的流水线（例如 GitHub Actions），GitLab flow 可能会提供一种不错的方法来自动执行对环境的批准和部署。如果开发者在上游修复错误，将失去环境代码分开的价值。作者更喜欢一次构建代码，然后按顺序将输出部署到所有环境。但在某些情况下（例如对于直接从存储库部署的静态网站来说）此工作流可能有意义。

使用 MyFlow 加速

git 工作流只是针对不同使用场景的解决方案的集合。主要区别在于它们是不是基于主干的以及它们是否明确说明某些事情。当发现所有工作流都存在缺陷时，可以创建自己的工作流：MyFlow。

MyFlow 是一个基于 PR 的轻量级、基于主干的工作流。它不是新发明！许多团队已经采用这种方式工作。如果专注于与 PR 协作，这是一种非常自然的分支和合并方式。这里只是给它取了一个名字，可以预见人们能轻松地使用它。

主分支

由于 MyFlow 是基于主干的，因此只有一个称为 main 的主分支，并且它应该始终处于干净状态。主分支应该始终被构建，并且应该能够随时将其发布到生产环境中。这就是为什么应该使用分支保护规则来保护主分支。一个好的分支保护规则至少包括以下标准：

- 合并前需要至少两次 PR 审阅。
- 推送新提交时取消过时的 PR 审批。
- 需要代码所有者的审阅。
- 合并前需要通过状态检查，包括 CI 构建、测试执行、代码分析和静态代码分析。
- 将管理员包含在限制中。
- 允许强制推送。

使用 CI 构建的自动化程度越高，保持分支处于干净状态的可能性就越大。

其他所有分支总是从主分支派生出来，由于它是默认分支，当创建新分支时无须指定源分支，简化操作的同时消除了错误源。

私有主题分支

图 11-5 展示了 MyFlow 的基本概念。

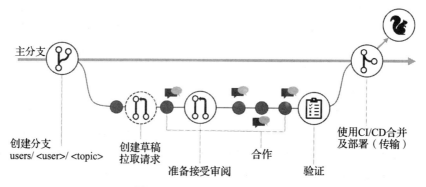

图 11-5　MyFlow 的基本概念

私有主题分支可用于处理新功能、文档、错误、基础架构以及存储库中的其他所有内容。它们是私有的，这意味着它们只属于一个特定的用户。其他团队成员可以跳转到该分支来测试解决方案，但不允许他们直接将变更推送到该分支。相反，他们必须使用 PR 中的建议来向 PR 的作者提出变更建议。

为了表明分支是私有的，建议使用 users/* 或 private/* 等命名约定，使其显而易见。此外建议在名称中包含问题或错误的标识符（ID），使其稍后在提交消息中更容易被引用。一个好的约定应该是这样的：

```
users/<username>/<id>_<topic>
```

要开始研究一个新主题，可以创建一个新分支，如下所示：

```
$ git switch -c <branch> main
```

示例如下：

```
$ git switch -c users/kaufm/42_new-feature main
> Switched to a new branch 'users/kaufm/42_new-feature'
```

创建第一个修改并将其推送到服务器，修改什么并不重要，只需要在文件中添加空白即可。无论如何，后续都可以对它进行重写。示例如下：

```
$ git add .
$ git commit
$ git push --set-upstream origin <branch>
```

现在，对上述示例添加更多信息：

```
$ git add .
$ git commit -m "New feature #42"
$ git push --set-upstream origin users/kaufm/42_new-feature
```

> **注意**
>
> 请注意上述示例使用 GitHub 命令行界面（GitHub CLI）与 PR 进行交互（参见 https://cli.github.com/），因为它比使用 Web 用户界面（UI）的屏幕快照更易理解。读者也可以使用 Web 用户界面执行相同的操作。

创建一个 PR 并将其标记为 draft，如下所示：

```
$ gh pr create --fill --draft
```

这样，团队就知道开发者正在进行这个项目。快速查看开放的 PR 列表应该能很好地了解团队当前正在进行的项目。

注意

读者可以在提交更改时省略 -m 参数，并在默认编辑器中添加多个提交消息。第一行是 PR 的标题；其余部分是正文。还可以在创建 PR 时设置标题（--title 或 -t）和正文（--body 或 -b）来代替 --fill。

开发者现在可以开始开展项目，并且可以使用 git 的全部功能。比如，如果想对之前的提交添加变更，可以使用 --amend 选项，如下所示：

```
$ git commit --amend
```

或者想将最后三个提交合并为一个，可以运行如下命令：

```
$ git reset --soft HEAD~3
$ git commit
```

如果想将一个分支中的所有提交合并为一个，可以运行如下命令：

```
$ git reset --soft main
$ git commit
```

如果想完全自由地重排和压缩所有提交，可以使用交互式变基，如下所示：

```
$ git rebase -i main
```

要将更改推送到服务器，请使用如下命令：

```
$ git push origin +<branch>
```

这是之前的示例，填充了分支名：

```
$ git push origin +users/kaufm/42_new-feature
```

请注意分支名称前的加号。这会导致强制推送，但仅限于特定分支。如果没有弄乱分支历史，可以执行一个普通的 git 推送操作，如果分支得到很好的保护并且知道自己在做什么，那么正常的强制推送可能会更方便，如下所示：

```
$ git push -f
```

如果需要帮助或需要同事对代码提出意见，可以在 PR 的注释中提及他们。如果他们想提出变更，可以使用 PR 注释中的 suggestion 功能。这样就可以应用他们提出的变更，并且可以确保在执行此操作之前存储库中的状态是干净的。

准备就绪后，可以将 PR 的状态从 draft 修改为 ready，并且激活自动合并，如下所示：

```
$ gh pr ready
$ gh pr merge --auto --delete-branch --rebase
```

注意

　　这里指定了 `--rebase` 作为合并方式，对于青睐良好而简洁的提交历史的小型团队来说，这是一种很好的合并策略。如果更偏爱 `--squash` 或 `--merge`，请相应地调整策略。

　　审阅者仍然可以在他们的注释中提出建议，并且开发者可以继续协作。但是一旦所有批准和自动检查完成，PR 将自动合并并删除分支。自动检查在 `pull_request` 触发器上运行，包括在隔离环境中安装应用程序，以及运行各种测试。

　　如果 PR 已被合并并且分支已被删除，可以清理本地环境，如下所示：

```
$ git switch main
$ git pull --prune
```

　　这会将当前的分支更改为 main，从服务器拉取已更改的分支，并删除已经在服务器上完成删除的本地分支。

发布

　　一旦更改合并到主分支上，主分支上的推送触发器将开始部署到生产环境，与使用的方法是基于环境还是基于环无关。

　　如果必须维护多个版本，可以将标签与 GitHub 发布一起使用。在工作流中使用 release 触发器并部署应用程序，并使用 GitVersion 自动生成版本号，如下所示：

```
$ gh release create <tag> --notes "<release notes>"
```

　　示例如下：

```
$ gh release create v1.1 --notes "Added new feature"
```

　　还可以利用发布说明的自动生成。遗憾的是，此功能无法通过 CLI 使用，用户必须使用 UI 创建发布才能工作。

　　由于无论如何都遵循上游优先原则来修复错误，因此如果不必执行修补程序，为每个发布创建发布分支是没有切实好处的。创建发布时生成的标签就够用了。

修补程序

　　如果必须为旧发布提供修补程序，可以跳转到该标签并创建一个新的修补分支，如下所示：

```
$ git switch -c <hotfix-branch> <tag>
$ git push --set-upstream origin <branch>
```

　　示例如下：

```
$ git switch -c hotfix/v1.1.1 v1.1
$ git push --set-upstream origin hotfix/1.1.1
```

现在，切换回主分支并修复正常主题分支中的错误（如 users/kaufm/666_fix-bug）。
然后，将这条修补提交拣选到修补分支中，如下所示：

```
$ git switch <hotfix-branch>
$ git cherry-pick <commit SHA>
$ git push
```

可以使用要拣选的提交的安全哈希算法（SHA），或者如果该分支是最近一次提交的，
也可以使用分支的名称，如下所示：

```
$ git switch hotfix/v1.1.1
$ git cherry-pick users/kaufm/42_fix-bug
$ git push
```

这将拣选主题分支的最近一次提交。图 11-6 展示了针对旧发布的修补程序是如何工作的。

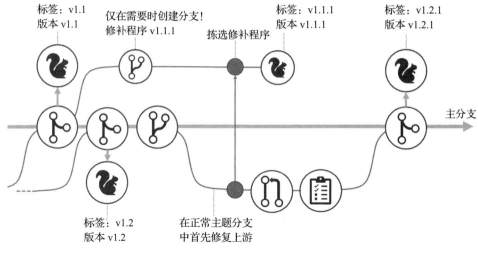

图 11-6 对旧版本执行修补程序

开发者也可以先把修补程序合并到主分支中，然后从主分支中拣选这条提交。这确保
了代码符合所有的分支策略，这取决于环境有多复杂，以及主分支和修补程序分支之间的差
异有多大。

自动化

如果工作流具有命名约定，那么开发者会经常使用某些特定的命令序列。为了减少
拼写错误并简化工作流程，可以使用 git alias。执行此操作的最佳方法是在编辑器中编
辑 .gitconfig 文件，如下所示：

```
$ git config --global --edit
```

如果 alias 尚不存在，则添加一个部分（section）——［alias］，并添加一个别名：

```
[alias]
    mfstart = "!f() { \
        git switch -c users/$1/$2_$3 && \
        git commit && \
        git push --set-upstream origin users/$1/$2_$3 && \
        gh pr create --fill --draft; \
    };f"
```

这个别名称为 mfstart，将会被调用来指定用户名、问题 ID 以及主题，如下所示：

$ git mfstart kaufm 42 new-feature

它切换到一个新分支并提交索引中的当前更改，将它们推送到服务器，并创建一个 PR。

可以引用单个参数（$1,$2,…）或使用 $@ 引用所有参数。如果要独立于退出代码链接命令，则必须使用分号（;）终止命令。如果希望下一条命令仅在第一条命令成功时执行，可以使用 &&。请注意，必须以反斜杠（\）结束每一行，这个字符也可用来转义引号。

用户可以添加 if 语句来拆分逻辑，如下所示：

```
mfrelease = "!f() { \
    if [[ -z \"$1\" ]]; then \
        echo Please specify a name for the tag; \
    else \
        gh release create $1 --notes $2; \
    fi; \
};f"
```

或者可以将值存储在变量中以供后续使用，如本例所示，最近一次提交所指向的分支名称为：

```
mfhotfix = "!f() { \
    head=$(git symbolic-ref HEAD --short); \
    echo Cherry-pick $head onto hotfix/$1 && \
    git switch -c hotfix/$1 && \
    git push --set-upstream origin hotfix/$1 && \
    git cherry-pick $head && \
    git push; \
};f"
```

这些只是示例，自动化在很大程度上取决于工作方式的细节，但它是一个非常强大的工具，可以帮助开发者提高效率。

案例研究

随着发布过程的自动化就绪，两个试点团队已经注意到生产力的巨大提升。前置时间和部署频率的指标显著增加。

使用 git 的团队从 Bitbucket 迁移到 GitHub 之前，他们使用 Gitflow 作为他们的分支工作流。由于他们的 Web 应用程序可以使用分阶段部署工作流来持续发布，因而转向具有 PR 和私有分支的基于主干的工作流，并在合并后使用 CI/CD 工作流（MyFlow）部署到主分支。为了频繁集成，他们决定使用功能标记。由于该公司需要在云端和本地进行功能管理，因此他们决定使用 Unleash（一个功能管理解决方案，用户自定义用户划分的规则，以便控制如何启用新功能）。该团队可以使用软件即服务（SaaS）服务，并且可以立即开始使用它，而无须等待本地解决方案。

从 Team Foundation Server（TFS）迁移的第二个团队已经习惯了复杂的分支工作流，其中包含长期发布、服务包、修补程序分支和集成了所有功能的开发分支。由于软件安装在硬件产品上，多个版本并行保持稳定状态，还有多个版本需要持续多年的维护。这意味着该软件不能持续发布。团队选择发布流来管理发布和修补程序。对于开发，他们还使用了带有 PR 的私有分支和基于主干的方法。由于产品未连接到互联网，该团队依赖其配置系统来获取功能标记，他们曾经使用此技术来测试硬件上的新功能，现在对其进行扩展以更频繁地集成更改。

总结

git 工作流彼此之间并没有太大区别，而且大多数工作流都是建立在其他工作流之上的。更重要的是遵循快速失败和持续前进的原则，而不是教条化地对待某一个工作流。所有工作流都只是最佳实践的集合，读者应该只取所需。

重要的是更改的大小和合并的频率。

应始终遵循以下规则：

- 始终基于主分支派生主题分支（基于主干）。
- 如果正在处理复杂的功能，请确保至少每天提交一次（使用功能标记）。
- 如果改动很简单，只需要改动几行代码，可以让 PR 开放更长时间。但是请检查不要有太多开放的 PR。

有了这些规则，实际使用的工作流就没那么重要了，要选择有用的东西。

本章介绍了 TBD 的优点以及如何将其与 git 工作流一起使用以提高工程速度。

下一章将介绍如何使用左移测试来提高质量，使开发者更加自信地完成发布。

拓展阅读

读者可以参阅以下参考资料来获取本章所涵盖主题的更多信息：

- Forsgren N., Humble, J., and Kim, G. (2018). *Accelerate*: *The Science of Lean Software and DevOps*: *Building and Scaling High Performing Technology Organizations* (1st ed.)

[E-book]. IT Revolution Press.

- 基于主干开发：`https://trunkbaseddevelopment.com`
- Gitflow: *Vincent Driessen* (2010), *A successful Git branching model*: `https://nvie.com/posts/a-successful-git-branching-model/`
- GitLab flow: `https://docs.gitlab.com/ee/topics/gitlab_flow.html`
- *Edward Thomson* (2018). *Release Flow*: *How We Do Branching on the VSTS Team*: `https://devblogs.microsoft.com/devops/release-flow-how-we-do-branching-on-the-vsts-team/`
- *Aman Gupta* (2015). *Deploying branches to GitHub.com*: `https://github.blog/2015-06-02-deploying-branches-to-github-com/`
- GitHub flow: `https://docs.github.com/en/get-started/quickstart/github-flow`
- GitHub CLI: `https://cli.github.com/`

自 信 发 布

第三部分将介绍如何通过将质量保证和安全性融入发布流程，进一步加速并自信地频繁发布。其中包括左移测试和安全性、在生产环境中进行测试、混沌工程、DevSecOps、保护软件供应链和基于环的部署等概念。

本部分包括以下章节：

- 第 12 章　使用左移测试来提高质量
- 第 13 章　左移安全和 DevSecOps
- 第 14 章　代码保护
- 第 15 章　保护部署

第 12 章 |
Chapter 12

使用左移测试来提高质量

测试和质量保证（QA）仍然是阻碍大多数公司进行 DevOps 实践的困难之一。本章将仔细研究 QA 和测试在开发速度方面所起的作用，以及如何进行左移测试。

本章包括如下主题：

- 利用测试自动化进行左移测试
- 根除不稳定的测试
- 代码覆盖率
- 右移——在生产中测试
- 故障注入和混沌工程
- 测试与合规性
- GitHub 中的测试管理

利用测试自动化进行左移测试

如果开发者实行敏捷开发并尝试频繁交付，那么手动测试不是一种可扩展的选择。即使开发者没有实行 CI/CD，仅按照迭代周期进行交付，运行所有必要的回归测试也将花费大量的人力、时间和金钱。但是，做好测试自动化并不是一件容易的事情。例如，由 QA 部门或外包实体构建和维护的自动化测试与更快的工程速度没有相关性（Forsgren N.、Humble J. 和 Kim G.，2018，第 95 页）。为了注意到对工程速度的影响，开发者需要由团队创建和维护的可靠测试。这背后的理论是，如果开发者维护测试会产生更多可测试的代码。

每个人都认为一个好的测试组合应该是：开发者有一个自动化单元测试的大基础（0 级），较少的集成测试（1 级），一些需要测试数据的集成测试（2 级），以及很少的功能测试（3 级）。这就是所谓的测试金字塔（见图 12-1）。

图 12-1　测试金字塔

　　然而在大多数公司中，测试组合并不是这样的。有时会有一些单元测试，但大多数测试仍处于很高的水平（见图 12-2）。

　　这些高水平测试可能是自动的，也可能是手动的。但是仍然不是一个能帮助开发者持续高质量发布的测试组合。为了实现持续的质量，开发者必须将测试左移（见图 12-3）。

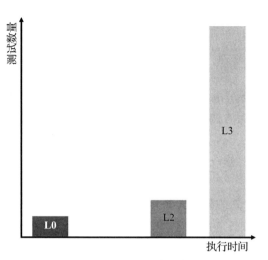

图 12-2　测试组合示例　　　　　　　　　　图 12-3　左移测试

这不是一件容易的任务。以下是一些有助于左移测试的原则：

- **所有权**：团队负责 QA，测试与代码共同开发——最好是采用测试优先的方法。QA 工程师应该也在这个团队中。
- **左移**：测试应该总是编写在尽可能低的层次上。
- **编写一次，到处执行**：测试应该在所有的环境中执行，甚至在生产环境中执行。
- **测试代码就是生产代码**：适用于正常代码的质量标准同样适用于测试代码。这不允许走捷径。
- **谁编写谁测试**：开发者需要对代码质量负责，而且必须保证所有的测试都到位以确保质量。

2013 年，一份描述 QA 角色转变的测试宣言指出（Sam Laing，2015）：

- 贯穿始终的测试胜过最后的测试。
- 预防错误胜过发现错误。
- 测试理解胜过检查功能。
- 建立最好的系统胜过破坏系统。
- 团队对质量的责任胜过测试人员的责任。

这听起来很容易，但事实并非如此。开发者必须学会像测试人员那样思考，测试人员必须像工程师那样思考。向人们展示愿景并确立变革的可持续性并不是一件容易的事情。

测试驱动的开发

测试自动化的关键是拥有一个可测试的软件架构。为了得到这样一个架构，开发者必须尽可能早地开始——也就是说，在内循环中编写代码时就开始测试。

测试驱动开发（Test-driven development，TDD）是一个软件开发过程，开发者先写自动化测试，然后写使得测试通过的代码。此过程已经存在了 20 多年，其质量优势已经在不同研究中得到证明。TDD 不仅对花费在测试上的时间和整体代码质量有很大影响，也对可靠和可测试的软件设计有很大影响。这就是它也被称为测试驱动设计的原因。

TDD 很简单。其步骤如下：

1. **添加或修改一个测试**：始终从编写测试开始。在写测试的时候，开发者设计代码会是什么样子。有时开发者的测试将无法编译，因为所调用的类和函数还不存在。大多数开发环境支持从测试中直接创建必要的代码。一旦代码编译完成，测试就可以执行，这一步就完成了。测试应该是失败的。如果测试通过了，修改或重写一个新的测试，直到它失败为止。

2. **运行所有测试**：运行所有测试，并验证只有新的测试失败。

3. **编写代码**：编写一些简单的代码使测试通过。始终运行所有测试，检查测试是否通过。在这个阶段，代码不需要很漂亮，走捷径是被允许的，只要让测试通过即可。糟糕的代码会让开发者知道下一步需要什么样的测试来确保代码变得更好。

4. **所有测试通过**：如果所有测试都通过了，开发者有两个选择——编写一个新的测试或者修改现有的测试。除此之外，开发者也可以重构代码和测试。

5. **重构**：重构代码和测试。因为开发者有一个可靠的测试工具，所以可以进行比没有 TDD 时更极端的重构。确保在每次重构后都运行所有的测试。如果一个测试失败，撤销最后一步并重试，直到重构步骤后测试继续通过。成功重构之后，开发者可以用一个新的失败测试开始一个新的迭代。

图 12-4 展示了 TDD 周期。

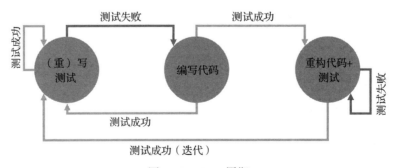

图 12-4　TDD 周期

一个好的测试遵循以下模式：

- **安排**：为测试和被测系统本身设置必要的对象——通常，这是一个类。开发者可以使用 mock 和 stub 来模拟系统行为。
- **行动**：执行开发者想测试的代码。
- **断言**：验证结果，确保系统处于期望的状态，并确保该方法使用正确的参数调用了正确的方法。

每个测试都应该是完全自主的——不应该依赖于被之前的测试所操纵的系统状态，并且可以独立执行。

TDD 也可以用于结对编程。这被称为乒乓配对编程。在这种形式的结对编程中，一个开发者编写测试，另一个开发者编写通过测试的代码。对于结对编程来说，这是一个很好的模式，也是向年轻同事传授 TDD 好处的好方法。

TDD 已经存在了很久，使用它的团队获得了很多益处——然而作者也遇到过很多没有使用它的团队。一些人不使用它是因为他们的代码运行在嵌入式系统上，而另一些人不使用它是因为他们的代码依赖于难以模拟的 SharePoint 类。但这些都是借口，可能有一些无法测试的底层代码，开发者编写逻辑时总是可以先测试它。

管理测试组合

有了 TDD，开发者应该很快就能得到一个可测试的设计。即使在既有系统中，自动化测试的数量也会快速增长。问题在于测试质量通常不是最优的，而且随着测试组合的增加，执行时间往往会变得非常长，并且测试结果可能是不确定的（不稳定的）。最好是有较少的、质量较高的测试。长时间的执行阻碍了快速发布，而不稳定的测试用例会产生不可靠的质量信号，并降低对测试套件的信任（见图 12-5）。随着团队中 QA 的日益成熟，测试套件的质量不断提高——即使测试数量在第一个峰值之后有所减少。

要积极管理测试组合，开发者应该为测试定义基本规则，并不断监测测试的数量和执行时间。我们以 Microsoft 团队在测试组合中使用的分类法为例。

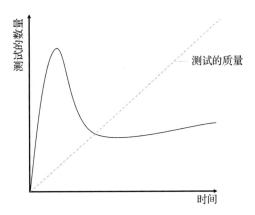

图 12-5　自动化测试的数量和质量

单元测试（0 级）

首先拥有没有外部依赖和不需要部署的内存单元测试。这类测试应该很快，平均执行时间少于 60 毫秒。单元测试与被测代码位于同一位置。

使用单元测试，开发者不能改变系统的状态（比如文件系统或注册表），不能查询外部数据源（Web 服务和数据库），也不能改变互斥体、信号量、秒表和 Thread.sleep 操作。

集成测试（1级）

这个级别涉及更复杂需求的测试，这些测试可能依赖于轻量级的部署和配置。测试仍然应该非常快，每个测试必须在两秒内完成。

使用集成测试时，不能依赖于其他测试或存储大量数据。开发者也不能在一个程序集中有太多测试，否则会阻止测试并行执行。

带数据的功能测试（2级）

功能测试针对具有测试数据的可测试部署运行。对系统（如身份验证提供者）的依赖可以无存根，并允许使用动态身份。这意味着每个测试都有一个独立的身份，测试可以针对部署并行执行，而不会相互影响。

生产测试（3级）

生产测试针对生产环境运行，需要完整的产品部署。

这只是一个示例，开发者的分类法可能会根据所用的编程语言和产品而有所不同。

如果开发者已经定义了分类法，就可以设置报告并开始转换测试组合。首先要确保容易编写和执行高质量的单元测试以及集成测试。然后，开始分析遗留测试（手动的或自动化的）并检查哪些可以丢弃。将其他的转换成好的功能测试（2级）。最后一步是为生产编写测试。

Microsoft 团队最初有 27 000 个遗留测试（用橙色表示），在 42 个迭代周期（126 周）内将这些测试数量减少到了 0。大多数测试都被单元测试所取代，有些被功能测试所取代。许多被简单地删除了，但是单元测试稳步增长，最终超过 40 000 个（见图 12-6）。

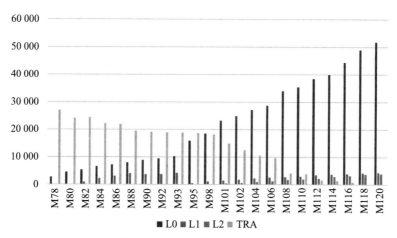

图 12-6　测试组合随时间的变化

左移可以使测试更加快速和可靠，读者参阅本章末的拓展阅读部分可以得到更多关于微软团队如何左移他们的测试组合的内容。

根除不稳定的测试

非确定性或不稳定的测试是指在相同的代码下有时通过，有时失败的测试（Martin Fowler，2011）。不稳定的测试会破坏开发者对测试组合的信任。这可能会导致团队忽略红色测试结果，或者开发者停用测试，从而降低测试组合的覆盖范围和可靠性。

有很多原因导致测试不稳定。通常情况下是由于缺乏隔离性导致的。许多测试在机器上的同一进程中运行，所以每次测试都必须找到并保留系统的干净状态。另一个常见的原因是异步行为。测试异步代码有一定挑战，因为开发者永远不知道异步任务是以何种顺序执行的。其他原因可能包括资源泄露或对远程资源的调用。

用不同的方法来处理不稳定的测试：

- **重试失败的测试**：一些框架允许重试失败的测试。有时，开发者甚至可以配置更高级别的隔离。如果一个测试在重新运行时通过了，它就被认为是不可靠的，开发者应该使用 git blame 提交一个可靠性缺陷报告。
- **可靠性运行**：开发者可以在代码经过成功构建的情况下执行工作流。如果测试失败，那么说明有可能存在不稳定的问题，开发者可以使用 git blame 提交一个可靠性缺陷报告。

一些公司会隔离一些不稳定的测试，但是这也让开发者无法收集额外的数据，因为测试无法运行。最好的做法是继续执行不稳定的测试，但是将它们从报告里删除。

如果读者想了解 GitHub 或者谷歌如何处理不稳定的测试，请阅读 Jordan Raine，2020 或 John Micco，2016。

代码覆盖率

代码覆盖率是一个度量标准（百分比），计算测试调用的代码元素的数量除以代码元素的总数。代码元素可以是任何东西，常见的是代码行、代码块或函数。

代码覆盖率是一个重要的指标，因为它向开发者展示了代码中哪些部分没有被测试套件覆盖。作者喜欢在完成代码更改之前查看代码覆盖率，因为经常忘记为边缘情况（如异常处理）或更复杂的语句（如 lambda 表达式）编写测试。在开发者编写代码的时候添加这些测试是没有问题的——因为稍后再添加它们会困难得多。

但是开发者不应该关注绝对数字，因为代码覆盖率本身并不能说明测试的质量。高质量测试中 70% 的代码覆盖率优于低质量测试中 90% 的代码覆盖率。根据开发者使用的编程语言和框架，可能会有一些测试工作量很大但价值很低的底层代码。通常，开发者可以从代码覆盖率计算中排除该代码，这就是为什么代码覆盖率的绝对值是有限的。然而，随着时间的推移，度量每条流水线中的价值并关注新代码有助于提高自动化测试的质量。

右移——在生产中测试

如果开发者从自动化测试开始，将会很快看到测试质量的提高和工程师调试工作的减少。但是在某个时候，开发者必须大大增加工作量才能看到质量上的显著影响。另一方面，测试执行所需的时间会减缓发布流程，尤其是当开发者将性能测试和负载测试添加到组合中时（见图 12-7）。

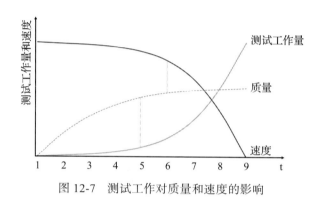

图 12-7　测试工作对质量和速度的影响

如果开发者的流水线运行超过 24 小时，一天内不可能多次发布！流水线执行时间的增加还会降低在生产中出现问题时快速前滚和部署修复的能力。

解决这个问题的方法很简单：将一些测试右移到生产中。开发者在生产中运行的所有测试都不会影响快速发布的能力，并且不需要性能测试或负载测试，因为代码已经有了生产负载。

然而，在生产环境中进行测试有一些前提条件，这些条件可以提高性能质量，而不是降低它。

健康数据和监测

如果要在生产环境中进行测试，开发者必须时刻关注应用程序的健康状况。这不仅局限于正常的日志记录。开发者需要深入了解应用程序是如何运行的。一个好的做法是让测试代码调用所有相关的系统——比如数据库、Redis 缓存或相关的 REST 服务，并让这些测试对日志记录解决方案可用。这样，开发者就可以获得一个持续的心跳，表明所有的系统都已启动、运行并协调工作。如果测试失败，警报器会立即通知团队出现问题。开发者还可以自动化这些警报，并让它们触发某些功能，比如激活断路器。

断路器

断路器是一种模式，它防止应用程序重复尝试执行可能失败的操作，允许应用程序继续改变功能，而不必等待失败的操作成功（参见 Michael Nygard，2018）。

功能标记和金丝雀发布

开发者不想在生产中进行测试产生错误，导致所有客户无法使用。这就是为什么开发者需要功能标记、金丝雀发布、基于环的部署，或这些技术的混合（见第 9 章和第 10 章）。重要的是要逐渐暴露这些更改，以便在发生停机时不会破坏整个生产环境。

业务连续性和灾难恢复

生产中的另一种测试形式是业务连续性和灾难恢复（BCDR）或故障转移测试。产品的每个服务或子系统都应该有一个 BCDR，并且定期进行 BCDR 演习。如果系统停机，没有什么比灾难恢复不起作用更糟糕的了。只有定期测试，开发者才知道它是否正常工作。

探索性测试和可用性测试

自动化测试并不意味着开发者应该完全放弃手动测试。但手动测试的重点从验证功能和手动执行回归测试转向了可用性、快速和高质量反馈以及使用结构化测试方法难以发现的错误。

探索性测试是由 Cem Kaner 在 1999 年提出的（Kaner C.、Falk J.、H. Q. Nguyen，1999）。这是一种同时关注发现、学习、测试设计和执行的测试方法。它依赖个体测试人员来发现在其他测试中不容易发现的缺陷。

有许多工具可以促进探索性测试。它们会帮助开发者记录会话，获取带注释的屏幕截图，并且通常允许开发者从已经执行的步骤中创建一个测试用例。一些扩展集成了 Jira（如 Zephyr 和 Capture），还有些浏览器扩展（如 Azure Test Plans 的测试和反馈客户端）。如果在独立模式下使用，后者是免费的。这些工具为开发者提供了利益相关者的高质量反馈——不仅仅是在发现的缺陷方面。

收集反馈的其他方法包括使用**可用性测试**技术——如走廊测试或游击式可用性测试——通过对新的、没有偏见的用户进行测试来评估开发者的解决方案。A/B 测试是可用性测试的一种特殊形式，第 19 章将对其进行详细介绍。

重要的一点是，所有这些测试都可以在生产环境中执行。开发者不应该在 CI/CD 流水线中有任何手动测试。快速发布并允许在生产环境中进行手动测试，可以使用功能标志和金丝雀发布。

故障注入和混沌工程

如果开发者想提高生产中的测试水平，可以尝试使用故障注入（也称为混沌工程）。这意味着开发者将故障注入生产系统中，以观察它在压力下的行为，以及故障转移机制和断路器是否工作。可能的故障包括 CPU 负载、高内存使用率、磁盘 I/O 压力、磁盘空间不足，或者服务甚至整个机器被关闭或者重新启动。其他可能性包括进程被终止、系统时间被更改、网络流量被丢弃、延迟被注入以及 DNS 服务器被阻塞。

实践混沌工程使系统具有弹性。开发者不能将其与传统的负载或性能测试相提并论！

不同的工具可以帮助开发者进行混沌工程。例如 Gremlin（https://www.gremlin.com/）是一个基于代理的 SaaS 产品，支持大多数云提供商（Azure、AWS 和 Google Cloud）和所有操作系统。它也可以和 Kubernetes 一起使用。Chaos Mesh（https://chaos-mesh.org/）是专门为 Kubernetes 开发的开源解决方案。Azure Chaos Studio（https://azure.microsoft.com/en-us/services/chaos-studio）是一个专门针对 Azure 的解决方案。哪种工具最适合开发者取决于其支持的平台。

混沌工程非常有效，并使系统具有弹性，但它应该仅限于对客户影响很小或没有影响的金丝雀环境。

测试与合规性

大多数合规标准，如汽车行业的 ISO26262 或制药行业的 GAMP，都遵循 V-Model 开发流程。V-Model 要求分解用户和系统需求，并在不同的细节层次上创建规范。这是 V-Model 的一方面。它还要求验证所有级别，以确保系统满足要求和规格。这是 V-Model 的另一方面。两方面都可以在图 12-8 中看到。

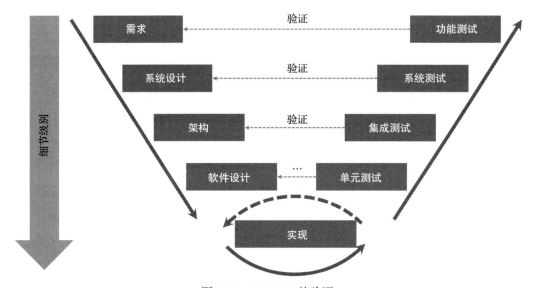

图 12-8   V-Model 的验证

这个模型必须与风险分析相结合，在每个细节层面都要进行风险分析。许多文件必须在发布阶段签署。这导致了一个缓慢的瀑布式流程，其中包含很长的规范、开发和发布阶段。

但是这些标准是基于良好的实践——如果开发者的实践比标准中的更好，可以在审核中证明这一点。这些标准不要求开发者手动进行验证，也没有对各阶段的时间做出规定。解决方案是自动化所有的验证逻辑，并在开发者修改测试时的 Pull Request 将批准作为代码审阅添加进来（左移）。不能自动化的测试必须转移到生产中（右移）。这样，开发者就可以自动化整个 V-Model，并在一天中多次运行它：

1. 添加或修改需求（例如一个 issue）。

2. 创建一个 Pull Request，并将其链接到这个 issue。

3. 在存储库中修改系统设计和架构（例如在 Markdown 中），或者在 Pull Request 中声明不需要修改。

4. 编写单元测试（这是开发者的软件设计）和要实现的代码。

5. 编写或修改功能、系统和集成测试。

6. 确保所有必要的角色都审批了 Pull Request，并确保如果推送了新更改，则审批已过期。

7. 将所有的更改发布到生产环境中，并运行最终测试。

开发者也可以用代码来管理风险。这样，开发者可以将它们集成到自动化过程中。如果没有，开发者仍然可以将文档附加到 issue 中。这样，开发者就可以对所有的变更、所有必要的审批以及所有完成的验证步骤进行端到端的可追溯性。而且，开发者仍然可以快速迭代，定期发布到生产中。

GitHub 中的测试管理

遗憾的是，GitHub 没有很好的方法来跟踪测试运行和代码覆盖率，也不能帮助开发者监测或隔离不稳定的测试。开发者可以将测试作为工作流的一部分来执行，并且可以将结果反馈回来，但是对报告来说，开发者必须依赖测试工具。

Testspace（https://www.testspace.com/）是一个与 GitHub 集成良好的解决方案。它是由 SaaS 提供商提供的，并且对开源项目免费。设置它很简单，只需要从 Marketplace（http://github.com/marketplace/testspace-com）安装扩展即可，选择想要的计划，并授予对存储库的访问权限。然后，将以下步骤添加到开发者的工作流中：

```
- uses: testspace-com/setup-testspace@v1
  with:
    domain: ${{github.repository_owner}}
```

如果开发者的存储库是私有的，那么必须在 Testspace 中创建一个 token，并将其作为该步骤的密钥加入该步骤中：`token: ${{ secrets.TESTSPACE_TOKEN }}`。

接下来，在执行测试的步骤之后，开发者必须添加一个步骤来将测试和代码覆盖率结果推送到 Testspace。开发者可以使用 glob 语法来指定动态文件夹中的文件。即使发生了错误（if：'!cancelled()'），也要确保执行了该步骤：

```
- name: Push test results to Testspace
  run: |
    testspace **/TestResults.xml **/coverage.cobertura.xml
  if: '!cancelled()'
```

Testspace 提供可靠的检测方法来检测不稳定的测试。它有一个 Build Bot，如果有新的结果到来，会给开发者发送通知，开发者可以通过回复邮件对结果进行评论（见图 12-9 ）。

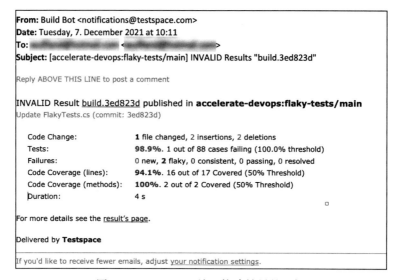

图 12-9　Testspace 关于构建结果的通知

它会自动将检查集成到 pull request 中（见图 12-10 ）。

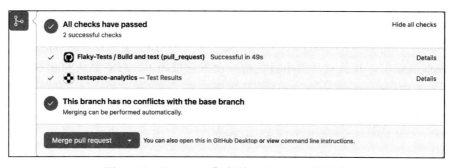

图 12-10　Testspace 集成到 pull request 检查中

Testspace 的用户界面看起来并不美观，但它有非常丰富的报告和大量功能（见图 12-11 ）。

如果开发者还没有一个测试管理的解决方案，可以试试 Testspace。如果已经有了，那么将它整合到工作流中应该很简单。

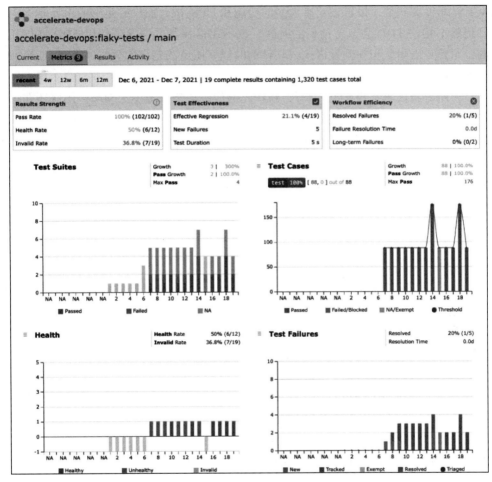

图 12-11　丰富的测试指标报告

案例研究

Tailwind Gears 的两个试点团队实现了更快的交付周期和部署频率，这要归功于已经应用的 DevOps 实践。恢复的平均时间也大为改善，业务发布流水线有助于更快地发送修复程序。然而，变化失败率却下降了。更频繁地发布也意味着更多的部署失败，并且很难找到代码中的错误。来自自动化测试套件的质量信号并不够可靠，修复一个漏洞往往会在另一个模块中引入其他漏洞。应用程序中的许多部分仍然需要手动测试，但是团队中只有一名 QA 工程师，这是不可取的。因此，这些部分中的一些已经被 UI 测试所取代，而另一些则被删除了。

为了评估测试组合，团队必须引入测试分类，并在它们的流水线中纳入报告。团队中的 QA 工程师负责分类，报告显示有太多的功能和 UI 测试，而没有足够的单元测试。许多工程师仍然不相信 TDD 会节省他们的时间，也不相信在某些情况下使用 TDD 进行开发是可行的，尤其是当团队正在开发嵌入式软件的时候。团队决定一起预定一个 TDD 培训课程来学习和实践 TDD。

之后，所有新代码都用 TDD 编写，新代码的代码覆盖率至少为 90%。团队还在每次迭代中花费 30% 的时间来根除不稳定的测试和重写较低层次的测试。

为了发现不稳定的测试，团队在绿色测试的流水线上运行可靠性测试。不稳定的测试具有最高优先级。之后，团队挑选执行时间最长的测试，并决定对每个测试做什么。有些测试被转换成集成测试，大多数测试则被转换成单元测试。一些测试可以被删除，因为它们不会带来额外的价值。

探索性测试完全取代了结构化的手动测试。如果在这些会话中发现了什么问题，那么在修复之前会创建一个单元测试。

运行 Web 应用程序的团队还包括一个新的测试类别，其中包含在生产环境中执行的测试。他们实施应用程序性能监控并收集许多指标，以便了解应用程序在所有环境中的运行状况。他们还在每次迭代中执行第一次 BCDR 训练，以开始生产和混沌工程中的测试。

总结

本章学习了如何通过测试自动化将测试左移，然后在生产和混沌工程中将测试右移来加速软件交付。开发者可以快速发布，并且不会在质量方面做出妥协。最后介绍了如何管理测试组合，根除不可靠的测试，并通过故障注入和混沌工程使应用程序更有弹性。

下一章将介绍如何将安全性和实现 DevSecOps 实践转移到开发过程中。

拓展阅读

本章使用了以下参考资料来帮助读者了解有关这些主题的更多信息：

- Forsgren N., Humble, J., & Kim, G. (2018). *Accelerate*: *The Science of Lean Software and DevOps*: *Building and Scaling High Performing Technology Organizations* (1st ed.) [E-book]. IT Revolution Press.
- Eran Kinsbruner (2018), *Continuous Testing for DevOps Professionals*: *A Practical Guide From Industry Experts* (Kindle Edition). CreateSpace Independent Publishing Platform.
- Sam Laing (2015), *The Testing Manifesto*, `https://www.growingagile.co.za/2015/04/the-testing-manifesto/`
- Wolfgang Platz, Cynthia Dunlop (2019), *Enterprise Continuous Testing*: *Transforming Testing for Agile and DevOps* (Kindle Edition), Independently published.

- Tilo Linz (2014): *Testing in Scrum* (E-book), Rocky Nook.
- Kaner C., Falk J., H. Q. Nguyen (1999), *Testing Computer Software* (2nd Edition) Wiley.
- Roy Osherove (2009), *The Art of Unit Testing* (1st edition), Manning.
- Martin Fowler (2007), *Mocks Aren't Stubs* `https://martinfowler.com/articles/mocksArentStubs.html`
- Müller, Matthias M.; Padberg, Frank (2017). *About the Return on Investment of Test-Driven Development* (PDF). Universität Karlsruhe, Germany.
- Erdogmus, Hakan; Morisio, Torchiano (2014). *On the Effectiveness of Test-first Approach to Programming*. Proceedings of the IEEE Transactions on Software Engineering, 31(1). January 2005. (NRC 47445).
- 左移测试可加速测试并提高可靠性：`https://docs.microsoft.com/en-us/devops/develop/shift-left-make-testing-fast-reliable`
- Martin Fowler (2011), *Eradicating Non-Determinism in Tests*, `https://martinfowler.com/articles/nonDeterminism.html`
- Jordan Raine (2020). *Reducing flaky builds by 18x*. `https://github.blog/2020-12-16-reducing-flaky-builds-by-18x/`
- John Micco (2016). *Flaky Tests at Google and How We Mitigate Them*. `https://testing.googleblog.com/2016/05/flaky-tests-at-google-and-how-we.html`.
- 在生产中将测试右移：`https://docs.microsoft.com/en-us/devops/deliver/shift-right-test-production`
- Michael Nygard (2018). *Release It! Design and Deploy Production-Ready Software* (2nd Edition). O'Reilly.

第 13 章 | Chapter 13

左移安全和 DevSecOps

在美国联邦调查局互联网犯罪投诉中心报告的网络犯罪造成的损失总额已经达到历史最高水平：从 2019 年的 35 亿美元增加到 2020 年的 41 亿美元（IC3，2019 和 2020）。这一趋势在过去几年里一直呈现强劲增长（见图 13-1）。

受影响的企业包括初创企业和财富 500 强企业。受影响的科技巨头包括 Facebook、Twitter、T-Mobile 和 Microsoft，以及旧金山国际机场等公共机构或像 FireEye 这样的安全企业。没有一家企业能声称网络犯罪对他们没有威胁！

本章将更广泛地探讨安全在开发中的作用，以及如何将其融入开发流程，并实现零信任文化。

本章包括如下主题：

- 左移安全
- 假设攻击、零信任和安全第一的思维方式
- 攻击模拟
- 红队 – 蓝队演习
- 攻击场景
- GitHub Codespaces

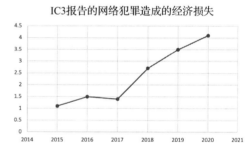

图 13-1　IC3 报告的由网络犯罪造成的经济损失

左移安全

在传统的软件开发中，安全性通常被处理在下游阶段：当软件准备发布时，安全部门或外部企业会进行安全审查。这种方法的问题在于，在那个时间点上很难解决架构问题。一般来说，越晚修复安全漏洞，成本就会越高；而如果不修复漏洞，成本可能会达到数百万，这

可能导致一些企业破产。在开发生命周期中越早修复安全漏洞，成本就越低（见图 13-2）。

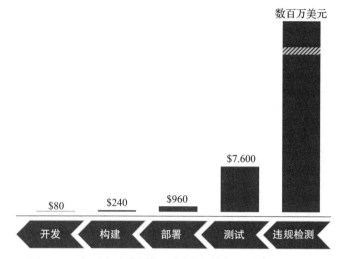

图 13-2　在开发生命周期不同阶段修复安全漏洞的成本

这就是左移安全（shift-left security）：将安全性融入开发生命周期，使其成为所有活动的重要组成部分。问题在于，现在没有足量的安全专家能够加入每个工程团队。将安全向左转移是通过教育工程师和创造安全第一的思维方式来实现的。

假设攻击、零信任和安全第一的思维方式

传统的安全方法是预防漏洞。最重要的措施如下：

- **信任层**：内部网络被认为是安全的，并由防火墙进行保护。仅允许企业拥有的设备和虚拟专用网络（VPN）隧道访问网络。公共互联网是不可信的，而在两者之间是"非军事区"（DMZ）。
- **风险分析**：使用威胁建模进行风险分析
- **安全审核**：由安全专家进行的架构和代码审核。
- **安全测试**：具有特定范围的外部安全测试。

但是通过防范攻击的方法，基本上不能回答一个企业是否已经遭受攻击。在 2012 年的一次采访中，前国家安全局（NSA）和中央情报局（CIA）主管迈克尔·海登将军说：

> "从根本上讲，如果有人想侵入，他们就会侵入。"

这是假设攻击范式的基础：企业很可能已经遭受了攻击，无论开发者是否知晓。始终假设企业已经遭到入侵，这种思考方式可以识别防范攻击方法中的漏洞。开发者如何做到以下几点：

- 如何检测攻击和入侵?
- 如何对攻击做出反应?
- 如何从数据泄露或篡改中恢复?

这导致了安全措施的转变,增加了全新的重点。采用"假设攻破"范式后,需要实施以下措施:

- 使用集中的安全监控或安全信息和事件管理(SIEM)系统来检测异常。
- 持续的现场测试事件响应(IR)(火灾演练)。
- 通过战争游戏(红队–蓝队演习)来检测漏洞,提高意识,学会像攻击者一样思考,并训练响应。
- 进行现场渗透测试,包括网络钓鱼、社交工程和物理安全等复杂的攻击模拟。
- 不要信任身份和设备,即使在内部网络中(零信任)。

如果企业安全主要基于层次结构,一旦黑客通过网络钓鱼、社交工程或物理攻击进入网络,他们就可以轻易地推进。在可信网络中,开发者通常会发现大多数系统中存在未受保护的文件共享、未经安全套接层(SSL)保护且未打补丁的服务器、弱密码和使用单因素认证(SFA)的情况。在以云为先的世界中,这是毫无意义的。

采用零信任访问到服务时,应始终验证身份,例如,通过多因素身份验证(MFA),验证参与交易的设备、访问和服务的身份。图 13-3 展示了如何为服务实现零信任访问的示例。

图 13-3 企业服务的零信任访问

如果企业使用软件即服务(SaaS)云服务,可能已经熟悉了零信任。用户必须使用MFA 进行身份验证,但可以信任浏览器和设备以获得更多的舒适性。如果旅行至外地,用户会收到通知或必须批准来自不寻常位置的登录请求。如果用户安装第三方应用程序,则必须授予应用程序访问信息的权限,并且可能不允许从公共的、不受信任的设备访问高度机密的信息。

零信任意味着对所有服务应用相同的原则，独立于用户是否从内部网络访问它们。

攻击模拟

为了在发生安全事件时知道如何应对，应该定期进行演习，练习标准操作规程（SOP）并提高响应速度。就像人们在办公室进行消防演习一样，如果不进行这些演习，就不知道在真正的火灾事件中企业的安全措施是否真正有效。

开发者应该尝试提高以下指标：

- 发现攻击平均时间（Mean Time To Detect，MTTD）
- 恢复平均时间（Mean Time To Recover，MTTR）

在这样的演习中会模拟一个攻击场景，练习企业的 IR 流程，并对演习的教训进行事后总结。

以下是一些攻击场景的示例：

- 服务被攻陷
- 内部攻击者
- 远程代码执行
- 恶意软件爆发
- 客户数据泄露
- 拒绝服务（DoS）攻击

进行这些演习将使开发者有信心保证 SOP 有效，并在发生真正的安全事件时快速高效地应对。

红队 – 蓝队演习

红队 – 蓝队演习是一种特殊形式的演习，也被称为战争游戏。两支拥有内部知识的团队相互对抗。红队是攻击方，试图访问生产系统或者窃取用户数据，而蓝队则负责防御攻击。如果蓝队检测到攻击并能阻止攻击，则蓝队获胜。如果红队有证据表明他们能够访问生产系统或者窃取用户数据，则红队获胜。

团队组成

与普通的攻击模拟不同的是，红队 – 蓝队演习团队对自己的系统有更深入的了解，因此更容易发现漏洞。相比于其他降低安全风险的措施，红队 – 蓝队演习是最复杂的攻击之一，具有最深入的洞察力（参见图 13-4）。

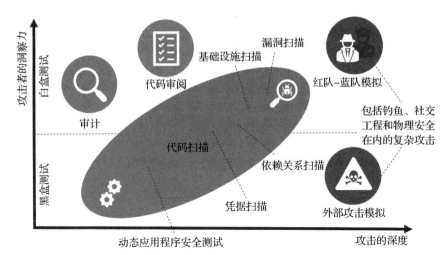

图 13-4   由攻击者的洞察力和攻击深度降低风险

团队应该由不同的组织单位混合组成,不要仅仅选取一支红队和一支蓝队,团队的构成是游戏成功的关键。

对于红队,应该做到以下几点:

- 使用来自不同团队的有创造力的工程师,他们已经对安全感兴趣。
- 加入在组织内拥有经验的安全专家,或寻求外部支持。

对于蓝队,应该做以下准备:

- 选择拥有日志记录、监控和网站可靠性方面经验的操作工程师。
- 添加掌握有网络安全和身份验证方面知识的工程师。

两个团队都应该有寻求专家帮助的可能性。例如,当红队需要编写一个结构化查询语言(SQL)语句来执行复杂的 SQL 注入攻击时,他们可以向数据库管理员(DBA)团队寻求帮助;或者,当蓝队需要内部信息以了解应用程序的工作方式或需要应用程序记录额外的数据时,可以直接与构建和维护应用程序的团队联系。

游戏规则

游戏的主要目标是所有参与者共同学习——学习如何像攻击者一样思考,学习如何检测和应对事件,并学习哪些漏洞存在于企业中可以被利用。第二个目标是有趣。就像黑客马拉松一样,这个演习应该是一个团队建设活动,对所有参与者来说都是有趣的。

但是为了成功而不伤害任何人,需要为游戏制定一些基本规则。

持续时间

红队 - 蓝队演习可以持续数天、数周,甚至数月。选择攻击可能发生的时间段和攻击本身的持续时间。一个好的起点是 3 周准备时间和 3 天攻击。并根据需要调整时间。

准则和规则

为了使练习成功，必须建立一些规则和参与者必须遵守的行为准则，如下所述：

- 两个团队都不能造成实际伤害。这也意味着红队不应做过多的事情来实现他们的目标，物理攻击应遵循常识（不要骚扰或威胁任何人，不要从同事那里偷钥匙或工作牌等）。
- 不要暴露被攻破人的名字。
- 不要为付费客户造成停机或侵犯其数据！
- 被攻破的数据必须加密存储和保护，并且不会暴露给真正的攻击者。
- 不能削弱生产系统的安全性以使客户面临风险。例如，如果红队可以修改源代码以禁用所有生产系统的身份验证，则可以在代码中留下注释并在部署完成时宣称胜利。但是不能禁用真正客户正在使用的生产系统的身份验证。

这可能看起来很合理，但对于极具竞争性的团队而言，他们可能会在游戏中失控。最好表明显而易见的事实，并制定一些基本规则。

交付内容

在游戏结束时，团队要交付以下内容：

- 必须修复的漏洞清单。必须立即修复关键漏洞。
- 改善取证和分析能力的事项清单。
- 针对整个组织的关于演习所学内容的公开报告。

记住要让所有人都不承担责任，不要暴露被攻破者姓名。

从哪里开始

很多人认为红队－蓝队演习只适用于成熟度非常高的企业，但红队－蓝队演习对每个企业来说都是创建意识、学习和成长的好方法，特别是当他们仍在防止入侵并认为他们的企业内部网络很安全的时候。如果成熟度水平不是很高，攻击就更容易。如果成熟度非常高，则攻击会更加复杂，并且在不造成真正伤害的情况下成功攻击变得更加困难。

作者更喜欢红队－蓝队演习而不是普通的攻击模拟，因为它们更有趣，也是更好的学习方式。如果不知道从哪里开始，可以寻求外部帮助。

如果在第一次演习中发现了很多问题，并且红队很容易获胜，企业可能需要考虑更频繁地进行这些演习。如果不存在这种情况，每年一次是比较好的周期，但这在很大程度上取决于企业的情况。

只需开始第一次演习——其余的就会水到渠成。

攻击场景

在 DevOps 和 DevSecOps 的背景下，大多数人首先想到的攻击场景是使用漏洞［如SQL 注入、跨站脚本（XSS），或内存泄漏（如缓冲区溢出）］在生产系统上执行代码。第14

章将更详细地介绍如何搜索这些类型的漏洞以及如何将其集成到交付流水线中。

但是，存在着更简单的攻击场景，例如以下几种：

- 未受保护的文件共享和存储库。
- 存储在文本文件、配置文件和源代码中的机密信息［例如测试账户、个人访问令牌（PAT）、连接字符串等］。
- 钓鱼攻击。

钓鱼攻击是一种特别容易发动攻击的方式。根据 2021 年的一项研究，19.8% 的钓鱼邮件接收者会在邮件中点击链接，14.4% 的人会下载附件（Terranova 和 Microsoft，2021）。在定期进行钓鱼活动演练的企业中，这些数字或多或少相同。在作者所服务的一家客户企业中，在钓鱼活动演习期间收到电子邮件的员工中，近 10% 的人在点击钓鱼邮件中的链接后输入了他们的凭据！

钓鱼的问题在于一种心理效应，称为提示效应。即使用户大体上知道钓鱼攻击的外观和检测它们的特征，但当用户期望一封邮件或认为邮件属于某个所处的情境时，更有可能不去检查那些特征。一个好的例子是在月末收到一封来自人力资源（HR）部门发出的邮件，声称工资支付出现了问题。由于这是月底，人们期望收到工资，所以这封邮件看起来并不奇怪。用户可能之前也遇到过问题，也可能刚刚检查发现还没有收到钱，邮件还产生了一些紧迫感。如果赶时间，人们可能希望尽快解决这个问题，这样工资就能按时到账。如果有人在月底发送这样一封钓鱼邮件，那么人们在接下来的一个月中就更有可能会点击。另一个例子是共享文档，如果刚刚与一位同事通电话，他说要分享一个文件，人们可能会想为什么他们选择这种方式，但并不怀疑，因为已经在期待收到一个文件了。发送的钓鱼邮件越多，就越有可能有人恰好处于正确的情境中，并且会受到攻击。

一旦攻击者成功入侵第一个受害者并获取了企业凭证或访问受害者的计算机，游戏规则就完全改变了。现在，攻击由一名内部攻击者执行，他们可以从内部地址针对特定企业人员进行攻击。这被称为钓鱼式攻击，极其难以检测。

钓鱼式攻击的理想目标是管理员或工程师。如果企业没有设置最低特权用户权限，攻击者可能已经可以访问生产系统或是域管理员，那么游戏已经结束。但如果他们攻击了一名开发者，他们也有各种选择，如下所述：

- **开发环境**：入侵开发环境是每个攻击者的梦想。大多数开发者都是本地管理员工作，攻击者已经可以找到许多预安装的工具，帮助其进一步攻击。他们可以在文本文件中找到访问各种系统的密钥。或者由于他们是"管理员"，因此可以使用 mimikatz 工具（请参阅 https://github.com/gentilkiwi/mimikatz/wiki），从内存中读取凭据。
- **测试环境**：许多开发者可以作为管理员访问测试环境。攻击者可以登录并使用 mimikatz 窃取其他凭据。
- **修改代码**：通常只需要一行代码即可禁用身份验证。攻击者可以尝试修改代码或更改依赖项的版本，以使用已知漏洞进行攻击。

- **执行脚本：**如果被攻破的开发者可以修改流水线代码或在部署期间执行的脚本，则攻击者可以插入代码，并在部署期间执行。

这就是为什么在工程领域，特别是在安全方面，应特别谨慎的原因。攻击面比组织中大多数其他部门都要大得多。

要从一个被攻陷的账户到域管理员，或至少到达拥有生产访问权限的管理员，可以使用 BloodHound 工具（https://github.com/BloodHoundAD/BloodHound），它支持 Active Directory（AD）和 Azure AD（AAD）并显示所有隐藏的关系：谁在哪些机器上拥有会话、谁是哪个组的成员、谁是某个机器的管理员。

蓝队和红队都可以使用此工具分析 AD 环境中的关系。

GitHub Codespaces

由于开发环境在安全方面存在很大问题，将它们虚拟化并为每个产品提供一个专用机器是个好主意。这样可以实现最小特权用户权限，并且工程师不必在其计算机上使用本地管理员权限进行工作，还可以限制特定产品所需的工具数量并最小化攻击面。

当然，可以使用传统的虚拟桌面基础架构（VDI）映像，但也可以使用一种更轻量级的选项：dev 容器［请参见 https://code.visualstudio.com/docs/remote/containers，它是 VisualStudio Code（VS Code）的扩展，构建在其客户端 – 服务器架构之上］。读者可以将 VS Code 连接到正在运行的容器或实例化一个新实例。完整的配置存储在存储库中（配置为代码），可以与团队共享 dev 容器的相同配置。

一种特殊形式的 dev 容器是 GitHub Codespaces，它是在 Azure 中托管的虚拟开发环境。用户可以选择不同的虚拟机（VM）大小，介于双核 /4GB RAM/32GB 存储和 32 核 /64GB RAM/128GB 存储之间。虚拟机的启动时间非常快。默认映像超过 35GB，启动时间少于 10 秒！

基础镜像包含了开发所需的所有内容，如 Python、Node.js、JavaScript、TypeScript、C、C++、Java、.NET、PHP、PowerShell、Go、Ruby、Rust 和 Jekyll 等。此外还包括了大量的其他开发工具和实用程序，例如 git、Oh My Zsh、GitHub CLI、kubectl、Gradle、Maven 和 vim。在 Codespace 中运行 `devcontainer-info content-url` 命令，并打开它返回的 URL，即可获得所有预安装工具的完整列表。

但用户不必使用基础镜像，可以完全自定义自己的 Codespace 并使用 dev 容器来工作。可以在浏览器中使用 VS Code 或者使用本地的 VS Code 实例或使用终端中的 SSH 来操作 Codespace。如果在 Codespace 中运行应用程序，可以将端口转发到本地机器来进行测试。图 13-5 展示了 GitHub Codespaces 的架构。

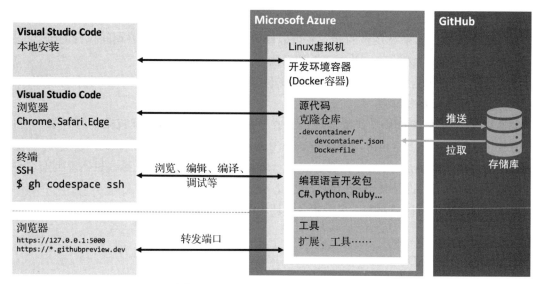

图 13-5　GitHub Codespaces 的架构

用户可以在 Code | Codespaces | New codespace 下打开 https://github.com/wulfland/Accelerate.
DevOps 存储库，如果账户启用了 Git Codespaces（见图 13-6）。该存储库没有开发容器配
置，因此它将加载默认镜像。

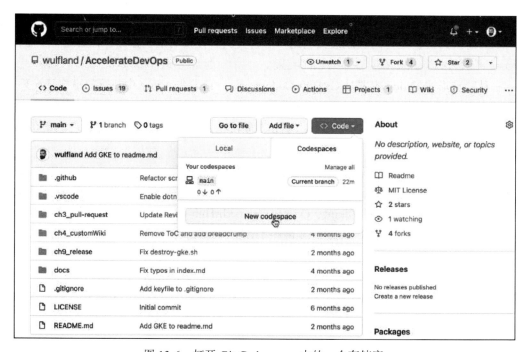

图 13-6　打开 Git Codespaces 中的一个存储库

可以看到已经在主分支上运行了一个 Codespace。与其创建一个新的 Codespace，也可以打开现有的 Codespace。选择 VM 大小（见图 13-7）。

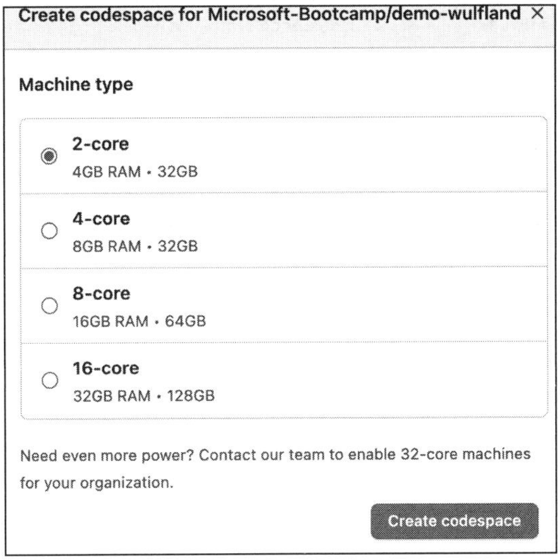

图 13-7　为 Codespace 选择 VM 大小

在终端中，使用以下命令将目录更改为 ch9_release/src/Tailwind.Traders.web，并构建、运行应用程序：

```
$ cd ch9_release/src/Tailwind.Traders.Web
$ dotnet build
$ dotnet run
```

这将启动一个 Web 服务器，监听端口 5000 和 5001。Codespaces 自动检测到此并将端口 5000 转发到本地端口。只需要单击 Open in Browser（在浏览器中打开）即可在本地浏览器中查看在 Codespace 中运行的应用程序（如图 13-8 所示）。

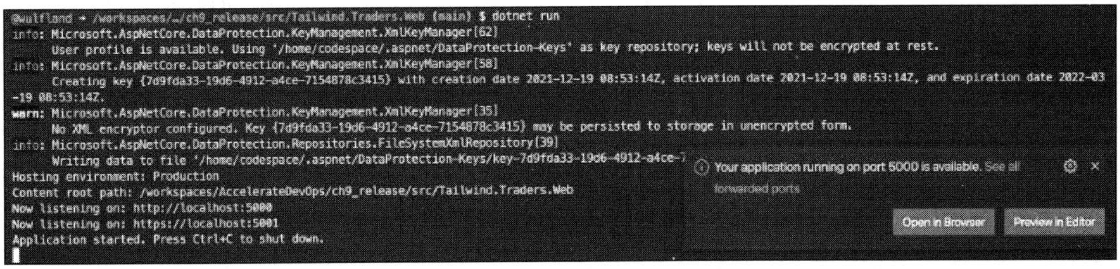

图 13-8　转发一个端口到本地

如果想与同事共享链接，还可以在 PORTS 选项卡中手动添加需要转发的端口，并更改可见性。例如，让他们尝试新功能（见图 13-9）。

图 13-9   在 GitHub Codespaces 中配置端口转发

如果用户希望掌控开发环境，可以在 Codespaces 中创建一个开发容器（dev container）。在 VS Code 中打开命令面板，方法是单击左下角的绿色 Codespaces 按钮，或者在 macOS 环境下，按"Shift+Command+P"组合键，或在 Windows 环境下，按"Ctrl+Shift+P"组合键。选择"Codespaces: Add Development Container Configuration Files"并按照向导选择要安装的语言和功能。向导将在存储库的根目录下创建一个 .devcontainer 文件夹，并在其中创建两个文件：一个是 devcontainer.json 文件，另一个是 Dockerfile 文件。

Dockerfile 文件定义了当初始化代码空间时所创建的容器。Dockerfile 文件可以非常简单——只需要包含一个 FROM 子句即可，指示从哪个基础镜像继承。

在 devcontainer.json 文件中，用户可以传递参数以创建镜像，定义可与所有团队成员共享的 VS Code 设置，使用默认安装的 VS Code 扩展，并运行在容器创建后运行的命令（见图 13-10）。

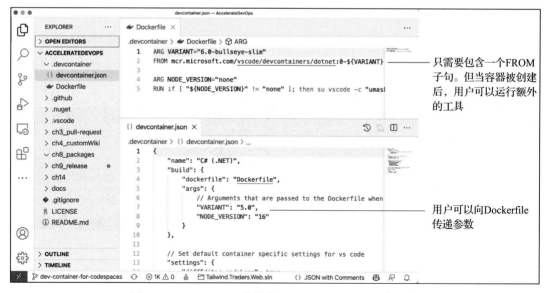

图 13-10   Dockerfile 文件和 devcontainer.json 文件示例

请参考 https://code.visualstudio.com/docs/remote/devcontainerjson-reference 以获取有关如何自定义 devcontainer.json 文件的完整参考文档。

如果用户更改了 Dockerfile 文件或 devcontainer.json 文件，则可以打开命令面板并执行 `Rebuild Container` 以重新构建容器。

如果用户需要在自己的 Codespace 中使用密钥，可以像所有其他密钥一样在组织或存储库级别的"Settings | Secrets | Codespaces"（settings/secrets/codespaces）下创建它们。密钥在 Codespace 容器中作为环境变量可用。如果添加了新的密钥，则必须停止当前的 Codespace，仅重新构建容器是不够的。

当然，GitHub Codespaces 并非免费使用——用户需要为实例的正常运行时间支付费用。使用时间以每日计费，并于每月结算。费率取决于用户选择的 VM 规格（见表 13-1）。

表 13-1　GitHub Codespaces 价格表

CPU	RAM	磁盘	价格
双核	4GB	32GB	$0.18/ 小时
4 核	8GB	32GB	$0.36/ 小时
8 核	16GB	32GB	$0.72/ 小时
16 核	32GB	64GB	$1.44/ 小时
32 核	64GB	128GB	$2.88/ 小时

另外还需要支付每月每 GB 的 0.07 美元的存储费用。

如果关闭了浏览器，Codespaces 不会立即终止。如果它们继续在后台运行，用户可以更快地重新连接，但仍然需要为其付费。默认空闲超时时间为 30 分钟，相当于 4 核机器的 $0.18。这非常便宜，但仍然是一笔花费。如果用户不再需要 Codespaces，应该始终停止它们，可以在 Settings | Codespaces 下更改默认空闲超时时间。

GitHub Codespaces 不仅可以提高安全性，还可以缩短入门时间并提高生产率。GitHub 自己也使用它来进行开发，并将新工程师的入门时间从数天缩短到不到 10 秒！而这个代码库几乎占用 13GB 的磁盘空间，正常情况下需要 20 分钟来克隆（Cory Wilkerson，2021）。

Codespaces 可能并不适合所有产品，但对于 Web 应用程序来说，它是未来，并且将彻底改变我们思考如何管理开发者机器的方式。它还可以帮助用户关闭开发流水线中的安全漏洞，即开发者的本地开发机器。

总结

本章介绍了安全对开发过程的重要性，以及如何开始向左转移安全并实施假设遭遇和零信任文化。同时介绍了攻击模拟和红队 – 蓝队演习，以提高安全意识，发现漏洞并练习 IR。此外，还展示了 GitHub Codespaces 如何帮助开发者降低本地开发环境的风险，使工作更加高效。下一章将介绍如何保护代码和软件供应链。

拓展阅读

读者可以使用以下参考资料来获得有关主题的更多信息：

- *IC3* (2020). *Internet Crime Report 2020*: `https://www.ic3.gov/Media/PDF/AnnualReport/2020_IC3Report.pdf`
- *IC3* (2019). *Internet Crime Report 2019*: `https://www.ic3.gov/Media/PDF/AnnualReport/2019_IC3Report.pdf`
- 2020 年发生的数据泄露：`https://www.identityforce.com/blog/2020-data-breaches`
- 2021 年发生的数据泄露：`https://www.identityforce.com/blog/2021-data-breaches`
- *Terranova* 和 *Microsoft* (2021). *Gone Phishing Tournament-Phishing Benchmark Global Report 2021*: `https://terranovasecurity.com/gone-phishing-tournament/`
- GitHub Codespaces: `https://docs.github.com/en/codespaces/`
- devcontainer.json 参见：`https://code.visualstudio.com/docs/remote/devcontainerjson-reference`
- dev 容器简介：`https://docs.github.com/en/codespaces/setting-up-your-project-for-codespaces/configuring-codespaces-for-your-project`
- Cory Wilkerson (2021). *GitHub's Engineering Team has moved to Codespaces*: `https://github.blog/2021-08-11-githubs-engineering-team-moved-codespaces/`

## 第 14 章

代 码 保 护

2016 年，通信服务 Kik（https://www.kik.com/）与维护同名项目的开源贡献者 Azer Koçulu 之间关于 Kik 名称的争议导致互联网完全中断，至少那天每个人都注意到出现了问题。这究竟发生了什么？在此番争议中，npm 选择支持通信服务 Kik，导致 Azer 将自己的 Kik 项目软件包从 npm 存储库中完全撤下。在这些软件包中有一个名为 left-pad 的软件包，其目的是将字符添加到文本字符串的开头，left-pad 是一个只有 11 行代码的简单模块：

```
module.exports = leftpad;
function leftpad (str, len, ch) {
  str = String(str);
  var i = -1;
  if (!ch && ch !== 0) ch = ' ';
  len = len - str.length;
  while (++i < len) {
    str = ch + str;
  }
  return str;
}
```

这是一个简单的单一用途函数，每个开发者都应该能够自己编写。然而，该软件包却进入了全球范围内被广泛使用的框架，例如 React。当然，React 并不直接需要这 11 行代码，但它依赖于其他软件包的软件包——而依赖树中包括 left-pad。缺失的这个软件包基本上使互联网瘫痪了［见 Keith Collins（2016）和 Tyler Eon（2016）］。

今天的软件依赖于许多不同的软件——工具、包、框架、编译器和语言——每一个都有自己的依赖树。不仅要确保代码的安全性和许可合规性，更重要的是要确保整个软件供应链的安全性和许可合规性。

本章将介绍 GitHub Actions 和 Advanced Security 如何帮助开发者消除代码中的错误和安全问题并成功管理软件供应链。

本章包括如下主题：

- 依赖管理和 Dependabot
- 密码扫描
- 代码扫描

- 编写 CodeQL 查询

GitHub 高级安全

　　本章讨论的许多功能仅在读者获得高级安全许可证后才可用于 GitHub Enterprise。其中一些对于开源是免费的，但如果某些在读者的组织中不可用，那么读者可能还没有获得相应的许可证。

依赖管理和 Dependabot

　　开发者要管理依赖项可以使用 Software Composition Analysis（SCA）工具，GitHub 提供依赖关系图、Dependabot 警报和 Dependabot 安全更新来管理开发者的软件依赖关系。

　　依赖关系图可帮助开发者了解依赖树，Dependabot 警报会检查依赖项是否存在已知漏洞，并在 Dependabot 发现任何漏洞时提醒开发者。如果启用 Dependabot 安全更新，一旦依赖包发布漏洞修复程序，Dependabot 将自动创建 pull request 来更新依赖项。

　　在默认情况下，公共存储库启用依赖图，但私有存储库不启用。必须为所有存储库启用 Dependabot 警报和更新。用户可以在 Settings | Security & Analysis（见图 14-1）下进行设置：

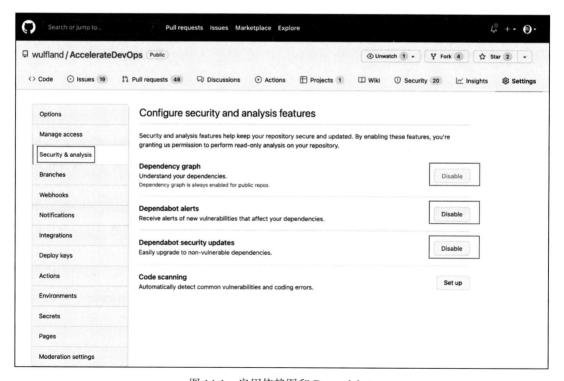

图 14-1　启用依赖图和 Dependabot

在组织级别，用户可以为所有存储库启用这些选项，并将它们设为新存储库的默认值。

探索依赖

如果启用依赖图，它将开始寻找依赖关系，并支持以下包生态系统（见表 14-1）。

表 14-1　依赖图和 Dependabot 支持的格式

程序包管理	程序语言	推荐格式	所有支持格式
Composer	PHP	composer.lock	composer.json、composer.lock
dotnet CLI	.NET 语言（C#、C++、F# 和 VB）	.csproj、.vbproj、.nuspec、.vcxproj、.fsproj	.csproj、.vbproj、.nuspec、.vcxproj、.fsproj、packages.config
Go	Go	go.sum	go.mod、go.sum
Maven	Java 和 Scala	pom.xml	pom.xml
npm	JavaScript	package-lock.json	package-lock.json、package.json
Python pip	Python	requirements.txt、pipfile.lock	requirements.txt、pipfile、pipfile.lock、setup.py
Python Poetry	Python	poetry.lock	poetry.lock、pyproject.toml
RubyGems	Ruby	Gemfile.lock	Gemfile.lock、Gemfile、.gemspec
Yarn	JavaScript	yarn.lock	package.json、yarn.lock

开发者可以导航到 Insights | Dependency graph 来探索依赖项，在 **Dependencies** 选项卡上，可以找到存储库中清单文件的所有依赖项。同时可以打开每个依赖项的依赖项和导航树。如果依赖项存在已知漏洞，开发者可以在右侧看到它。该漏洞具有指定的严重性及常见漏洞和披露（CVE）标识符，使用此标识符，开发者可以在美国国家漏洞数据库（nvd.nist.gov）中查找漏洞的详细信息。链接 https://nvd.nist.gov/vuln/detail/CVE-2021-3749 会将读者定向到数据库中的条目或 GitHub 咨询数据库（https://github.com/advisories）。如果漏洞有修复，依赖关系图会建议开发者将依赖关系升级到的版本（见图 14-2）。

在组织级别上，用户可以单击 Insights | Dependencies，从打开依赖关系图的所有存储库中找到所有依赖关系。除了存储库 Insights，还可以在这里找到所有使用过的许可证，这可以帮助开发者检查产品的许可证合规性（见图 14-3）。

如果开发者想利用 GitHub 通知使用依赖软件包的其他人，可以在 Security | Security Advisories | New draft security advisory 起草新的安全建议。安全建议包含标题、描述、生态系统、包名称、受影响的版本（即修补版本）和严重性。用户可以选择添加多个常见弱点枚举器（CWE）（请参阅 https://cwe.mitre.org/）。如果已有 CVE ID，可以在此处添加，如果没有，可以选择稍后添加。

在发布之前，草稿仅对存储库所有者可见。发布后，公共存储库的安全建议对所有人可见，并会添加到 GitHub 咨询数据库（https://github.com/advisories）。对于私有存储库，它们仅对有权访问该存储库的人可见，并且在请求官方 CVE 标识符之前，它们不会被添加到咨询数据库中。

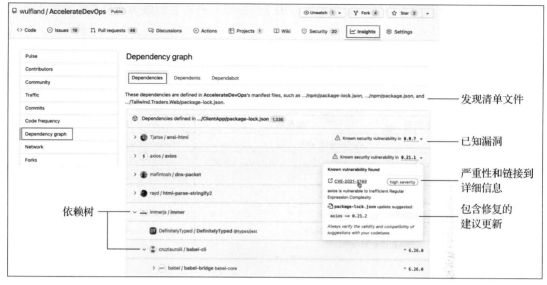

图 14-2   使用依赖关系图探索依赖关系

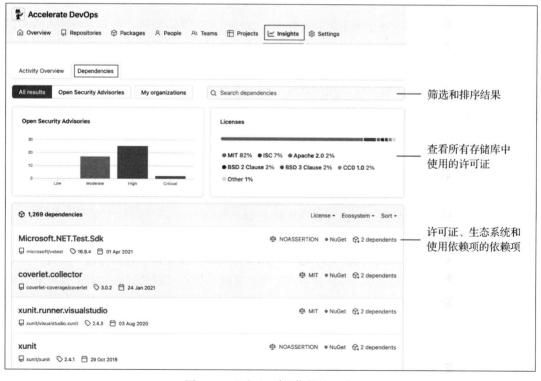

图 14-3   组织级别的依赖性洞察

Dependabot

Dependabot 是 GitHub 中的一个机器人，可以检查开发者的依赖项是否存在已知漏洞，与此同时它还可以自动创建 Pull Request 以使读者的依赖项保持最新。

Dependabot 支持 npm、GitHub Actions、Docker、git 子模块、.NET（NuGet）、pip、Terraform、Bundler、Maven 和许多其他生态系统。有关完整列表，请参阅 https://docs.github.com/en/code-security/supply-chainse-curity/keeping-your-dependencies-updated-automatically/about-dependabot-version-updates#supported-repositories-andecosystems。

要启用 Dependabot，请在 .github 目录中创建一个 dependabot.yml 文件，并选择包生态系统和包含包文件（即 package.json 文件）的目录。此外，还必须指定 Dependabot 应该每天、每周还是每月检查更新：

```
version: 2
updates:
  - package-ecosystem: "npm"
    directory: "/"
    schedule:
      interval: "daily"
```

开发者可以使用 Dependabot 密码向私有注册表进行身份验证，在 Settings | Secrets | Dependabot 下添加一个新的 Dependabot 密码（见图 14-4）。

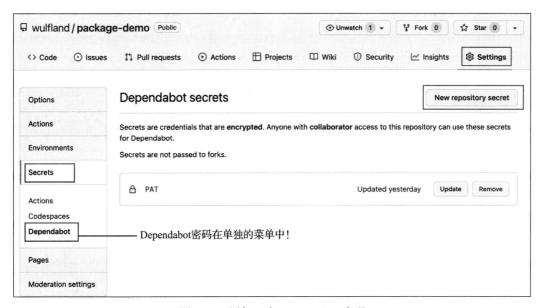

图 14-4　添加一个 Dependabot 密码

然后，将注册表添加到 dependabot.yml 文件并从上下文访问密码：

```
version: 2
registries:
  my-npm-pkg:
    type: npm-registry
    url: https://npm.pkg.github.com
    token: ${{secrets.PAT}}
updates:
- package-ecosystem: "npm"
  directory: "/"
  registries:
    - my-npm-pkg
  schedule:
    interval: "daily"
```

配置 Dependabot 有更多选项——用户可以允许或拒绝某些包，将元数据应用于 Pull Request（例如标签、里程碑和审阅者），自定义提交消息，或者可以更改合并策略。有关选项的完整列表，请参阅 https://docs.github.com/en/code-security/supply-chain-security/keeping-your-dependencies-updated-automatically/configuration-options-for-dependency-updates。

用户可以在 Insights | Dependency graph | Dependabot 下查看 Dependabot 更新的状态。如果出现问题，每个更新条目都有一行带有状态和警告图标。单击状态可以看到完整的日志（见图 14-5）。

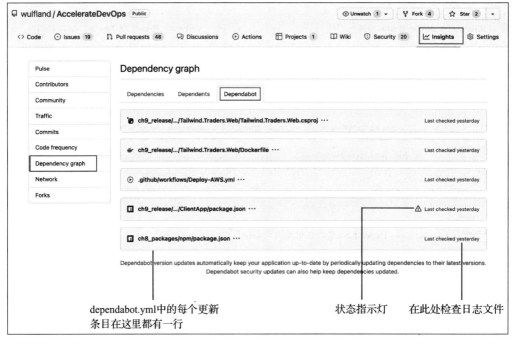

图 14-5　查看 Dependabot 状态和日志文件

用户可以在 Security | Dependabot alerts 下找到所有 Dependabot 警报，单击每个项目以查看详细信息。如果 Dependabot 已经创建了一个修复漏洞的拉取请求，用户可以在列表中看到一个带有弹出菜单的链接（见图 14-6）。

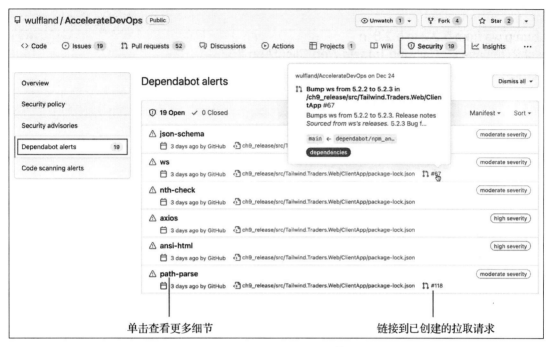

图 14-6　查看 Dependabot 警报

请注意，此列表中仅包含安全警报——并非所有为更新依赖项而创建的拉取请求。这里还有很多安全警报没有修复，有时唯一的修复方法是降级，如果其中一个依赖声明最低版本更高，则没有自动修复（见图 14-7）。

图 14-7　没有修复的漏洞的详细信息

如果仔细查看 Dependabot 的拉取请求，会注意到很多附加信息。当然，更改本身只是更新清单文件中的版本号，但在描述中它添加了包中的发行说明以及新版本中提交的完整列表。Dependabot 还添加了一个兼容性分数，表明此更新与代码兼容的可能性有多大（见图 14-8）。

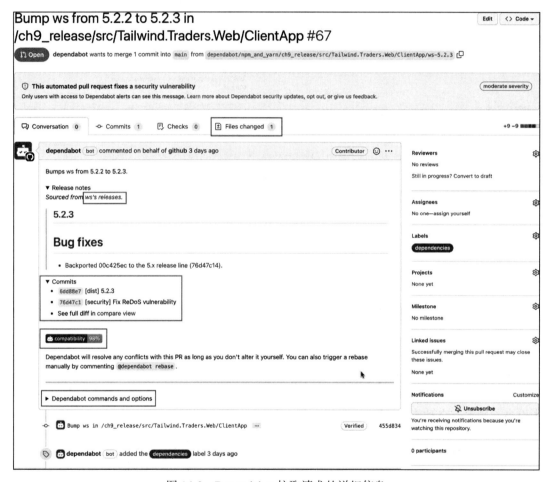

图 14-8　Dependabot 拉取请求的详细信息

在描述中，用户还将找到一个命令列表，可以通过评论拉取请求将这些命令发送给机器人。读者可以使用以下任何命令：

- @dependabot cancel merge：取消先前请求的合并。
- @dependabot close：关闭拉取请求并防止 Dependabot 重新创建它。用户可以通过手动关闭拉取请求来获得相同的结果。
- @dependabot ignore this dependency：关闭拉取请求并阻止 Dependabot 为此依赖项创建任何更多的拉取请求（除非重新打开拉取请求或自己升级到建议的依

赖项版本）。

- @dependabot ignore this major version：关闭拉取请求并阻止 Dependabot 为这个主要版本创建任何更多的拉取请求（除非重新打开拉取请求或自己升级到这个主要版本）。
- @dependabot ignore this minor version：关闭拉取请求并阻止 Dependabot 为该次要版本创建任何更多的拉取请求（除非重新打开拉取请求或自己升级到该次要版本）。
- @dependabot merge：一旦 CI 测试通过，就合并拉取请求。
- @dependabot rebase：重新设置拉取请求的基数。
- @dependabot recreate：重新创建拉取请求，覆盖对拉取请求所做的任何编辑。
- @dependabot reopen：如果拉取请求已关闭，则重新打开拉取请求。
- @dependabot squash and merge：一旦 CI 测试通过，压缩并合并拉取请求。

只需在拉取请求中评论其中一个命令，Dependabot 将为用户完成剩下的工作。

使用 GitHub Actions 自动更新 Dependabot

用户可以使用 GitHub Actions 来进一步自动化 Dependabot 更新，但必须注意一些事项：如果 Dependabot 触发工作流，则 GitHub actor 是 Dependabot (github.actor == "Dependabot[bot]")。这意味着 GITHUB_TOKEN 默认只有只读权限，必要时必须授予写入权限。密码上下文中填充的密码是 Dependabot 密码！GitHub Actions 密码不可用于工作流程。

以下是仅由 Dependabot pull-request 触发并获得对 pull-requests、issues 和 repository-projects 的写入权限的工作流示例：

```
name: Dependabot automation
on: pull_request
permissions:
  pull-requests: write
  issues: write
  repository-projects: write
jobs:
  Dependabot:
    runs-on: ubuntu-latest
    if: ${{ github.actor == 'Dependabot[bot]' }}
```

用户可以使用 Dependabot/fetch-metadata 操作来提取有关正在更新的依赖项的信息。下面是一个使用信息将标签应用于拉取请求的示例：

```
steps:
- name: Dependabot metadata
  id: md
  uses: Dependabot/fetch-metadata@v1.1.1
```

```
with:
   github-token: "${{ secrets.GITHUB_TOKEN }}"
- name: Add label for production dependencies
   if: ${{ steps.md.outputs.dependency-type ==
'direct:production' }}
   run: gh pr edit "$PR_URL" --add-label "production"
   env:
      PR_URL: ${{ github.event.pull_request.html_url }}
```

使用 GitHub CLI，添加自动化非常容易。例如可以自动审批和自动合并所有新补丁：

```
- name: Enable auto-merge for Dependabot PRs
   if: ${{ steps.md.outputs.update-type == 'version-
update:semver-patch' }}
   run: |
      gh pr review --approve "$PR_URL"
      gh pr merge --auto --merge "$PR_URL"
   env:
      PR_URL: ${{github.event.pull_request.html_url}}
      GITHUB_TOKEN: ${{ secrets.GITHUB_TOKEN }}
```

GitHub Actions 和 Dependabot 的结合非常强大，可以去除几乎所有的手动任务，让开发者的软件保持最新。结合良好的 CI 构建和开发者信任的测试套件，基本上可以自动合并所有通过测试的 Dependabot 拉取请求。

使用 Dependabot 使 GitHub Actions 保持最新

开发者也必须管理 GitHub Actions 的依赖项，每个操作都固定到一个版本（@ 后面的部分，例如 uses:Dependabot/fetch-metadata@v1.1.1）。版本也可以是分支名称——但这会导致工作流不稳定，因为用户的操作会在不知情的情况下发生变化，最好将版本固定到标签或单个提交 SHA。与任何其他生态系统一样，用户可以让 Dependabot 检查更新并创建拉取请求，然后将以下部分添加到 Dependabot.yml 文件中：

```
version: 2
updates:
  - package-ecosystem: "github-actions"
    directory: "/"
    schedule:
      interval: "daily"
```

如果用户的操作有新版本可用，Dependabot 将创建拉取请求。

密码扫描

最常见的攻击媒介之一是纯文本文件中的密码，绝不能在未加密和未受保护的情况下存储密码。GitHub 通过不断扫描所有公共存储库的密码来帮助开发者解决这个问题。开发者还可以为属于启用了 GitHub Advanced Security 的组织的私有存储库启用此功能。

目前，有近 100 个公开的密码和 145 个私有存储库被检测到——Adobe、阿里巴巴、亚马逊、Atlassian、Azure 等。有关完整列表，请参阅 https://docs.github.com/en/code-security/secret-scanning/about-secret-scanning。

作为服务提供商，用户可以注册密码扫描合作伙伴计划（请参阅 https://docs.github.com/en/developers/overview/secretscanning-partner-program）。密码会被正则表达式检测到，然后被发送到终端，开发者可以在其中验证密码是真实的还是误报。撤销密码或仅通知客户密码已泄露取决于合作伙伴。

开发者可以在 Settings | Security & analysis | GitHub Advanced Security 中为私有存储库启用密码扫描。还可以通过单击 New pattern 来添加自定义模式（见图 14-9）。

图 14-9　启用密码扫描并添加自定义模式

自定义模式是与开发者要检测的密码相匹配的正则表达式，开发者必须提供一些测试字符串以查看模式是否有效。GitHub 将标记在测试字符串中找到的密码（见图 14-10）。

还可以自定义密码前后的模式，添加必须匹配或不得匹配的模式——例如可以使用附加模式（[A-Z]）强制字符串必须至少包含一个大写字母（见图 14-11）。

还可以在组织和企业级别定义自定义模式，GitHub 将在启用 GitHub Advanced Security 的情况下扫描企业或组织中的所有存储库。

当检测到新密码时，GitHub 会根据通知首选项通知所有有权访问存储库安全警报的用户。开发者将在以下几种情况下收到警报：

● 正在查看存储库。

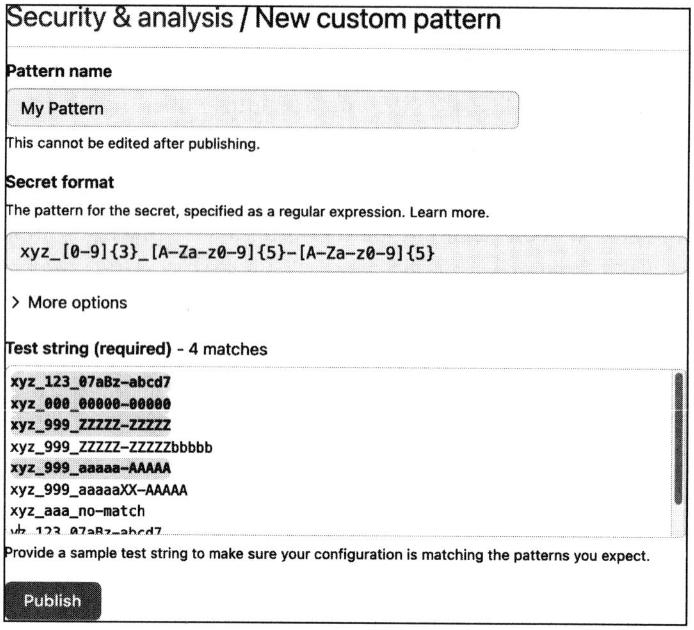

Security & analysis / New custom pattern

Pattern name

My Pattern

This cannot be edited after publishing.

Secret format

The pattern for the secret, specified as a regular expression. Learn more.

xyz_[0-9]{3}_[A-Za-z0-9]{5}-[A-Za-z0-9]{5}

> More options

Test string (required) - 4 matches

xyz_123_07aBz-abcd7
xyz_000_00000-00000
xyz_999_ZZZZZ-ZZZZZ
xyz_999_ZZZZZ-ZZZZZbbbbb
xyz_999_aaaaa-AAAAA
xyz_999_aaaaaXX-AAAAA
xyz_aaa_no-match
xyz_123_07aBz-abcd7

Provide a sample test string to make sure your configuration is matching the patterns you expect.

Publish

图 14-10　添加自定义密码模式

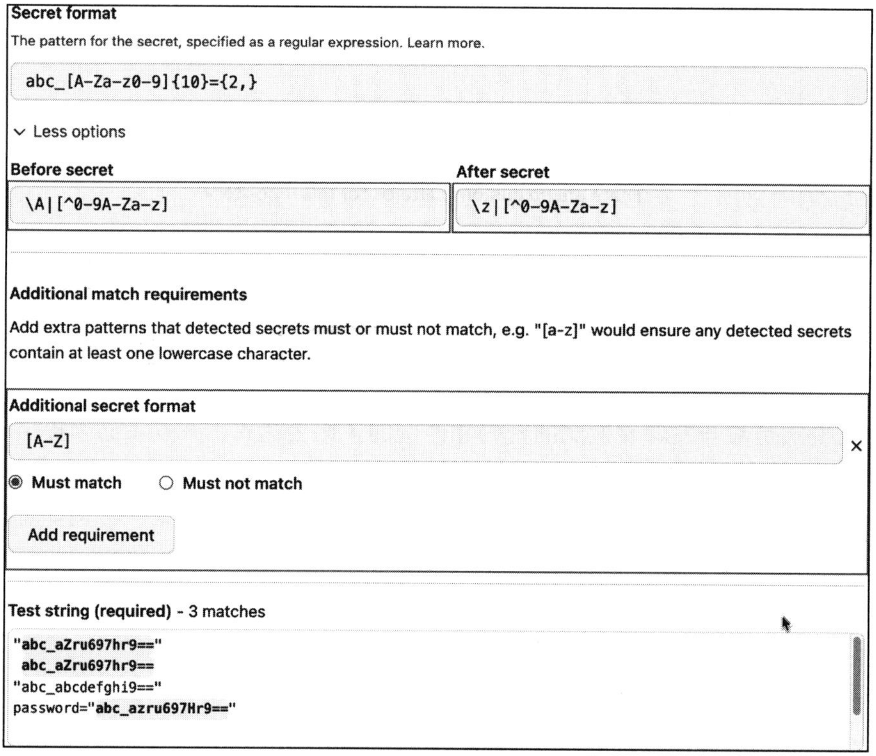

Secret format

The pattern for the secret, specified as a regular expression. Learn more.

abc_[A-Za-z0-9]{10}={2,}

> Less options

Before secret	After secret
\A|[^0-9A-Za-z]	\z|[^0-9A-Za-z]

Additional match requirements

Add extra patterns that detected secrets must or must not match, e.g. "[a-z]" would ensure any detected secrets contain at least one lowercase character.

Additional secret format

[A-Z]   ×

⦿ Must match   ○ Must not match

Add requirement

Test string (required) - 3 matches

"abc_aZru697hr9=="
 abc_aZru697hr9==
"abc_abcdefghi9=="
password="abc_azru697Hr9=="

图 14-11　自定义模式的高级选项

- 启用了安全警报通知或存储库上的所有活动。
- 开发者是包含密码的提交的作者。
- 开发者没有忽略存储库。

开发者可以在 Security | Secret scanning alerts 下管理警报（见图 14-12）。

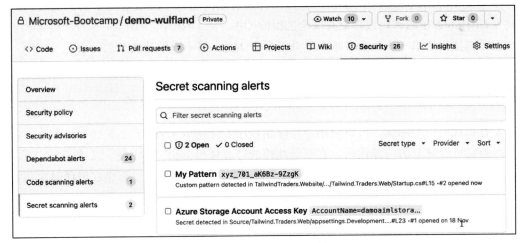

图 14-12　管理密码扫描警报

开发者应该将提交给 GitHub 的密码视为正经泄露——即使它只在私有存储库，需要立即更改并撤销密码，一些服务提供商会为开发者撤销它。

开发者可以关闭带有 Revoked、False positive、Used in tests 或 Won't fix 状态的警报（见图 14-13）。

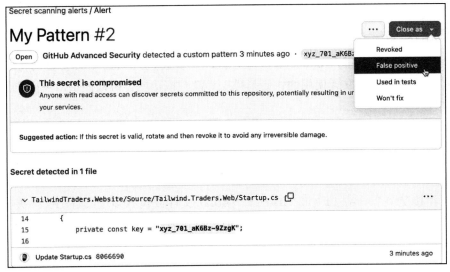

图 14-13　管理密码扫描警报的状态

还可以通过将 `secret_scanning.yml` 文件添加到 `.github` 文件夹来从密码扫描中排除源代码中的路径，该文件支持具有通配符支持的多路径模式：

```
paths-ignore:
  - "tests/data/**/*.secret"
```

不过要小心！这不应该用于在源文件中存储真正的密码，即使是用于测试也应将密码存储为 GitHub 加密的密码或存储在安全的保险库中。

密码扫描很简单——开发者基本上只需要启动它，但不应低估安全的价值。

代码扫描

要查找代码中的漏洞，可以使用静态应用程序安全测试（SAST）。SAST 被视为白盒测试，因为它可以完全访问源代码。它不是纯粹的静态代码分析，因为它通常包括构建软件，但与动态应用程序安全测试（DAST）不同，它不是在运行时执行，而是在编译时执行（详见第 15 章）。

GitHub 中的代码扫描

在 GitHub 中，SAST 被称为代码扫描，它适用于所有公共存储库和启用了 GitHub Advanced Security 的私有存储库。开发者可以将代码扫描与支持静态分析结果交换格式（SARIF）的所有工具结合使用。SARIF 是一个基于 JSON 的 OASIS 标准，定义了静态分析工具的输出格式。GitHub 代码扫描目前支持 SARIF 2.1.0，这是该标准的最新版本（见 https://docs.github.com/en/code-security/code-scanning/integrating-with-code-scanning/sarif-support-for-code-scanning）。因此，任何支持 SARIF 2.1.0 的工具都可以集成到代码扫描中。

代码扫描的运行

代码扫描使用 GitHub Actions 来执行分析，大多数代码扫描工具会自动将结果上传到 GitHub——但如果开发者使用的代码扫描工具没有该功能，可以使用以下操作上传任何 SARIF 文件：

```
- name: Upload SARIF file
  uses: github/codeql-action/upload-sarif@v1
  with:
    sarif_file: results.sarif
```

该操作接受单个 `.sarif`（或 `.sarif.json`）文件或包含多个文件的文件夹。如果开发者的扫描工具不支持 SARIF，这将很有用但可以转换结果。一个例子是 ESLint，可以使用 `@microsoft/eslintformatter-sarif` 将输出转换为 SARIF 并上传结果：

```
jobs:
  build:
```

```
    runs-on: ubuntu-latest
    permissions:
      security-events: write
    steps:
      - uses: actions/checkout@v2
      - name: Run npm install
        run: npm install
      - name: Run ESLint
        run: node_modules/.bin/eslint build docs lib script
spec-main -f node_modules/@microsoft/eslint-formatter-sarif/
sarif.js -o results.sarif || true
      - uses: github/codeql-action/upload-sarif@v1
        with:
          sarif_file: results.sarif
```

但是，大多数代码扫描工具都原生集成到 GitHub 中。

入门

要开始使用代码扫描，请转到 Settings | Security & analysis | Code scanning | Set up 或者 Security | Code scanning alerts。两者都会将开发者导航到 /security/codescanning/setup，其中会显示一个代码扫描选项列表。在顶部可以看到原生的 GitHub 代码扫描工具——CodeQL Analysis。但 GitHub 会分析存储库，并展示它可以在市场上找到的所有其他工具，这些工具适合在用户的存储库中检测到的语言——42Crunch、Anchore、CxSAST、Veracode 等。本书重点关注 CodeQL，但其他工具的集成工作方式与之相同。如果用户单击 Set up this workflow 设置此工作流，GitHub 将创建一个工作流（见图 14-14）。

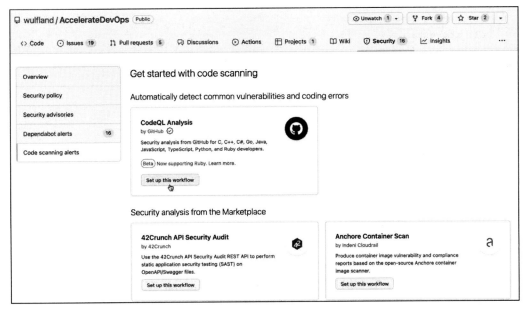

图 14-14　设置代码扫描

如果已经设置了代码扫描，则可以通过单击 Add more scanning tools 从结果页面添加其他工具（见图 14-15）。

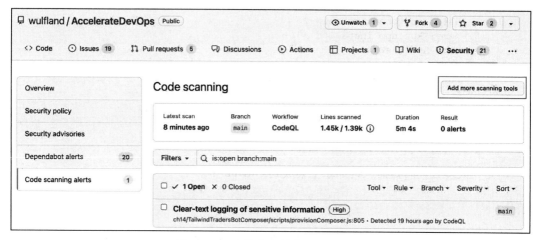

图 14-15   存储库中的代码扫描警报

工作流模板具有用于 push、pull_request 和 schedule 的触发器。该时间表可能会让读者感到惊讶，但它有一个简单的解释——可能有新的规则来检测代码库中以前未被识别的漏洞，因此最好也按计划运行构建。触发器每周在随机的一天和随机的时间运行一次。当然，GitHub 不希望所有代码扫描同时运行。GitHub 会根据用户的需要调整时间表：

```
on:
  push:
    branches: [ main ]
  pull_request:
    branches: [ main ]
  schedule:
    - cron: '42 16 * * 2'
```

工作流需要安全事件的写入权限：

```
jobs:
  analyze:
    name: Analyze
    runs-on: ubuntu-latest
    permissions:
      actions: read
      contents: read
      security-events: write
```

CodeQL 支持 C++（cpp）、C#（csharp）、Go、Java、JavaScript、Python 和 Ruby。GitHub 尝试检测存储库中使用的语言并设置矩阵，以便独立构建每种语言。如有必要，可以添加其他语言：

```
strategy:
  fail-fast: false
  matrix:
    language: [ 'csharp', 'javascript' ]
```

分析本身非常简单——检查存储库，初始化给定语言的分析，运行 autobuild（自动构建），然后执行分析：

```
steps:
- name: Checkout repository
  uses: actions/checkout@v2
- name: Initialize CodeQL
  uses: github/codeql-action/init@v1
  with:
    languages: ${{ matrix.language }}
- name: Autobuild
  uses: github/codeql-action/autobuild@v1
- name: Perform CodeQL Analysis
  uses: github/codeql-action/analyze@v1
```

自动构建步骤会尝试构建源代码，如果失败，用户必须更改工作流程并自己构建代码。有时在环境中设置正确的版本就足够了——例如，Node.js 或 .NET 的版本：

```
- name: Setup Node
  uses: actions/setup-node@v2.5.0
  with:
    node-version: 10.16.3
```

代码扫描警报

用户可以在 Settings | Security & analysis | Code scanning 下的每个存储库中管理代码扫描警报，如图 14-15 所示。在组织层面上，可以获得所有存储库的概览，也可以跳转到各个结果页面（见图 14-16）。

用户可以像处理 issue 一样过滤、排序和搜索警报。

严重性

每个代码扫描警报都分配了严重性，可以使用通用漏洞评分系统（CVSS）计算严重性。CVSS 是一个开放框架，用于传达软件漏洞的特征和严重性（更多信息请参阅 GitHub Blog 2021）。

严重性可帮助用户对警报进行分类。

跟踪问题中的警报

跟踪代码扫描警报的最佳方法是通过一个 issue，用户可以通过单击警报中的 Create issue 来创建 issue（见图 14-17）。

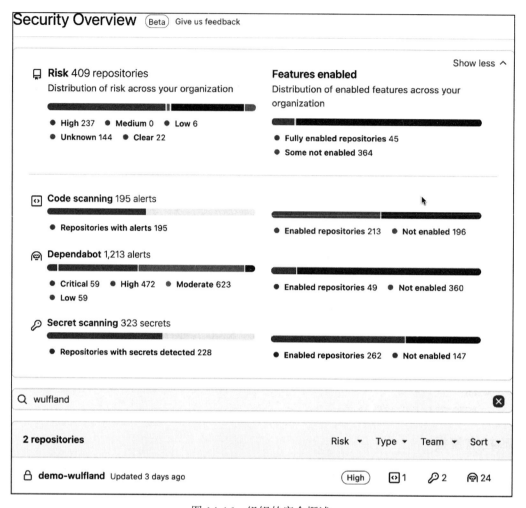

图 14-16   组织的安全概述

图 14-17   从代码扫描警报创建 issue

但它只是打开一个新 issue 并将警报的链接添加到 Markdown 任务列表中（见图 14-18）。警报将有一个指示器，表明它正在一个 issue 中被跟踪——就像嵌套 issue 一样。

数据流分析

在代码下方的区域中，用户可以查看代码中警报的详细信息，CodeQL 支持数据流分析，可以检测应用程序中数据流产生的问题，单击 Show paths 查看数据如何流经用户的应用程序（见图 14-19）。

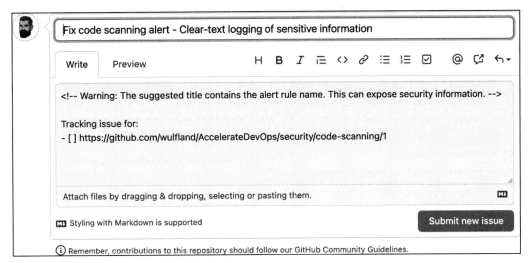

图 14-18　将问题链接到代码扫描警报

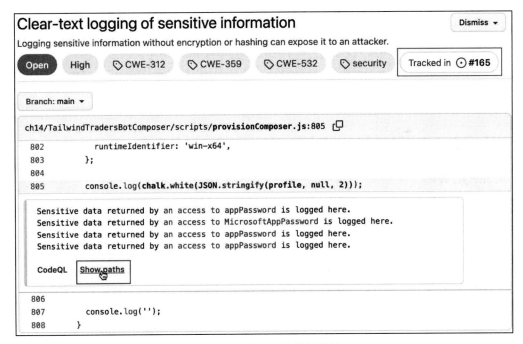

图 14-19　代码扫描警报详情

用户可以在整个应用程序中跟踪数据，在此处的示例中可以看到 12 个步骤，在这些步骤中，数据被分配和传递直到被记录（见图 14-20）。

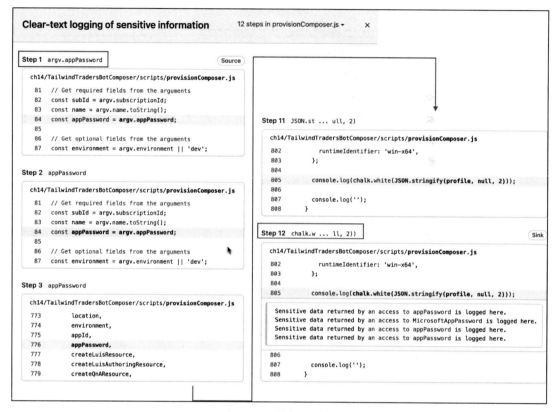

图 14-20　数据流示例

这就是 CodeQL 的真正威力，它不仅仅是对源代码的语义分析。

CodeQL 查询

在代码扫描警报中，用户可以找到对检测到的问题的查询引用，点击 View source 查看 GitHub 上的查询（见图 14-21）。

这些查询是开源的，用户可以在 https://github.com/github/codeql 下找到它们。每种语言在这里都有一个文件夹，在 CodeQL 文件夹中，用户会在 ql/src 下找到查询，查询具有 .ql 文件扩展名。

时间线

代码扫描警报还包含一个具体的时间线，其中包含 git blame 信息，何时以及在什么提交中首次检测到问题？何时何地修复？问题再次出现了吗？这可以帮助用户对警报进行分类（见图 14-22）。

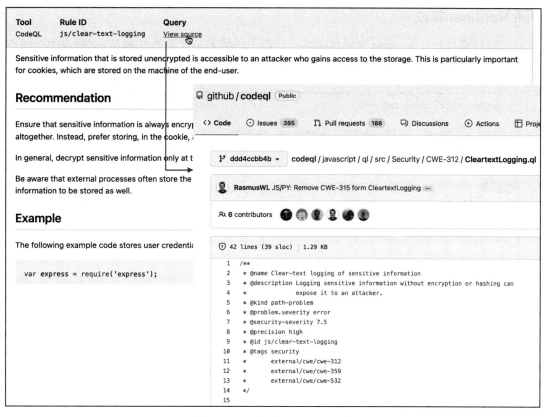

图 14-21　开源的 CodeQL 查询

图 14-22　代码扫描警报的时间线

Pull Request 集成

代码扫描与 Pull Request 集成得很好，代码扫描结果集成到 Pull Request 检查中，详细信息页面显示结果概览（见图 14-23）。

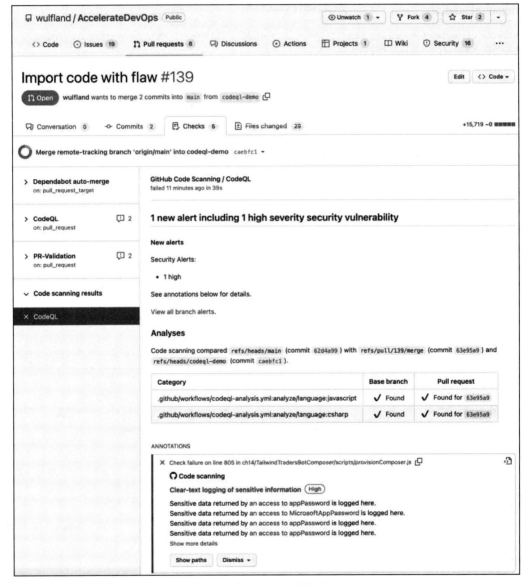

图 14-23　代码扫描导致拉取请求

代码扫描还为代码中的警报添加注释，用户可以直接在那里对发现进行分类，将状态更改为 False positive（误报）、Used in tests（用于测试）或 Won't fix（不予修复）(见图 14-24)：

图 14-24 Pull Request 源中的代码扫描注释

用户可以在 Settings | Security & analysis | Code scanning 下定义哪种警报严重性会导致 Pull Request 因安全问题和其他发现而失败（见图 14-25）。

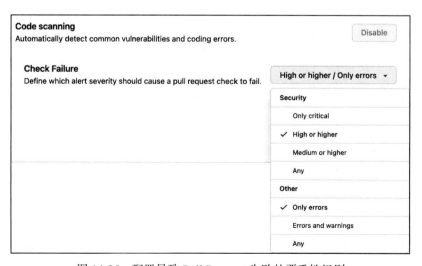

图 14-25 配置导致 Pull Request 失败的严重性级别

Pull Request 集成可帮助用户保持主分支清洁并在合并之前检测问题，并使代码分析成为审阅过程的一部分。

代码扫描配置

配置代码扫描有很多选项，工作流中的 init CodeQL 操作有一个名为 queries 的参数，用户可以使用它来选择一种默认查询套装：

- security-extended：更多严重性低于默认值的查询。
- security-and-quality：来自安全扩展的查询，附加可维护性和可靠性查询：

```
- name: Initialize CodeQL
  uses: github/codeql-action/init@v1
  with:
    languages: ${{ matrix.language }}
    queries:  security-and-quality
```

用户还可以使用 queries 参数来添加自定义查询，该参数接受本地路径或对其他存储库的引用，包括 git 引用（branch、tag 或 SHA），添加一个加号以在默认值之上添加查询：

```
with:
  queries: +.github/codeql/custom.ql,org/repo/query.ql@v1
```

CodeQL 包是基于 YAML 的查询套件，用于创建、共享、依赖和运行 CodeQL 查询。可以使用 packs 参数设置它们：

```
with:
  packs: +.github/codeql/pack1.yml,org/repo/pack2.yml@v1
```

> **重要提示**
>
> 在撰写本书时，CodeQL 包仍处于测试阶段。有关包的更多信息，请参阅 https://codeql.github.com/docs/codeql-cli/about-codeqlpacks/。

用户还可以使用配置文件，例如，./.github/codeql/codeqlconfig.yml：

```
- uses: github/codeql-action/init@v1
  with:
    config-file: ./.github/codeql/codeql-config.yml
```

如果前面的任何内容位于另一个私有存储库中，那么可以添加用于加载查询、包或配置文件的访问令牌：

```
external-repository-token: ${{ secrets.ACCESS_TOKEN }}
```

在配置文件中，通常禁用默认查询并指定用户自己的查询，还可以排除特定路径。codeql-config.yml 是一个例子：

```
name: "Custom CodeQL Configuration"
disable-default-queries: true
queries:
  - uses: ./.github/codeql/custom-javascript.qls
paths-ignore:
  - '**/node_modules'
  - '**/test'
```

用户的自定义查询套件（custom-javascript.qls）然后可以从 CodeQL 包（codeqljavascript）导入其他查询套件（javascript-security-extended.qls）并排除特定规则：

```
- description: "Custom JavaScript Suite"
- import: codeql-suites/javascript-security-extended.qls
  from: codeql-javascript
- exclude:
    id:
      - js/missing-rate-limiting
```

用户还可以添加单个查询（`-query:<path to query>`）、多个查询（`-queries: <path to folder>`）或包（`-qlpack:<name of pack>`）。

CodeQL 非常强大，用户有很多选项可以微调配置。详细信息请参阅 https://docs.github.com/en/code-security/code-scanning/automatically-scanning-your-code-for-vulnerabilities-anderrors/configuring-code-scanning。

编写 CodeQL 查询

CodeQL 带有许多开箱即用的查询——尤其是当用户使用 security-and-quality 套件时。但是如果读者开始编写自己的查询，CodeQL 的全部功能就会发挥出来。当然，这不是微不足道的，因为 CodeQL 是一种复杂的查询语言，如果查看 https://github.com/github/codeql 上的一些查询，用户会发现它们可能会变得相当复杂。但是如果用户了解自己的编码语言，那么创建一些简单的查询应该会很容易。

要编写 CodeQL 查询，用户需要 Visual Studio Code（VS Code）和 GitHub CodeQL 扩展（https://marketplace.visualstudio.com/items?itemName=GitHub.vscode-codeql）。

如果两者都安装了，请克隆起始工作区：

```
$ git clone --recursive https://github.com/github/vscode-codeql-starter.git
```

注意 `--recursive` 参数！如果忘记了，则必须手动加载子模块：

```
$ git submodule update --remote
```

在 VSCode 中，选择 File | Open Workspace from File，然后从入门工作区中选择 vscode-codeqlstarter.code-workspace 文件。

要从源代码创建数据库,用户需要 CodeQL CLI。在 Mac 上可以使用 Homebrew 安装它:

```
$ brew install codeql
```

对于其他平台,用户可以通过链接 https://github.com/github/codeql-cli-binaries/releases/latest 下载二进制文件。

将它们提取到一个文件夹并将它们添加到 $PATH 变量(在 Windows 环境下为 %PATH%)。现在,进入要存储数据库的文件夹并运行以下命令:

```
$ codeql database create <database name> \
  --language=<language> \
  --source-root=<path to source code>
```

这将为用户的存储库中的语言创建一个数据库。对存储库中的所有语言重复该步骤。

现在,在 VSCode 中打开 QL 扩展并单击 Databases | From a folder。选择在上一步中创建的数据库,可以附加多个数据库并在它们之间切换(见图 14-26)。

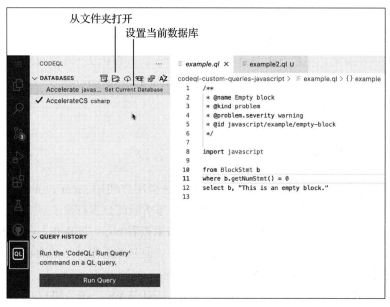

图 14-26 将数据库附加到 VSCode CodeQL 扩展

可以在入门工作区(codeql-custom-queries-/example.ql)中找到所有受支持语言的示例查询。查询有一个带有元数据的评论标题:

```
/**
 * @name Empty block
 * @kind problem
 * @problem.severity warning
 * @id javascript/example/empty-block
 */
```

然后导入必要的模块，它们通常以语言命名（`javascript`、`csharp`、`java` 等），但它们也可以类似于 `DataFlow::PathGraph`：

```
import javascript
```

查询本身有一个变量声明，一个可选的用于限制结果的 where 块，以及 select 语句：

```
from BlockStmt b
where
  b.getNumStmt() = 0
select b, "This is an empty block."
```

查看 GitHub 上的 CodeQL 示例以了解如何开始，用户对一种语言了解得越多，编写查询就越容易。以下查询将在 C# 中搜索空的 catch 块：

```
import csharp
from CatchClause cc
where
  cc.getBlock().isEmpty()
select cc, "Poor error handling: empty catch block."
```

用户在 VSCode 中拥有完整的 IntelliSense（智能感知）支持（见图 14-27），这在编写查询时有很大帮助：

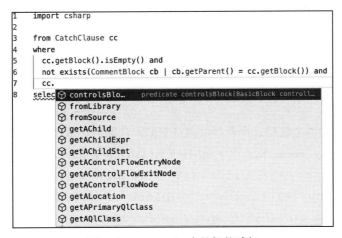

图 14-27　VSCode 中的智能感知

如果从上下文菜单（CodeQL: Run query）运行查询，它将在结果窗口中显示结果（见图 14-28）。

select 子句中的每个元素都有一列，可以单击代码元素，VSCode 将在确切位置打开相应的源文件。

读者可以轻松地阅读一整本关于 CodeQL 的书，这里只是一个非常简短的 CodeQL 介绍，但作者认为能够使用自己的规则扩展代码扫描很有价值。

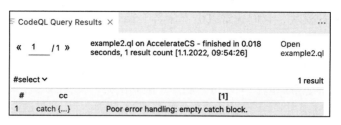

图 14-28　CodeQL 查询结果

有关详细信息，请参阅 CodeQL 文档和语言参考。

总结

本章介绍了如何保护代码和控制依赖项：

- 读者已经了解了 SCA，并且知道如何使用依赖关系图、Dependabot 警报和 Dependabot 安全更新来管理软件依赖关系。
- 读者已经了解了密码扫描，它可以防止密码在源代码中泄露。
- 读者已经了解了 SAST，并且知道如何通过 CodeQL 或其他支持 SARIF 的工具使用代码扫描来发现开发过程中的问题。现在可以编写自己的查询来执行质量和编码标准。

下一章将研究如何保护发布流水线和部署。

拓展阅读

以下是本章中的参考资料，读者可以浏览它们来获取有关这些主题的更多信息：

- *How one programmer broke the internet by deleting a tiny piece of code, Keith Collins* (2016): `https://qz.com/646467/how-one-programmer-broke-the-internet-by-deleting-a-tiny-piece-of-code/`
- *Kik, Left-Pad, and NPM-Oh My!, Tyler Eon* (2016): `https://medium.com/@kolorahl/kik-left-pad-and-npm-oh-my-e6f216a22766`
- *Secure at every step: What is software supply chain security and why does it matter?, Maya Kaczorowski* (2020): `https://github.blog/2020-09-02-secure-your-software-supply-chain-and-protect-against-supply-chain-threats-github-blog/`
- 依赖图：`https://docs.github.com/en/code-security/supply-chain-security/understanding-your-software-supply-chain/about-the-dependency-graph`

- Dependabot 版本更新：https://docs.github.com/en/code-security/supply-chain-security/keeping-your-dependencies-updated-automatically/about-Dependabot-version-updates
- 密码扫描：https://docs.github.com/en/code-security/secret-scanning/about-secret-scanning
- GitHub 高级安全功能：https://docs.github.com/en/get-started/learning-about-github/about-github-advanced-security
- 代码扫描：https://docs.github.com/en/code-security/code-scanning/automatically-scanning-your-code-for-vulnerabilities-and-errors/about-code-scanning
- *CodeQL code scanning: new severity levels for security alerts*, GitHub Blog (2021)：https://github.blog/changelog/2021-07-19-codeql-code-scanning-new-severity-levels-for-security-alerts/
- 通用漏洞评分系统 (CVSS)：https://www.first.org/cvss/v3.1/specification-document
- CodeQL 文档：https://codeql.github.com/docs/
- CodeQL 语言引用：https://codeql.github.com/docs/ql-language-reference

## 第 15 章

保 护 部 署

本章将讨论如何保护开发者的完整部署和发布流水线，不仅要保护代码和依赖项，还要快速但安全且符合要求地将软件交付到安全环境，以满足监管要求。

本章包括如下主题：

- 容器和基础设施安全扫描
- 自动化基础设施变更流程
- 源代码和基础设施完整性
- 动态应用程序安全测试
- 加固发布流水线的安全性

容器和基础设施安全扫描

在过去几年中，最引人注目的黑客攻击之一是 SolarWinds，这是一家为网络和基础设施监控提供系统管理工具的软件公司。攻击者成功地在 Orion 软件中植入了后门，并将其推送到超过 30 000 个客户端，然后利用这个后门对这些客户端进行了攻击（Oladimeji S.、Kerner S. M.，2021）。

SolarWinds 攻击被认为是软件供应链攻击，对于安装了被损坏版本的 Orion 的客户来说确实如此。但是，对 Orion 的攻击远不止是受感染的依赖关系的更新这么简单；攻击者获得了 SolarWinds 网络的访问权限，并成功地在 SolarWinds 构建服务器上安装了一个名为 Sunspot 的恶意软件。Sunspot 通过替换源文件，在不被发现任何构建失败或其他可疑输出的情况下，将后门 Sunburst 插入 Orion 的软件构建（Eckels S.、Smith J.、Ballenthin W.，2020）。

此次攻击表明，如果网络被入侵，内部攻击有多么致命，以及保护整个流水线有多么重要——不仅是代码、依赖项和开发环境。构建服务器和软件生产中包含的所有其他系统都必须保持安全。

容器扫描

容器在今天的每个基础设施中都扮演着重要的角色。与传统的虚拟机（Virtual Machine，

VM）相比，它们具有很多优势，但也有其缺点。容器需要一种新的操作文化，现有的流程和做法可能不适用（参见 Souppaya M.、Morello J.、Scarfone K.，2017）。

容器由许多不同的层构成，与软件依赖关系一样，这些层也可能引入漏洞。为了检测这些漏洞，开发者可以进行容器漏洞分析（Container Vulnerability Analysis，CVA），也称为容器安全分析（Container Security Analysis，CSA）。

GitHub 没有内置的 CVA 工具，但几乎所有解决方案都能很好地集成到 GitHub 中。

一个非常流行的开源容器镜像和文件系统漏洞扫描器是 Anchore 的 grype（https://github.com/anchore/grype/）。它易于集成到 GitHub Actions 工作流中：

```
- name: Anchore Container Scan
  uses: anchore/scan-action@v3.2.0
  with:
    image: ${{ env.REGISTRY }}/${{ env.IMAGE_NAME }}
    debug: true
```

另一个 CVA 扫描器的例子是 Clair（https://github.com/quay/clair），这也是一个用于静态分析 Docker 和开放容器倡议（Open Container Initiative，OCI）容器漏洞的开源解决方案。Clair 可以作为容器运行，并将扫描结果存储在 PostgreSQL 数据库中。完整文档请参阅 https://quay.github.io/clair/。

商业化的容器扫描器通常是更全面的安全平台的一部分。一个例子是 Aqua 的容器安全（Container Security），参见 https://www.aquasec.com/products/container-security/。Aqua 平台（https://www.aquasec.com/aqua-cloud-native-security-platform/）是一个面向容器化、无服务器和基于虚拟机的应用程序的云原生安全平台。Aqua 可以作为 SaaS 或自托管版本运行。

另一个例子是 WhiteSource（https://www.whitesourcesoftware.com/solution-for-containers/）。他们在 GitHub 市场上有 GP 安全扫描（GP Security Scan）操作，用于将镜像在推送到 GitHub 包之前扫描它们（参见 https://github.com/marketplace/actions/gp-security-scan）。

两者都是很好的解决方案，但是它们的价格都不便宜，且与 GitHub 的高级安全功能有很大的重叠，因此这里不再介绍。

基础设施策略

并不是所有与基础设施相关的都是容器。从安全的角度来看，还有很多需要考虑，尤其是在云计算方面。

如果开发者正在使用云供应商，就有必要查看其安全组合。例如，Microsoft Azure 包含 Microsoft Defender for Cloud，这是一种云安全态势管理（Cloud Security Posture Management，CSPM）工具，用于保护跨多云和混合环境的工作负载，并在云配置中寻找薄弱之处（https://azure.microsoft.com/en-us/services/defender-for-cloud）。它支持 Microsoft Azure、AWS、谷歌云平台和本地工作负载（使用 Azure Arc）。Microsoft Defender for Cloud 中的一些功能对于 Microsoft Azure 是免费的——但不是全部。

Microsoft Azure 还包含 Azure Policy（https://docs.microsoft.com/en-us/azure/governance/policy/），一种帮助用户强制执行标准和评估合规性的服务。它允许用户将某些规则定义为策略定义，并在需要时评估这些策略。以下是每天上午 8 点在 GitHub Actions 工作流中运行的示例：

```
on:
  schedule:
    - cron: '0 8 * * *'
jobs:
  assess-policy-compliance:
    runs-on: ubuntu-latest
    steps:
    - name: Login to Azure
      uses: azure/login@v1
      with:
        creds: ${{secrets.AZURE_CREDENTIALS}}
    - name: Check for resource compliance
      uses: azure/policy-compliance-scan@v0
      with:
        scopes: |
          /subscriptions/<subscription id>
          /subscriptions/<...>
```

加上人工智能驱动的安全信息和事件管理（Security Information and Event Management，SIEM）系统，称为 Microsoft Sentinel（https://azure.microsoft.com/en-us/services/microsoft-sentinel），一个非常强大的安全工具链。但是，它是否有用取决于用户的设置，如果用户的云供应商不是 Azure，那么用户对 CSPM 和 SIEM 的决定可能会完全不同，而 AWS 安全枢纽（AWS Security Hub）对用户来说可能更合适。

Checkov（https://github.com/bridgecrewio/checkov）是一个很好的保护基础设施代码（Infrastructure as Code，IaC）的开源工具，它是一个静态代码分析工具，可以扫描使用 Terraform、Terraform plan、CloudFormation、AWS Serverless Application Model（SAM）、Kubernetes、Dockerfile、Serverless 或 ARM templates 配置的云基础设施，并检测安全性和合规性配置错误。它为不同的平台提供了超过 1000 个内置策略。它非常容易在 GitHub 中使用，只需要在工作流中使用 Checkov GitHub Action（https://github.com/marketplace/actions/checkov-github-action），并将其指向包含基础设施的目录即可：

```
- name: Checkov GitHub Action
  uses: bridgecrewio/checkov-action@master
  with:
    directory: .
    output_format: sarif
```

该操作支持 SARIF 输出，且可以集成到 GitHub 的高级安全中：

```
- name: Upload SARIF file
  uses: github/codeql-action/upload-sarif@v1
  with:
    sarif_file: results.sarif
  if: always()
```

这些结果将在 Security | Code scanning 警报下显示（参见图 15-1）。

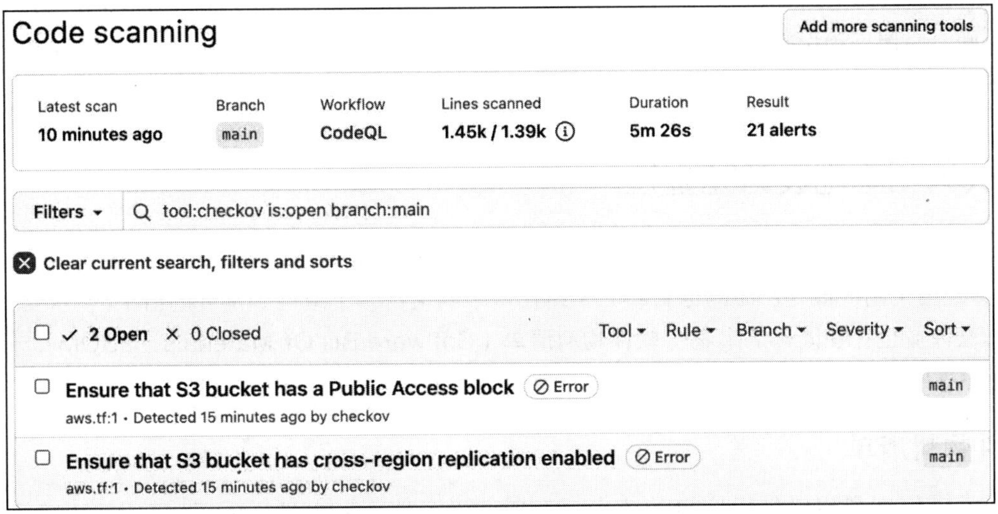

图 15-1　Checkov 在 GitHub 中的结果

Checkov 非常适合检查 IaC，但不能检查基础设施的变化。但是，如果开发者有 Terraform 或 ARM 等解决方案，可以定期在工作流中运行验证，以检查是否有任何变化。

自动化基础设施变更流程

大多数 IT 组织都已经制定了变革管理流程，以降低运营和安全风险。大多数公司遵循信息技术基础设施库（Information Technology Infrastructure Library，ITIL）。在 ITIL 中，变更请求（Request for Change，RFC）必须经过变更咨询委员会（Change-Advisory Board，CAB）的批准。问题是，CAB 的批准与软件交付性能不佳有关（参见 Forsgren N.、Humble J. 和 Kim G.，2018）。

从安全的角度来看，变更管理和职责分离是重要的，通常也是遵从性所必需的。关键还是要以 DevOps 的方式重新思考基本原则。

有了 IaC 和完全自动部署，可以对所有基础设施更改进行完整的审计跟踪。如果对过程完全控制，最好的做法是将 CAB 设置为 IaC 文件的 CODEOWNERS，并在 Pull Request 中进行审批。对于应用层的简单标准变更（例如，Kubernetes 集群中的容器），同行评审可能已经足够。对于对网络、防火墙或机密有更深影响的基础架构变更，应该增加审核人员的数量，也可以加入相应的专家。这些文件通常也驻留在其他存储库中，不会影响开发人员的速度，也不会减缓发布速度。

如果受到公司流程的约束，则可能并不那么容易。在这种情况下，开发者必须尝试重新分类更改，以便尽可能多地获得预先批准，同时出于安全因素对这些更改进行同行评审和自动检查。然后，对风险较高的变更进行自动化处理，使得提交给 CAB 的信息尽可能全面和正确，以便尽快得到批准（参见 Kim G.、Humble J.、Debois P. 和 Willis J.，2016，第四部分第 23 章）。

源代码和基础设施完整性

在制造业中，提供生产订单的**物料清单**（Bill Of Materials，BOM）是一种常见做法。BOM 是用于制造最终产品的原材料、子组件、中间组件、子组件和部件的清单。

软件业也存在同样的事物：**软件物料清单**（Software Bill Of Materials，SBOM），但它仍然不太常见。

软件物料清单

如果仔细观察软件供应链的攻击，如事件流事件（参见 Thomas Claburn，2018），会发现它们在发布中注入恶意代码，致使 GitHub 中的源代码与 npm 包中包含的文件不匹配。SBOM 可以用于比较不同版本的散列值来帮助开发者进行取证。

在 SolarWinds 攻击中（参见 the Crowdstrike blog，2021），依赖关系未被篡改；而是在 MsBuild.exe 执行期间有一个操纵文件系统的附加进程。为了预防和调查这类攻击，开发者必须扩展 SBOM，以包含构建过程中涉及的所有工具以及构建机上所有运行进程的详细信息。

SBOM 有不同的通用格式：

- **软件包数据交换**（Software Package Data Exchange，SPDX）：SPDX 是 SBOM 的开放标准，源自 Linux 基金会。它源于许可证合规性，但它也包含版权、安全引用和其他元数据。SPDX 最近被批准为 ISO/IEC 标准（ISO/IEC 5962:2021），并且它满足 NTIA（美国国家电信和信息管理局）的软件物料清单的最低要求。

- CycloneDX（CDX）：CDX 是一个轻量级的开源格式，源自 OWASP 社区。它对于将 SBOM 生成集成到发布流水线中进行了优化。

- **软件识别**（Software Identification，SWID）标记：SWID 是 ISO/IEC 行业标准（ISO/IEC 19770-2），由各种商业软件出版商使用。它支持软件清单的自动化、机器上软件漏洞的评估、缺失补丁的检测、针对配置清单的评估、软件完整性检查、安装和执行白名单 / 黑名单等安全和操作用例。这对为构建机上安装的软件做清单而言是一种很好的格式。

对于每种格式，都有不同的工具和用例。**SPDX** 由 **syft** 生成。开发者可以使用 Anchore SBOM Action（请参阅 https://github.com/marketplace/actions/anchore-sbom-action）为 Docker 或 OCI 容器生成 SPDX SBOM：

```
- name: Anchore SBOM Action
  uses: anchore/sbom-action@v0.6.0
  with:
    path: .
    image: ${{ env.REGISTRY }}/${{ env.IMAGE_NAME }}
    registry-username: ${{ github.actor }}
    registry-password: ${{ secrets.GITHUB_TOKEN }}
```

SBOM 作为工作流工件上传（参见图 15-2）。

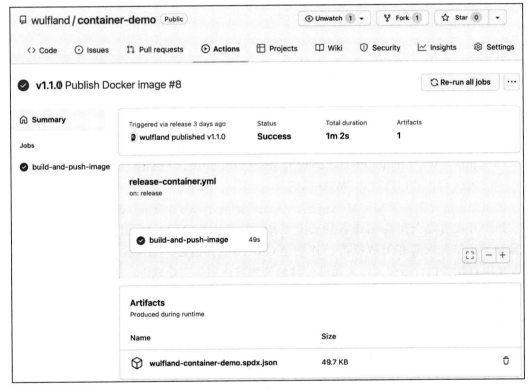

图 15-2　作为工作流工件上传的 SPDX SBOM

FOSSology（https://github.com/fossology/fossology）是一个开源许可合规解决方案，它也使用 SPDX。

CDX（https://cyclonedx.org/）更注重应用程序安全。市面上有 Node.js、.NET、Python、PHP 和 Go 的版本，但更多的语言可以通过 CLI 或其他包管理器（如 Java、Maven 和 Conan）支持。CDX 的使用方法简单。下面是一个 .NET 的操作示例：

```
- name: CycloneDX .NET Generate SBOM
  uses: CycloneDX/gh-dotnet-generate-sbom@v1.0.1
  with:
    path: ./CycloneDX.sln
    github-bearer-token: ${{ secrets.GITHUB_TOKEN }}
```

与 Anchore 操作不同，SBOM 不会自动上传，必须手动操作：

```
- name: Upload a Build Artifact
  uses: actions/upload-artifact@v2.3.1
  with:
    path: bom.xml
```

CDX 也用于 OWASP 依赖追踪（参见 https://github.com/DependencyTrack/Dependency-track）——一个组件分析平台，开发者可以将其作为容器或在 Kubernetes 中运行。开发者可以把 SBOM 直接上传到他的 DependencyTrack 实例中：

```
uses: DependencyTrack/gh-upload-sbom@v1.0.0
with:
  serverhostname: 'your-instance.org'
  apikey: ${{ secrets.DEPENDENCYTRACK_APIKEY }}
  projectname: 'Your Project Name'
  projectversion: 'main'
```

SWID 标签更多地用于软件资产管理（Software Asset Management，SAM）解决方案，如 snow（https://www.snowsoftware.com/）、Microsoft System Center 或 ServiceNow ITOM。CDX 和 SPDX 可以使用已存的 SWID 标记。

如果想了解更多关于 SBOM 的信息，请参阅 https://www.ntia.gov/sbom。

如果开发者完全在 GitHub 企业云上工作，并使用托管的运行程序，SBOM 就不是那么重要了。毕竟所有相关数据都已连接至 GitHub 上。但是，如果是在 GitHub 企业服务器上使用自托管执行器和其他未通过公共包管理器使用的商业软件，那么为所有版本创建 SBOM 可以帮助开发者检测漏洞、许可问题，并在发生事故时进行司法鉴定。

签署提交

许多人都经常讨论是否应该对所有提交都进行签名。Git 是一种非常强大的工具，可以随意修改现有的提交。但这也意味着，提交的作者未必就是提交代码的人。一次提交有两个字段：作者和提交者。这两个字段的值均来自 git config 的 user.name 和 user.email，再加上一个时间戳。例如，如果进行变基，提交者会变为当前值，而作者保持不变。这两个字段与 GitHub 的身份验证没有任何关系。

读者可以在 Linux 存储库中查找 Linus Torvalds 的电子邮件地址，然后将本地 Git 存储库配置为这个电子邮箱地址，并将其提交到存储库。此提交的作者将显示为 Linus（参见图 15-3）。

任何有效的GitHub电子邮件地址都
可以链接到实际的个人资料页面

但是该提交并未通过验证

图 15-3　一次提交的作者信息与其身份完全无关

头像中的链接也可以正常显示，并重定向到正确的个人主页。但是，与在服务器上进行的修改（通过在 Web UI 中修改文件或使用拉取请求合并更改）不同，该提交并没有附有被验证的徽章。验证徽章表示提交使用了 GNU 隐私保护（GNU Privacy Guard，GPG）密钥签名，该密钥包含了账户的已验证电子邮件地址（参见图 15-4）。

如果想对提交进行签名，可以在本地创建 GPG 密钥（使用 `git commit -S`）。当然，读者可以自由设置密钥中的名称和电子邮件地址，只需要与 `git config` 中配置的电子邮件和用户匹配即可。只要不修改提交，签名就有效（参见图 15-5）。

图 15-4　签名提交在 GitHub 上有一个经过验证的徽章

```
 ~/source/AccelerateDevOps     main +1
> git log -1 --show-signature
commit bb99f47152b2d9ecfdf372cd3da702e7b2b13470 (HEAD -> main)
gpg: Signature made So  9 Jan 11:24:06 2022 CET
gpg:                using RSA key EC1031188BE09A8704EFFAD7A4E11737C8F499ED
gpg:                issuer "                            "
gpg: Good signature from "Linus Torvalds <                            >" [ultimate]
Author: Linus Torvalds <                            >
Date:   Sun Jan 9 11:23:57 2022 +0100

    Signed commit
```

图 15-5　如果电子邮件和用户匹配，则本地签名提交有效

但是，即使将 Pretty Good Privacy（PGP）密钥上传到 GitHub 配置文件（https://github.

com/settings/gpg/new），提交也不会被验证，因为 GitHub 会在配置文件中寻找已验证的电子邮件地址来获取密钥（参见图 15-6）。

图 15-6　来自其他用户的已签名提交不会得到验证

这是否意味着必须在本地签署所有提交？本书不这么认为。强制开发人员对所有的提交进行签名会拖慢速度。许多 IDE 和工具都不支持签名。保持密钥同步，处理多个电子邮件地址——一切都变得更加痛苦。如果所有开发人员在公司设备上使用相同的电子邮件地址，可能会很好。但通常情况并非如此。人们在远程、不同的机器上以不同的环境工作，并且在同一台机器上以不同的邮箱地址而不是统一的公司代码使用开源软件。这样是得不偿失的，如果攻击者有推送权限，最不用担心的就是伪造的电子邮件地址。

本书建议如下：

● 选择一个依赖于拉取请求的工作流，并对服务器上的更改进行合并、压缩或重定，以便它们默认被签名。

● 如果需要为发布保证完整性，请对标签进行签名（git tag -S）。由于 Git 是基于 SHA-1 或 SHA-256 的树，因此签名标签将确保所有父级提交没有被修改。

与其要求开发人员本地签名所有提交，减缓团队进度，不如要求在构建过程中对代码进行签名，以确保构建过程后没有人篡改文件。

签署代码

即使签署的是二进制文件而不是代码，对二进制文件进行签名仍被称为代码签名。开发者需要从可信任机构获取证书才能进行此操作。在构建过程中如何为代码签名很大程度上取决于使用的语言以及它的编译方式。

要在 GitHub Actions 中签署 Apple XCode 应用程序，开发者可以使用此文档在构建期间安装发布配置文件和 Base64 编码的证书：https://docs.github.com/en/actions/deployment/
deploying-xcode-applications/installing-an-apple-certificate-on-macos-runners-for-xcode-
development。不要忘记在与其他团队共享的自托管运行程序上进行清理。在 GitHub 托管的
运行程序上，每个构建都会获得一个纯净的环境。

根据代码签名解决方案，开发者可以在市场上找到多个 Authenticode 和 signtool.exe 操
作。但由于所有签名解决方案都是基于命令行的，因此可以像 Apple 的示例一样将签名证书
通过密钥上下文传递给工作流。

动态应用程序安全测试

为加强应用程序安全性，开发者可以将**动态应用程序安全测试（Dynamic Application
Security Testing，DAST）**集成到发布工作流中。DAST 是一种黑盒测试，模拟对正在运行
的应用程序进行真实攻击。

有许多商业工具和 SaaS 解决方案（例如 PortSwigger 的 Burp Suit 或 WhiteHat Sentinel），
但分析它们不在本书探讨的范围之内。

也有一些开源解决方案，例如来自 OWASP 的 Zed Attack Proxy（ZAP）（https://www.
zaproxy.org/）。它是一个独立的应用程序，可以在 Windows、macOS 和 Linux 上运行（请参见
https://www.zaproxy.org/download/），可用于攻击 Web 应用程序。该应用程序允许用户分析
Web 应用程序、拦截和修改流量，并使用 ZAP Spider 对网站或其部分进行攻击（参见图 15-7）。

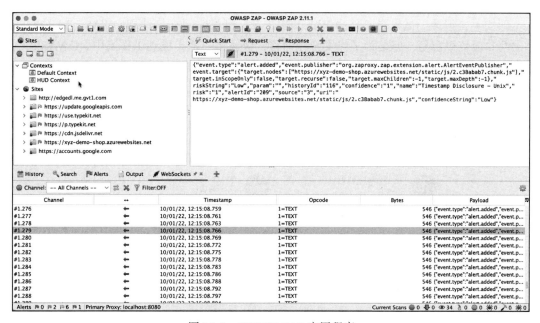

图 15-7　OWASP ZAP 应用程序

OWASP ZAP 启动一个浏览器并使用一个提示显示器（Heads-Up Display，HUD）在网站顶部显示控件。用户可以使用这些控件来分析站点、使用爬虫运行攻击，或在不离开应用程序的情况下拦截请求（参见图 15-8）。

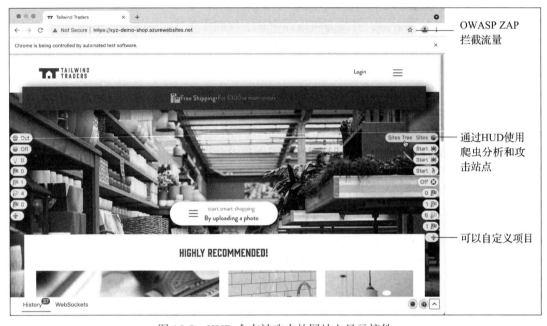

图 15-8　HUD 会在被攻击的网站上显示控件

即使不是渗透测试人员，作为 Web 开发人员，开始学习如何使用 OWASP ZAP 攻击自己的网站应该很容易。但是为了将安全性前移，应该将扫描集成到工作流中。OWASP ZAP 在 GitHub 市场中有三个 Actions（请参见图 15-9）。

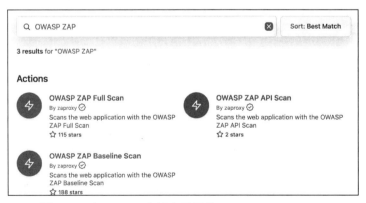

图 15-9　在 GitHub 市场中可用的 OWASP ZAP Actions

Baseline Scan 比 Full Scan 快。API Scan 可用于扫描 OpenAPI、SOAP 或 GraphQL API。

这些 Actions 的使用很简单：

```
- name: OWASP ZAP Full Scan
  uses: zaproxy/action-full-scan@v0.3.0
  with:
    target: ${{ env.TARGET_URL }}
```

该操作使用 GITHUB_TOKEN 将结果写入 GitHub Issue，它还将报告作为构件添加。报告有 HTML、JSON 或 Markdown 格式（参见图 15-10）。

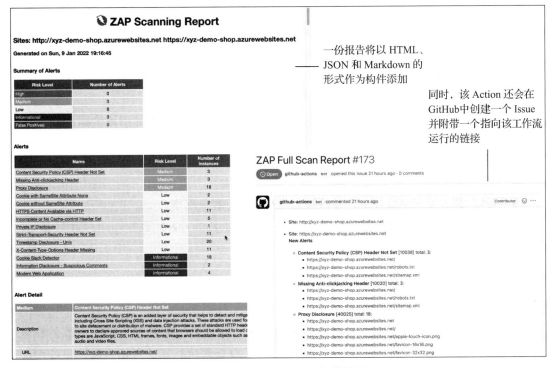

图 15-10 OWASP ZAP 扫描结果

当然，这仅适用于 Web 应用程序，还有用于其他场景的 DAST 工具。但是该示例展示了将其纳入流水线中是很容易的。大多数 DAST 工具是命令行工具或容器，或者它们已经有了集成，例如 OWASP ZAP。

加固发布流水线的安全性

CI/CD 流水线非常复杂，且面临着被攻击的风险。基本上，发布流水线是远程代码执行环境，应谨慎对待（有关一些攻击示例，请参见 Haymore A.、Smart I.、Gazdag V.、Natesan D. 和 Fernick J.，2022）。

因此，建议开发者在建立流水线时要谨慎，并遵循前人的经验，特别是在构建高度定制的流水线时。与其后悔为时已晚，不如趁早寻求外界的帮助。

保护执行器

如果开发者使用的是 GitHub 托管执行器，它们的安全工作是由 GitHub 完成的。这些执行器是临时的，每次执行都会在一个纯净的状态下开始。但是开发者执行的代码可以访问其 GitHub 中的资源，包括机密信息。请确保 GitHub Actions 安全，并限制 GitHub_TOKEN 的权限（工作流应以尽可能低的权限运行）。

开发者有责任确保在其环境中运行的自托管执行器的安全。以下是应遵循的一些规则：

- 不要将自托管执行器用于公共代码库。
- 确保执行器是临时的（或者至少在每次运行后进行清理，不要在磁盘或内存中留下文件）。
- 保持镜像轻量化且打了最新的补丁（仅安装所需工具并保持所有内容更新）。
- 不要让所有团队和技术使用通用执行器。保持镜像分离和特化。
- 将执行器放在一个隔离的网络中（只允许执行器访问其需要的资源）。
- 只运行安全的 Actions。
- 将执行器置于安全监控中，并检查是否有异常进程或网络活动。

最好的解决方案是拥有一个动态扩展的环境（例如 Kubernetes 服务），并使用轻量且已打补丁的镜像运行临时的执行器。

有关自托管和托管运行程序的详细信息，请参见第 7 章。

保护 Action

GitHub Actions 非常有用，但它们是开发者执行的代码，并被授予访问资源的权限。应该非常谨慎地选择使用哪些 Action，特别是对于自托管执行器。可信来源（如 GitHub、Microsoft、AWS 或 Google）的 Action 不是问题。但即使它们接受拉取请求，仍然有可能存在漏洞。Action 的最佳实践如下：

- 经常检查 Action 的代码。同时，查看所有者、贡献者数量、提交数量和日期、点赞数量以及所有这些类型的指标，以确定 Action 是否属于一个健康的社区。
- 始终使用显式的提交 SHA 引用 Action。SHA 是不可变的，而标签和分支可能会被修改，导致新的代码在不知情的情况下执行。
- 如果开发者正在开发分支，需要所有外部合作者的批准，而不仅仅是第一次贡献者。
- 使用 Dependabot 保持 Action 最新。

如果开发者是自托管执行器，应该更加严格地限制可使用的 Action。有两种可能性：

- 仅允许使用本地 Action，并创建一个从已分析的 Action 分支的 fork，并引用该分支。这需要额外的工作，但可以完全控制开发者使用的 Action。开发者可以将 Action 添加到本地市场，以便更轻松地找到（参见 Rob Bos，2022）。

- 允许从 GitHub 和特定允许的 Action 列表（白名单）中选择 Action。开发者可以使用通配符允许同一所有者的所有 Action（例如，`Azure/*`）。这个做法没有上一个安全，但也不需要太多维护工作。

开发者可以为每个组织或企业政策配置这些选项。

Action 是在自己的环境中执行的其他人的代码。它们是可能破坏发布和引入漏洞的依赖项。开发者应该在速度和安全性之间找到最佳平衡点。

保护环境

使用环境保护规则并设置必需审阅者来审核发布之前的部署（参见第 9 章）。这可以确保在访问环境的密钥和执行代码之前，发布已经被审核。

结合分支保护和代码所有者（参见第 3 章）的做法，仅允许特定分支进入开发者的环境。这样，可以确定必要的自动化测试和代码所有者的批准在批准部署时已经完成。

尽量使用令牌

与将存储为机密的凭据连接到云提供程序（如 Azure、AWS、GCP 或 HashiCorp）不同，开发者可以使用 OpenID Connect（OIDC）。OIDC 将交换短期的令牌以进行身份验证，而不是凭据。云提供程序也需要在其端支持 OIDC。

使用 OIDC，开发者不必在 GitHub 中存储云凭据，可以更加精细地控制工作流可以访问哪些资源，并且开发者具有轮换的短期令牌，这些令牌将在工作流运行后过期。

图 15-11 展示了 OIDC 的工作原理概述。

具体步骤如下：

1. 创建一个云服务提供商和 GitHub 之间的 OIDC 信任关系。将信任限制为一个组织和存储库，并进一步限制访问环境、分支或拉取请求。

2. GitHub OIDC 提供程序在工作流运行期间自动生成一个 JSON Web Token。该令牌包含多个声明，用于为特定工作流任务建立安全且可验证的标识。

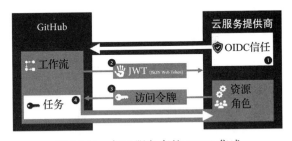

图 15-11　与云服务商的 OIDC 集成

3. 云服务提供商验证这些声明，并提供一个短期的访问令牌，仅在工作流任务的生命周期内有效。

4. 访问令牌用于访问该身份所能访问的资源。

开发者可以使用该身份直接访问资源，或者使用它从安全保险库（例如 Azure Key Vault 或 HashiCorp Vault）获取凭据。这样，可以安全地连接到不支持 OIDC 和自动密钥轮换的服务。

在 GitHub 中，可以找到有关为 AWS、Azure 和 GDP 配置 OIDC 的说明（参见 https://docs.github.com/en/actions/deployment/security-hardening-your-deployments）。步骤很简单。例如，在 Azure 中，可以在 Azure Active Directory（AAD）中创建一个应用程序注册：

```
$ az ad app create --display-name AccelerateDevOps
```

然后，使用注册输出中的应用程序 ID 创建一个服务主体：

```
$ az ad sp create --id <appId>
```

然后，可以在 AAD 中打开应用程序注册，并在"Certificates & secrets | Federated credentials | Add a credential"下添加 OIDC 信任。请根据图 15-12 中的说明填写表格：

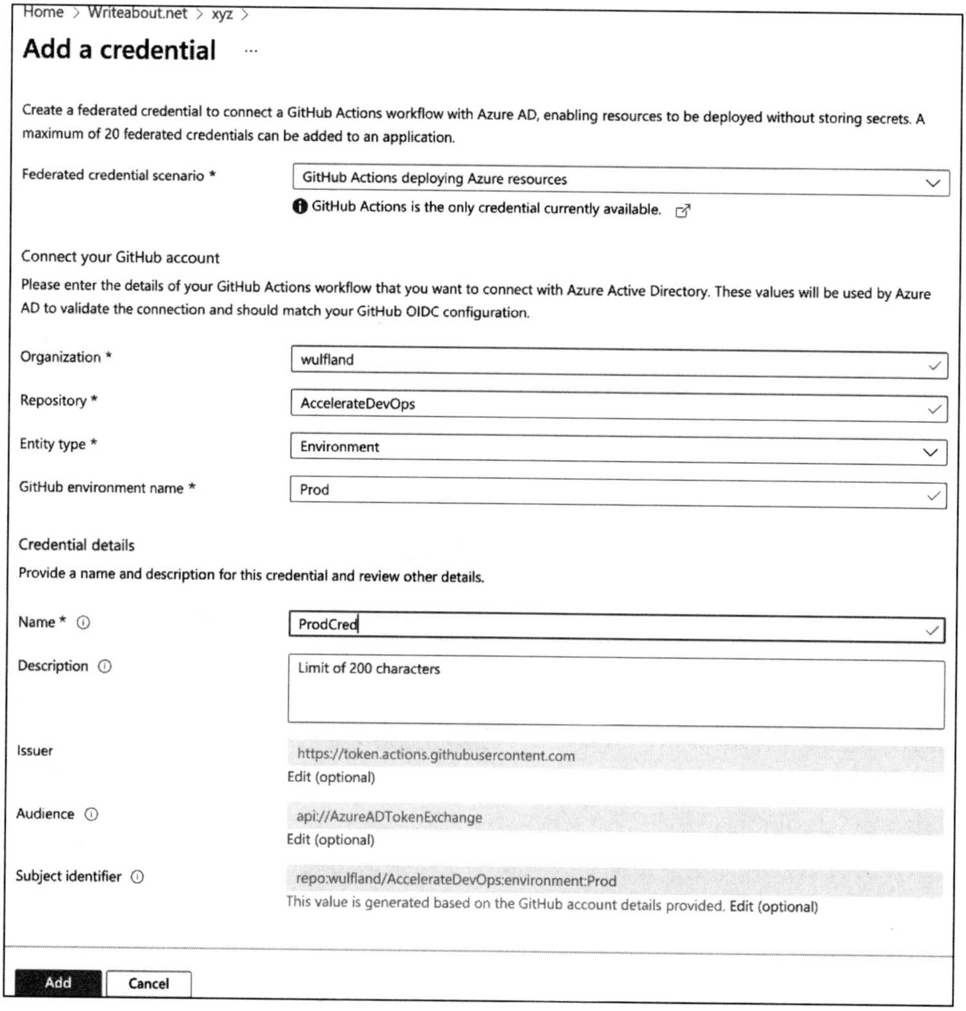

图 15-12 为应用程序注册创建 OIDC 信任

然后，在订阅级别为服务主体指定一个角色。在门户中打开订阅。在 Access control (IAM) | Role assignment | Add | Add role assignment 下，按照向导提示进行操作。选择一个角色（例如，Contributor），然后单击 Next。选择"User, group, or service principal"，并选择前面创建的服务主体。

在 GitHub 中，开发者的工作流需要 id-token 的 write 权限：

```
permissions:
      id-token: write
      contents: read
```

在 Azure Login Action 中，使用客户端 ID（appId）、租户 ID 和订阅 ID 从 Azure 中检索令牌：

```
- name: 'Az CLI login'
  uses: azure/login@v1
  with:
      client-id: ${{ secrets.AZURE_CLIENT_ID }}
      tenant-id: ${{ secrets.AZURE_TENANT_ID }}
      subscription-id: ${{ secrets.AZURE_SUBSCRIPTION_ID }}
```

之后，就可以使用 Azure CLI 访问资源：

```
- run: az account show
```

也可以使用其他 Azure Actions 并删除身份验证部分，在本例中是发布配置文件（publishing profile）。这些操作将使用登录操作提供的访问令牌（access token）：

```
- name: Run Azure webapp deploy action using OIDC
  uses: azure/webapps-deploy@v2
  with:
    app-name: ${{ env.APPNAME }}
    slot-name: Production
    package: website
```

尽管是不同的云服务提供商，但文档 https://docs.github.com/en/actions/deployment/security-hardening-your-deployments 应该可以让开发者快速上手。

收集安全遥测数据

为了确保从代码到生产的整个流水线的安全，开发者需要实时了解各个层面的情况。不同层面有不同的监控方案（参见图 15-13）。

所有这些层都应将数据报告给 SIEM 系统，以执行分析并使用 AI 检测异常。许多组织在不同层面收集数据，但由于职责不同而忘记将其纳入监控。为了加固发布安全，开发者应该考虑以下几点：

- 在 SIEM 解决方案中包含所有监视来源和事件。
- 监视整个流水线，包括代理和测试环境，以及所有进程和网络活动。

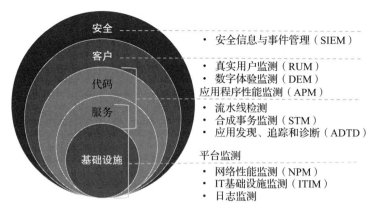

图 15-13   不同层面的监控方案

- 记录部署事件及相应版本。如果在部署后突然运行新进程或打开端口，则需要将这些更改与该部署相关联，以便进行取证。
- 收集实时应用程序安全数据，并在仪表盘上显示。这可能包括异常程序终止、SQL注入尝试、跨站点（XSS）脚本尝试、登录失败（暴力攻击）或 DDos 攻击，但具体监测哪些数据，要根据产品而定。如果用户的输入包含可疑的字符或元素，为了检测 SQL 注入或 XSS 攻击，需要在对用户输入进行编码之前增加额外的日志记录。

让人们真正了解威胁的严重性的最好方法是展示威胁已经发生或可能发生的实际情况。

案例研究

直到现在，Tailwind Gears 一直雇用外部公司对架构进行安全审查，帮助他们进行威胁建模和风险分析，并在主要版本发布之前进行安全测试。他们迄今为止的大部分投资都用于网络安全，并且从未被攻破。然而，随着使用越来越多的云服务，他们已经意识到必须采取一些措施来使其能够检测、响应和恢复，以加强安全性。

IT 部门已经开始使用 Splunk 作为他们的 SIEM 和 ITIM 解决方案，并集成了越来越多的数据源，但直到现在，IT 部门仍不能确定他们是否真的能实时检测到正在进行的攻击。Tailwind Gears 决定改变他们处理安全问题的方式。他们与其安全伙伴交谈，并计划了首次红队 – 蓝队演习。演习场景是一名内部攻击者入侵了 DevOps 试点团队的 Web 应用程序。

这个模拟演习历时 3 天，最终红队获取，他们通过以下两种方法来攻击生产环境：

- 一次攻击针对另一个团队中的一些开发人员的鱼叉式网络钓鱼攻击，成功窃取了其中一名开发人员的凭证。使用 BloodHound，他们发现该开发人员可以访问之前运行 GitHub Actions 执行器但还没有完全转移到 Kubernetes 解决方案的 Jenkins 服务器。该服务器没有启用 MFA，而 mimikatz 可以捕获测试账户的凭证。测试账户可以访问测试环境，然后可以捕获那里的管理员账户凭证，该管理员账户允许从分阶段环境中提取数据（在演习中算作生产环境）。

- 由于所有开发人员都有对任何存储库的读访问权，因此对 Web 应用程序的依赖关系进行分析后，红队发现了一个容易受到 XSS 攻击的组件，且尚未修补。该组件是一个搜索控件，在另一个团队的前端开发人员的帮助下，红队在其他用户的上下文中执行脚本。他们在内部 GitHub 存储库中打开一个议题，并使用 GitHub API 在每次执行时向该议题发布一条评论作为证明。

这次模拟过程中发现了许多后续需要解决的问题，将在接下来几周内解决。有些事情不涉及我们的 DevOps 团队，例如为所有内部系统启用 MFA，或定期执行钓鱼模拟以提高员工的安全意识。但是也有许多问题涉及了团队。Tailwind Gears 决定将安全性融入开发过程中。这包括密码扫描、使用 Dependabot 进行依赖关系管理和代码扫描等操作。

团队还将与 IT 部门合作，通过将构建服务器迁移到 Kubernetes，实施整个流水线的安全日志记录，以及使用 OpenID Connect 和安全密钥库来处理机密信息，从而使发布流水线更加安全可靠。

大家都期待着 3 个月后的下一次红队 – 蓝队演习。

总结

本章学习了如何通过扫描容器和 IaC，确保代码和配置的一致性，并对整个流水线进行安全加固来保护发布流水线和部署。

下一章将讨论软件架构对软件交付性能的影响。

拓展阅读

以下是本章的参考资料，读者也可使用它们来获取相关内容的更多信息：

- Kim G., Humble J., Debois P. & Willis J. (2016). *The DevOps Handbook*: *How to Create World-Class Agility, Reliability, and Security in Technology Organizations* (1st ed.). IT Revolution Press
- Forsgren N., Humble, J., & Kim, G. (2018). *Accelerate*: *The Science of Lean Software and DevOps*: *Building and Scaling High Performing Technology Organizations* (1st ed.) [E-book]. IT Revolution Press.
- Oladimeji S., Kerner S. M. (2021). *SolarWinds hack explained*: *Everything you need to know*. https://whatis.techtarget.com/feature/SolarWinds-hack-explained-Everything-you-need-to-know
- Sudhakar Ramakrishna (2021). *New Findings From Our Investigation of SUNBURST*.

https://orangematter.solarwinds.com/2021/01/11/new-findings-from-our-investigation-of-sunburst/

- Crowdstrike blog (2021). *SUNSPOT*: *An Implant in the Build Process*. https://www.crowdstrike.com/blog/sunspot-malware-technical-analysis/

- Eckels S., Smith J. & Ballenthin W. (2020). *SUNBURST Additional Technical Details*. https://www.mandiant.com/resources/sunburst-additional-technical-details

- Souppaya M., Morello J., & Scarfone K. (2017). *Application Container Security Guide*: https://doi.org/10.6028/NIST.SP.800-190

- National Telecommunications and Information Administration (NTIA), *Software Bill of Materials*: https://www.ntia.gov/sbom

- Thomas Claburn (2018). *Check your repos… Crypto-coin-stealing code sneaks into fairly popular NPM lib (2m downloads per week)*: https://www.theregister.com/2018/11/26/npm_repo_bitcoin_stealer/

- Haymore A., Smart I., Gazdag V., Natesan D., & Fernick J. (2022). *10 real-world stories of how we've compromised CI/CD pipelines*: https://research.nccgroup.com/2022/01/13/10-real-world-stories-of-how-weve-compromised-ci-cd-pipelines/

- Rob Bos (2022). *Setup an internal GitHub Actions Marketplace*: https://devopsjournal.io/blog/2021/10/14/GitHub-Actions-Internal-Marketplace.html

软 件 架 构

第四部分涉及软件架构与组织内沟通的相关性。读者将学习如何逐步将单体架构转变为松散耦合的事件驱动架构。

本部分包括以下章节：

- 第 16 章　松散耦合架构和微服务
- 第 17 章　团队赋权

第 16 章 |
Chapter 16

松散耦合架构和微服务

有趣的是，软件架构对软件交付性能的影响比开发者构建的系统类型更大。无论企业的产品是云服务、运行在制造硬件上的嵌入式软件、消费者应用、企业应用，甚至是大型机软件，都没有影响。如果产品架构具有某些特征，这对工程性能基本上没有影响（Forsgren N.、Humble J. 和 Kim G.，2018）。每种系统类型都有高效和低效的情况。但架构的特征与工程速度明显相关，这使其成为关键加速因素之一。

本章将介绍松散耦合系统，以及如何发展软件和系统设计以实现高工程速度。

本章包括如下主题：

- 松散耦合系统
- 微服务
- 进化式设计
- 事件驱动架构

松散耦合系统

所有曾经在紧耦合的单体应用上工作过的开发者都知道它所引起的问题：沟通的开销和执行更大变化所需的会议；在修复了应用程序的另一部分的错误之后，又出现了新的错误；其他开发者的改变破坏了原有的功能。所有这些问题都会导致开发者对集成和部署的恐惧，并减慢开发速度。

在设计系统和软件时，开发者应该关注以下特点：

- **可部署性**：每个团队能否独立于其他应用或团队发布他们的应用。
- **可测试性**：每个团队能否在不需要必须同时部署来自其他团队的多个独立解决方案的测试环境的情况下完成大部分测试。

这里的团队规模是一个小型的双比萨团队（见第 17 章）。如果产品是小型团队的可部署性和可测试性设计系统，它将自动引导成具有定义明确的接口的松散耦合系统。

微服务

　　松散耦合系统最常见的架构模式是微服务模式，"这是一种将单个应用开发为小型服务套件的方法，每个服务都在自己的进程中运行，并通过轻量级的机制进行通信，通常是 HTTP API 资源"（Lewis J. 和 Fowler M.，2014）。

　　微服务从面向服务的架构（SOA）中演变而来，具有一些额外的特征。微服务具有去中心化数据管理的特点——意味着每个服务都完全拥有自己的数据。此外，微服务支持轻量级的消息传递，而不是用于服务间通信的复杂协议或中央编排——智能端点和傻瓜式管道。

　　微服务的一个重要特征经常被忽略——它们是围绕着业务能力建立的。这也定义了一个服务应该有多小。为了定义服务的范围，开发者必须了解业务领域。在领域驱动设计中，一个微服务与一个限界的上下文相匹配（Eric Evans，2003）。

　　微服务的另一个特点是完全独立部署和可测试的。这就是为什么它们与高工程速度有关的原因。

　　微服务有很多优点。它们的扩展性非常好，因为开发者可以独立地扩展每个服务。它们还允许每个团队用自己的编程语言和数据存储解决方案工作，以最好地满足其需求。最重要的是，它们允许开发大型复杂应用的团队在不干扰其他团队的情况下快速开发。

　　但这些优势是有代价的。基于微服务的应用程序很复杂，很难操作和排除故障。

　　有许多著名的基于微服务的解决方案——例如，Netflix 和 Amazon。它们运行全球级规模的服务，并有一个允许他们每天部署数千次的架构。

　　但也有很多企业试图实施微服务，最终都失败了。失败的新兴项目的数量尤其多，其原因往往是缺乏对业务领域的了解，以及对每个服务的界限上下文的错误定义，特别是当应用程序是由外部企业开发的时候，他们还没有学会该领域的适用语言。另一个原因是，他们低估了操作服务的复杂性。

　　因此，与其实施微服务，不如关注架构的可部署性和可测试性特征，并根据需求调整方案设计。需求不是一成不变的，它会随着时间的推移而变化——开发者的架构也应该如此。

进化式设计

　　某些架构风格的优势和劣势因各种原因而转变。一个是开发者的应用程序的规模，另一个是对开发者的领域和客户的了解以及规模化运作的能力。根据这些因素，不同的架构风格更适合开发者（见图 16-1）。

　　进化式设计即不断调整架构和系统设计以适应当前的需求。要启动全新产品，最好从单体方法和一个团队开始。这可以让开发者在没有太多开销的情况下快速行动。如果规模扩大并对这个领域有了更多的了解，就可以开始使用编程语言的功能来模块化应用程序了。

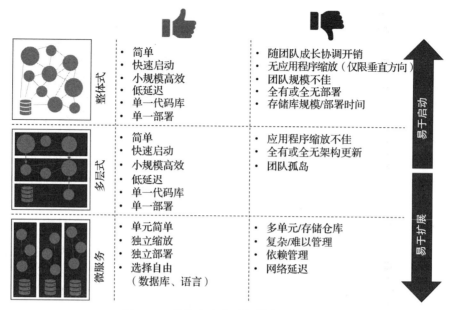

图 16-1　优势和劣势随规模变化而变化

在某一时刻，复杂性和规模将变得非常高，以至于需要微服务来帮助开发者保持产品的可测试性和可部署性。

此时读者一定想问——如何从已有的架构中得出需要的架构？完全重写是非常昂贵并且有风险的。更好的方法是逐步演化设计。Martin Fowler 称之为 StranglerFigApplication 模式（Martin Fowler，2004）。绞杀植物在树的上部树枝上附生，然后逐渐在树上向下生根，直到在土壤中生根。被附着的树在某个时候被勒死——只留下一个支撑自己的有机结构。

开发者不是重写自己的应用程序，而是在它周围长出一个新的"绞杀植物"的应用程序，让它逐渐成长，直到旧系统被扼杀并可以关闭。

事件驱动架构

除了微服务、单体和多层应用程序之外，还有其他架构风格——例如，事件驱动架构（EDA）。事件驱动架构是一种围绕事件的发布、处理和持久化的模式。主干是消息代理（例如 Apache Kafka），而各个服务或组件可以发布事件（发布者）或订阅事件（订阅者）。

事件驱动架构可以很好地适应基于微服务的方法，它还可以与其他架构风格一起使用。它可以帮助开发者在松散耦合的组件或服务中保持一致性，由于事件的异步性质，它可以完美地水平扩展，因此非常适合处理大量动态数据的解决方案，例如近乎实时处理传感器数据的物联网解决方案。

特别是在云原生环境中，事件驱动架构可以帮助开发者快速移动，在很短的时间内建立松散耦合和全局可扩展的解决方案。

一个经常被用于事件驱动架构的模式是**事件溯源**。事件溯源不是持久化实体，而是将应用状态的所有变化（包括实体）作为一个事件序列来捕获（Martin Fowler，2005）。要检索一个实体，应用程序必须重放所有的事件以获得最新的状态。由于事件是不可改变的，这提供了一个完美的审计跟踪。开发者可以把事件流看作是一个不可变的事实流，它可以被看作是唯一的真相来源。除了可审计性之外，事件源在可扩展性和可测试性方面也有很多好处。

如果开发者需要捕获数据的意图、目的或原因，需要避免更新冲突，以及必须保留历史记录并经常回滚更改时，事件溯源是一种合适的模式。事件溯源与命令和查询责任隔离（CQRS）配合得非常好。CQRS 是一种读写分离的模式。

但要注意的是，事件溯源非常复杂，大多数开发人员都不会自然而然地在事件中对域进行建模。如果上述标准不适合企业产品，那么事件溯源可能不是一个好模式。

一种更适合于简单领域的架构风格是 Web-Queue-Worker。这是一种主要用于无服务器 PaaS 组件的模式，它由一个服务于客户端请求的 Web 前端和一个在后台执行长时间运行任务的工作程序组成。前端和后端是无状态的，并使用消息队列进行通信。该模式通常与其他云服务相结合，如身份提供者、数据库、Redis 缓存和内容分发网络（CDN）。Web-Queue-Worker 是开始使用云原生应用程序的良好模式。

无论选择什么样的架构风格，都要尽可能地保持简单。从简单的开始，并随着时间的推移和需求的增加而不断发展设计，而不是过度设计，最终得到一个复杂的解决方案。

总结

如果读者正在采用 CI/CD 和 DevOps 实践，但没有产生效率提升，那么应该仔细看看自己的解决方案架构，这是工程速度的关键指标之一。关注可部署性和可测试性的特点，而不是关注架构风格。

本章介绍了松散耦合系统的进化设计及一些相关的架构风格和模式。

下一章将讨论组织结构和软件架构之间的关联，以及如何在 GitHub 中结合起来。

拓展阅读

以下是本章的参考资料，读者还可以使用它们来获取有关这些主题的更多信息：

- Forsgren N., Humble, J., and Kim, G. (2018). *Accelerate*: *The Science of Lean Software and DevOps*: *Building and Scaling High Performing Technology Organizations* (1st ed.) [E-book]. IT Revolution Press.

- Lewis J. and Fowler M. (2014). *Microservices*: `https://martinfowler.com/articles/microservices.html`
- Eric Evans (2003). *Domain-Driven Design*: *Tackling Complexity in the Heart of Software*. Addison-Wesley Professional.
- Martin Fowler (2004). *StranglerFigApplication*: `https://martinfowler.com/bliki/StranglerFigApplication.html`
- Michael T. Nygard (2017). *Release It!*: *Design and Deploy Production-Ready Software*. Pragmatic Programmers.
- Martin Fowler (2005). *Event Sourcing*: `https://martinfowler.com/eaaDev/EventSourcing.html`
- Lucas Krause (2015). *Microservices*: *Patterns and Applications-Designing fine-grained services by applying patterns* [Kindle Edition].

## 第 17 章

团 队 赋 权

如果客户对他们的架构不满意，就让他们解释其产品的组织结构，并画出一张图。如果把这个组织结构图和他们的架构图进行比较，总能发现很多相似之处。这种组织结构和软件架构之间的关联性被称为**康威法则**（Conway's law）。

本章将学习如何利用这种关联性来改善架构、组织结构和软件交付性能。

本章包括如下主题：

- 康威法则
- 双比萨团队
- 逆康威演习
- 交付节奏
- 单存储库或多存储库战略

康威法则

康威法则可以追溯到 1968 年的一篇文章（Conway，Melvin，1968，第 31 页）：

> "设计系统的组织被限制在生产设计上，这些设计是组织的通信结构的副本"。
>
> ——Melvin E. Conway

该法则并非专门针对软件或系统架构，而是针对任何系统的设计。请注意，它不是指一个组织的管理结构，而是指其沟通结构。这两者可能是相同的，但在某些情况下却并非如此。通常情况下，如果组织结构图与软件设计不匹配，可以寻找沟通流，它与组织结构图是不同的。

例如，如果企业有许多小团队或个人开发者，他们从不同的客户或顾问那里获得需求，可能会没有任何组织界限地相互交谈。他们正在开发的系统将反映这一点，并由许多具有高度内聚力的模块组成，这些模块相互引用——这就是所谓的意大利面式架构。而那些一起工作的团队，通过一个沟通渠道（例如产品负责人）接收他们的需求，将建立一个在团队工作的模块中具有高度内聚力的系统。但其他团队工作的系统部分将有较少的引用。用 Eric

S.Raymond 的话来说，"如果三个团队都在做一个编译器，你会得到一个三通编译器"（见 Raymond，Eric S.，1996，第 124 页）。图 17-1 直观地展示了这两个例子。

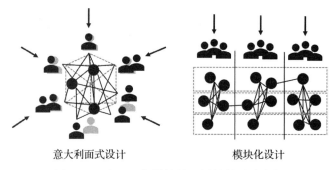

意大利面式设计　　　　　　　　模块化设计

图 17-1　基于通信结构的不同软件设计实例

但是，需要什么样的沟通结构才能促成有助于团队加快工程速度的系统设计呢？

双比萨团队

Amazon 的架构是讨论最多的基于微服务的架构之一，它允许每天进行数千次大规模部署。他们在团队设置中使用双比萨规则（Amazon，2020）：

　　"我们试图创建不超过两个比萨饼可以养活的团队。"

——Jeff Bezos

但两个比萨饼究竟能养活多少人？在日常生活中，一张比萨大约可供 3～4 人食用。这意味着团队规模大约为 6～8 人。在美国的佐丹奴餐厅，他们使用 3/8 法则——顾客订购的比萨饼数量应该是人数的 3 倍除以 8。

这将导致每个团队最多有 5～6 人。因此，两个比萨饼的团队规模并没有很好的界定——作者认为这与团队成员的饥饿感无关。这个规则只是意味着团队应该是小规模的。

大团队的问题是，每增加一个团队成员，团队中的链接数就会迅速增长。可以用以下公式来计算链接的数量：

n 是团队中的人数。这意味着一个有 6 名成员的团队在成员之间有 15 条链接——而一个有 12 名成员的团队已经有 66 条链接（见图 17-2）。

如果人们在团队中工作，他们会体验到一种积极的协同效应，多样性和沟通有助于提高质量以及结果。但是，如果团队中增加更多的人，沟通的开销和决策的迟缓就会导致负面的协同效应（见图 17-3）。

但一个团队的最佳人数（这个神奇的数字）到底是多少？

美国海豹突击队表示，四人是一个战斗小组的最佳规模（Jocko Willink 和 Leif Babin，

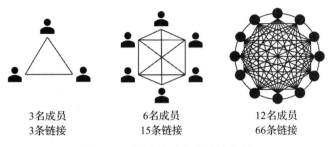

3名成员　　　　　6名成员　　　　　12名成员
3条链接　　　　　15条链接　　　　　66条链接

图 17-2　团队成员之间的链接数

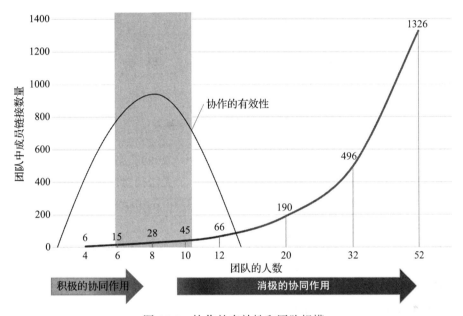

图 17-3　协作的有效性和团队规模

2017）。他们也依赖于复杂环境下的高频沟通。但是，战斗团队的技能可能比跨职能的开发团队的技能更加线性化。所以，没有证据表明这个数字对开发团队来说也是最佳的。

在 Scrum（迭代式增量软件开发过程）中，米勒定律指出，神奇的数字 7，加上或减去 2（Miller，G.A.，1956），被用来定义推荐的团队规模。米勒定律是 1956 年发表的一篇关于人类短时记忆的局限性的文章，它与沟通能力有关。但是米勒定律在科学上被驳斥了，Scrum仍然使用这些数字的原因是 5 ～ 9 人在很多情况下只是一个好的团队规模——但是没有任何科学依据。也有一些高性能的 Scrum 团队只有 3 名成员，还有一些团队有 14 名成员。

有一项来自 QSM 的研究，分析了 491 个开发项目。该研究的结论是，较小的团队有更高的生产力，更少的开发工作，以及更好的开发进度（QSM，2011）。1 ～ 3 人的团队、3 ～ 5 人的团队、5 ～ 7 人的团队的群组是接近的。超过 7 人就会导致开发工作的急剧增加（见图 17-4）。

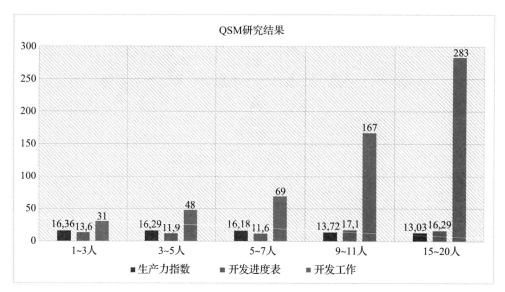

图 17-4　QSM 研究的成果摘要

小团队比大团队表现更好有几个原因（见 Cohn M.，2009，第 177 ～ 180 页）：

- **社会闲散**：社会闲散是一种现象，当人们在一个无法衡量个人表现的团体中工作时，往往会减少为实现目标所做的努力（Karau S.J. 和 Williams K.D.，1993）。较小的团体往往受社会闲散的影响较小。
- **凝聚力和所有权**：小团队有更多建设性的互动，成员更容易建立信任感、相互拥有感和凝聚力（Robbins S.，2005）。
- **协调工作**：在一个较小的团队中，花在协调上的时间较少。简单的事情（如协调会议）在大团队中往往要复杂得多。
- **更多的回报**：个人的贡献在小团队中更明显。如果团队规模较小，这一点以及更好的社会凝聚力会营造更有价值的环境（Steiner I.D.，1972）。

当然，小团队也有一些缺点。最大的是失去一个或多个团队成员的风险，这在小团队中更难以弥补。另一个缺点是缺乏某些专业技能。如果需要涉及五个领域深厚的专业知识，几乎不可能通过一个三人团队来提供。

纵观这些数据，取决于开发者的环境及平衡优势和劣势，一个双比萨团队的最佳规模介于 3 ～ 7 人。

逆康威演习

了解了团队的最佳规模，就可以进行一些"逆康威演习"（Forsgren N.、Humble J. 和 Kim G.，2018，第 102 页）。如果企业将组织结构演化为自主的双比萨团队，架构就会演化为一个更松散的耦合。

但这不仅仅是团队规模的问题！如果围绕功能创建团队，就会形成一个分层或多层的架构。如果把前端开发者和数据库专家放在一起，架构将在这些通信点上解耦（见图 17-5）。

为了实现一个可部署和可测试的架构，赋予团队权力，管理者必须创建负责业务成果的跨职能团队。这将成立理想的架构，有助于快速行动（见图 17-6）。

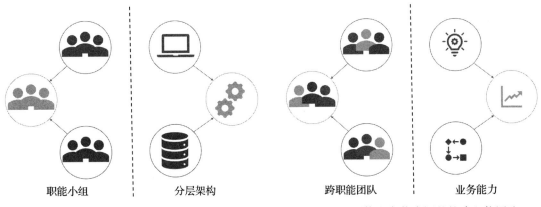

| 职能小组 | 分层架构 | 跨职能团队 | 业务能力 |

图 17-5　职能团队导致分层架构　　图 17-6　围绕业务能力调整的跨职能团队，
以实现快速价值交付

有四种类型的团队拓扑结构对系统架构和软件交付性能有积极影响（Skelton M. 和 Pais M.，2019）：

- **价值流一致**：这是最重要的团队拓扑结构——跨职能的团队可以为客户提供重要的价值，而不依赖其他团队来完成。这些团队需要所有必需的技能来交付价值——例如，用户体验、质量保证、数据库管理员和运维技能。
- **平台团队**：构建平台的团队，通过降低复杂性和简化软件交付过程，使价值流一致的团队能够交付价值。
- **赋能团队**：作为其他团队入职、过渡或培训阶段承担责任的团队。
- **子系统团队**：这种团队类型只有在绝对必要的情况下才可以创建！如果一个子系统太过复杂，无法由价值流一致性团队或平台型团队来处理，那么最好是有一个功能型团队来处理这个子系统。

重要的是，每个团队都有明确的责任，可以在不依赖其他团队完成某些任务的情况下提供价值。

但是，为了达到对绩效的预期效果，必须将团队的互动方式限制在以下三种互动模式之一：

- **协作**：两个或更多的团队在一定时间内紧密合作，分担责任。

- **自我服务**：一个团队将其价值作为一种服务提供给另一个团队。责任划分清晰，服务可以尽可能容易和自动化地被使用。
- **促进**：一个团队帮助另一个团队，并在一定时间内帮助他们学习新事物或培养新习惯。

建立一个有效的团队拓扑结构，具有良好的、明确的沟通和互动，会对系统结构和工程效率产生巨大的影响。

交付节奏

即使是跨职能的、自主的团队，在团队之间仍然会有一些相互依赖和沟通流发生。在本书的前几章介绍工作流和指标时，重点放在效率、流程、批量大小和持续交付价值上。但是仍然需要一些节奏来控制流程。在 Scrum 中，这被称为经验过程控制。在一定时间后，管理者会暂停检查和采用——不仅是交付的内容，还有流程和团队动态。这个时间跨度在 Scrum 中被称为**冲刺（sprint）**。作者不喜欢这个术语，因为它意味着更快的节奏，而开发应该有一个持续而稳定的节奏。如果有人想跑马拉松，他就不会冲刺——同样产品开发是一场马拉松，而不是一系列的冲刺。但不管怎么称呼这些间隔，它们对持续学习和采用以及团队建设都很重要。这些间隔对于利益相关者和其他团队进行沟通也很重要。

这就是为什么这些间隔应该在所有团队中保持一致。他们应该确定稳定的节奏并充当工程组织的节拍。

间隔不应该太长，也不应该太短。对于大多数公司来说，一个月是最长的，最短的是两周。这并不意味着团队不能做更小的迭代或冲刺。他们仍然可以进行为期一周的冲刺，只是将其与全局的节奏相一致。开发者可以采用一个较快的节奏，并使其与较慢的节奏保持一致，但反之则不然（见图 17-7）。

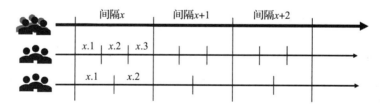

图 17-7　使更快的迭代与交付节奏保持一致

在这种情况下，x 不一定要以周为单位来衡量。在确定节奏时，要考虑到整个组织的节奏。如果组织中的所有事情都是按月进行的，那么 3 周的节奏就不能与公司的其他部门同步。在这种情况下，定义一个月度节奏（或其一小部分）是更好的选择，以减少冲突。如果公司是上市公司，并且使用 4-4-5 日历，那么一个财政季度可能就是节奏。看一下组织的节奏，将冲刺节奏与之同步，使间隔与组织的节奏相协调（见图 17-8）。

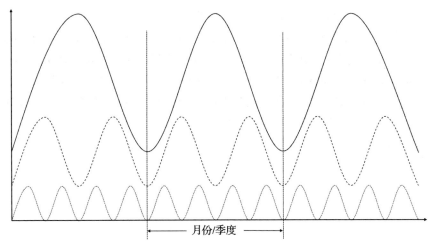

图 17-8　调整节奏，与组织的节奏保持同步

如果节奏与组织不同步，它将产生一系列冲突。会议将发生冲突，管理者可能无法得到需要的反馈和数据。一个与组织一致的节奏将有助于顺畅的流动和改善沟通（Reinertsen D.，2009，第 176 ～ 178 页）。

单存储库或多存储库战略

除了团队规模和节奏外，如果想执行"逆康威演习"，代码结构方式对架构也有影响。这里介绍两种策略：

- **单存储库策略**：只有一个存储库，包含应用程序所需的所有模块（或微服务）。
- **多存储库策略**：每个模块或微服务都位于自己的存储库里，必须部署多个存储库才能得到一个完整的工作应用。

这两种策略都有优点和缺点。单版本策略的最大优点是易于部署和调试整个应用程序。但单存储库往往会很快变得很大，这就降低了 Git 的性能。另外，随着存储库的不断扩大，独立部署和测试应用程序的不同部分变得很困难。这导致了架构的紧密耦合。

通过大型单存储库工作

在 Git 的背景下，大存储库是什么意思？ Linux 内核的存储库大约有 3GB。克隆需要相当长的时间，单个 Git 命令也很慢，但仍在可接受的范围内。Windows 存储库大约有 300GB，这是 Linux 内核的 100 倍。在 Windows 存储库上执行某些 Git 操作需要一些时间：

- `git clone`：大约 12 小时。
- `git checkout`：大约 3 小时。
- `git status`：大约 8 分钟。

- `git add and git commit`：大约 3 分钟。

这就是为什么微软维护自己的 Git 客户端分支（https://github.com/microsoft/git）。这个分支包含了很多对大型存储库的优化。它包括 scalar CLI（https://github.com/microsoft/git/blob/HEAD/contrib/scalar/docs/index.md），可以用来设置高级的 Git 配置，在后台维护存储库，并帮助减少网络上的数据发送。这些改进极大地减少了 Windows 存储库中的 Git 操作时间：

- `git clone`：从 12 小时减少到 90 秒。
- `git checkout`：从 3 小时减少到 30 秒。
- `git status`：从 8 分钟减少到 3 秒。

许多这样的优化现在已经是 Git 客户端的一部分了。例如，用户可以使用 `git sparse-checkout`（https://git-scm.com/docs/git-sparse-checkout），它允许用户只下载用户所需的存储库部分。

只有当存储库非常庞大时，才需要微软的分支；否则可以用普通的 Git 功能进行优化。

用主题和星级列表来组织存储库

多存储库策略的最大优势是减少了单个存储库的复杂性。每个软件库都可以自主地维护和部署。最大的缺点是很难构建和测试整个应用程序。但是为了获得真实用户的反馈或调试复杂的 bug，仅部署单个服务或模块是不够的，需要更新整个应用程序。这意味着在开发者的存储库边界上协调多个部署。

如果选择多存储库策略，最终会有很多小存储库。一个好的命名规则可以帮助组织它们，也可以使用主题来组织存储库。主题设置在版本库的右上角（见图 17-9）。

用户可以使用 `topic：keyword`（关键字）来过滤存储库（见图 17-10）。

另一个可以用来组织大量存储库的功能是星级列表。这是一项个人功能，不能被分享。在 GitHub 配置文件中，用户可以创建列表并组织标星的存储库（见图 17-11）。

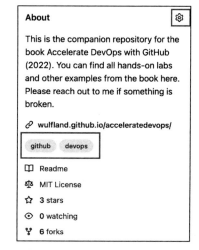

图 17-9   为存储库设置主题，以提高发现率

用户可以像在浏览器中使用收藏夹一样使用这些功能，但它们并不能解决部署、调试、或测试整个应用程序。

如果微服务使用 Kubernetes，可以使用 Visual Studio Code 中的 Bridge to Kubernetes 插件（https://marketplace.visualstudio.com/items?itemName=mindaro.mindaro），在生产或测试集群的背景下调试本地服务（见 Medina A. M.，2021）。但是，如果依赖于一次性构建和部署所有的服务，最好的解决方案是用一个元存储库作为一个子模块引用所有的服务。

图 17-10　根据主题过滤存储库

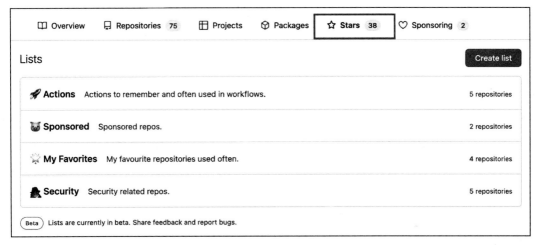

图 17-11　在列表中组织标星的存储库

使用 Git 子模块来构造代码

用户可以使用一个元存储库，它包含所有其他存储库作为子模块。这允许用一个命令克隆所有的存储库：

```
$ git clone --recurse-submodules
```

另外，如果已经克隆了元存储库，要更新元存储库，可以使用以下命令。

```
$ git submodule update --init --recursive
```

存储库可以包含脚本或工作流程，以部署整个应用程序。

用户可以用这个元存储库来做发布管理，把稳定版本捆绑在一起。如果使用分支进行发布，那么可以将子模块设置为某个分支，并在发布最新版本前对其进行更新。

```
$ git config -f .gitmodules submodule.<SUB>.branch main
$ git submodule update --remote
```

如果使用标签来发布，那么可以将每个子模块设置为一个特定的版本，并将其提交到元存储库。

```
$ cd <SUB>
$ git checkout <TAG>
$ cd ..
$ git add <SUB>
$ git commit -m "Update <SUB> to <TAG>"
$ git push
```

其他人可以拉取这些变化，并将子模块更新到与标签对应的版本。

```
$ git pull
$ git submodule update --init --recursive
```

Git 子模块是一种很好的方式，可以在多存储库中工作，独立部署，同时还能将一个应用程序作为一个整体来管理。但要注意的是，相互依存关系越多，维护元存储库和保持它们的可部署状态就会越复杂。

什么是正确的策略

如果单存储库策略或多存储库策略更适合团队，那么应将其与第 16 章所介绍的松散耦合的架构和微服务紧密结合，当时还讨论了进化设计。单一发布适合于小型产品和新兴项目。随着规模和复杂性的增加，最好把微服务或模块拆开，并把它们移到存储库里。但要始终牢记可测试性和可部署性——对单个服务 / 模块和整个应用来说都是如此。

案例研究

在前三个成功的冲刺之后，Tailwind Gears 的更多团队转移到一个新的平台。第一批团队已经被选中，拥有一个已经可以独立测试和部署的产品。由于团队中包含敏捷专家、产品负责人和 QA 成员，因此团队对于两个比萨饼的规则来说有点大，但这个问题稍后会解决。接下来的团队太大了，他们从事的是有很多相互依赖关系的大型单体应用。为了执行"逆康威演习"，所有的团队都聚集在一起，自行组织下一个要转移到新平台的团队。限制条件如下：

- 不超过两个比萨饼团队的规模。
- 负责一项业务能力（有界限的上下文），可以使用"绞杀植物"应用模式进行提取，并自主进行测试和部署。

这有助于发展应用程序的设计。新的微服务是云原生的，有自己的云原生数据存储。它们使用 API 和事件驱动架构被集成到现有的应用程序中。微服务在新的平台上被转移到自己的存储库，因为他们在大多数时候是独立部署的。与其他团队的同步是通过功能标记完成的。

对于嵌入式软件来说，这并不可行。团队需要一种方法来构建和部署整个应用程序。但他们也想部署和测试各个模块。这就是为什么团队决定将应用程序分成不同的存储库，并创建一个元存储库（包括其他存储库作为其子模块）。这允许各个团队在任何时候将他们的模块部署到测试硬件上，以测试真实世界场景中的新功能——但它保持了产品的状态可以在任何时候发布。

当第一批团队转移到新的平台时，他们保持了现有的 3 周冲刺节奏。由于这些团队可以或多或少地自主工作，这并不成问题。随着更多的团队转移到新平台，冲刺周期会与其他团队保持一致。Tailwind Gears 是一家上市公司，曾经按季度做所有的业务报告。他们也按周报告，并有一个正常化的 4-4-5 日历。每个季度末和季度初都有很多会议，经常与冲刺会议冲突。团队决定根据这种节奏调整他们的节奏。季度由 13 周组成——但有一周用于季度会议，所以这一周从冲刺日历中除去。这一周也用于季度大会议计划。剩下的 12 周被分为 6 个为期两周的冲刺阶段。

总结

本章介绍了如何利用团队结构和沟通流对软件和系统架构的影响进行逆康威演习。这有助于实现由可自主测试和可部署的单元组成的松散耦合架构，对软件交付性能产生积极影响。

接下来的章节将更多地关注要建立什么，而不是如何建立它，并将介绍精益产品开发，以及如何将客户反馈纳入工作中。

拓展阅读

以下是本章的参考资料，读者可以使用它们来获取有关这些主题的更多信息：

- Conway, Melvin (1968). *How do committees invent*: http://www.melconway.com/Home/pdf/committees.pdf
- Raymond, Eric S. (1996). *The New Hacker's Dictionary* [3rd ed.]. MIT Press.
- Amazon (2020): *Introduction to DevOps on AWS-Two-Pizza Teams*: https://docs.aws.amazon.com/whitepapers/latest/introduction-devops-aws/two-pizza-teams.html
- Willink,J. and Leif Babin, L. (2017). *Extreme Ownership*: *How U.S. Navy SEALs Lead and Win*. Macmillan.
- Miller, G.A. (1956). *The magical number seven, plus or minus two*: *Some limits on our capacity for processing information*: http://psychclassics.yorku.ca/Miller/

- Cohn M. (2009). *Succeeding with Agile*: *Software Development Using Scrum*. Addison-Wesley.
- QSM (2011). *Team Size Can Be the Key to a Successful Software Project*: `https://www.qsm.com/process_improvement_01.html`
- Karau, S. J. and Williams, K. D. (1993). *Social loafing*: *A meta-analytic review and theoretical integration. Journal of Personality and Social Psychology*, 65(4), 681-706. `https://doi.org/10.1037/0022-3514.65.4.681`
- Robbins S. (2005). *Essentials of organizational behavior*. Prentice Hall.
- Steiner, I.D. (1972). *Group process and productivity*. Academic Press Inc.
- Forsgren N., Humble, J., and Kim, G. (2018). *Accelerate*: *The Science of Lean Software and DevOps*: *Building and Scaling High Performing Technology Organizations* (1st ed.) [E-book]. IT Revolution Press.
- Skelton M. and Pais M. (2019). *Team Topologies*: *Organizing Business and Technology Teams for Fast Flow*. IT Revolution.
- Reinertsen D. (2009). *The Principles of Product Development Flow*: *Second Generation Lean Product Development*. Celeritas Publishing.
- Medina A. M. (2021). *Remote debugging on Kubernetes using VS Code*: `https://developers.redhat.com/articles/2021/12/13/remote-debugging-kubernetes-using-vs-code`

精益产品管理

在第五部分中，读者将学习精益产品管理的重要性，如何将客户反馈融入工作流程，以及如何将假设驱动的开发和目标与关键结果（OKR）相结合。

本部分包括以下章节：

- 第 18 章　精益产品开发与精益创业
- 第 19 章　实验与 A/B 测试

精益产品开发与精益创业

到目前为止，本书只关注应该如何构建和交付软件，但并没有关注到应该构建什么样的软件，以及如何确定所构建的软件是正确的。但是**精益软件开发**实践对软件交付性能、组织绩效和组织文化有很大的积极影响（Forsgren N.、Humble J. 和 Kim G.，2018，第 129 页）。因此，许多 DevOps 转型从分析价值流开始，并尝试在工程实践的同时优化产品管理。但是，在本书看来，这带来了太多的改动，并且也是一个先有鸡还是先有蛋的问题。如果不能以小批量频繁交付，就很难应用精益产品管理实践。

本章将探讨如何应用精益产品开发和精益创业实践来构建使最终用户满意的产品。本章包括如下主题：

- 精益产品开发
- 融合客户反馈
- 最简可行产品（Minimal Viable Product，MVP）
- 企业组合管理
- 提升产品管理技能
- 商业模式图

精益产品开发

构建正确软件的难度经常被低估。开发者不能仅仅问潜在的客户他们想要什么。客户想要什么、客户真正想要什么以及客户愿意为此付费这三件事是完全不同的。

精益产品开发是丰田引入的一种方法，旨在解决他们在产品开发中遇到的挑战，尤其是缺乏创新、长开发周期和多次重复周期（Ward，Allen，2007，第 3 页）。精益产品开发建立在跨职能团队的基础上，采用渐进式方法。其主要特点如下：

- 以小批量工作。
- 让工作流程可见。
- 收集并整合客户反馈。
- 团队实验。

新的维度是客户反馈和实验。但是，如果没有能力实现小批量工作和可视化的工作流程，就不可能基于客户反馈进行实验。

融合客户反馈

如何收集客户反馈并将从中学习到的反馈整合到产品中呢？最重要的是，团队需要获得自主权。只要团队仍然收到交付要求，就无法从客户反馈中学习并将反馈整合到产品中。除此之外，团队中需要有具备合适技能的人员，或者必须培训自己的工程师。产品管理和用户体验设计是大多数团队不具备的技能，但它们对于从客户反馈和互动中学习至关重要。

收集客户反馈的一种方法是采访客户或执行**游击可用性测试**（guerrilla usability testing）。但是，在解释结果时必须非常小心，人们所说的和他们的行为通常是完全不同的。

要真正接近反馈循环并从客户行为中学习，需要具备以下条件：

- 客户数据（不仅包括访谈数据，还包括反馈、使用数据、评估和绩效数据等）。
- 解释数据的知识（产品管理技能）。
- 科学方法。

精益创业方法论将产品管理从直觉（炼金术）转移到科学方法，使用构建－测量－学习循环执行假设驱动的实验（参见 Ries、Eric，2011）：

- 根据对当前客户反馈／数据的分析制定一个假设：

我们相信 { 客户层 } 因为 { 价值主张 } 需要 { 产品 / 功能 }

- 为了证明或反驳假设，团队进行一项实验，该实验将影响某些指标。
- 团队分析实验影响的指标并从中学习，通常是通过制定新的假设。

图 18-1 显示了用于假设驱动实验的构建－测量－学习循环：

图 18-1　假设驱动的实验，构建－测量－学习循环

践行假设驱动的开发并不容易，这需要大量指标并很好地了解最终用户如何使用应用程序。仅有使用数据是不够的，必须能够将其与性能指标、错误日志、安全日志和自定义指标结合起来，以全面了解正在发生的事情。有多少人因为太慢而停止使用该应用程序？有多少人无法登录？有多少密码重置是攻击？有多少真实用户无法登录？尝试的越多，就越会发现对用户行为方式的了解存在怎样的差距。但是，在每个循环中都将学习并添加更多指标，从而构建一个更适合用户的应用程序。而且将了解到哪些功能可以为用户带来真正的价值，以及哪些功能是可以删除的，以精简产品减少浪费。

假设驱动的实验可以和**目标与关键结果**（Objectives and Key Results，OKR）完美结合（请参阅第 1 章）。OKR 通过在某些指标（例如增长、参与度或客户满意度）上设置可衡量的关键结果，使团队与更大的愿景保持一致。

MVP

过去几年中最常被滥用的术语之一是 MVP。曾经是概念验证（PoC）或某一峰值的所有内容现在都称为 MVP。但 MVP 是产品的一个版本，它可以用最少的代价实现构建 – 测量 – 学习的完整循环（Ries、Eric，2011）。

图 18-2 是一张能引起读者共鸣的图。

图 18-2　构建 MVP 的错误示例

它表明应该通过解决问题域（在本例中为运输）来交付每轮迭代。问题是这不是 MVP，这是敏捷交付。自行车不能检验跑车提案的价值，特斯拉不可能创造出电动自行车来对电动跑车的成功进行测试。

如果与真实客户一起测试 MVP，它可能会破坏客户的印象并因此失去客户。MVP 不能只有最少的功能。它还必须是可靠的、用户友好的和可取的（见图 18-3）。

因此，如果有现有的产品和客户群，使用 MVP 进行实验会容易得多。对于初创企业和新产品来说，这要困难得多，在将 MVP 付诸实践之前，必须进行可用性和可靠性测试。否则，实验可能会出错。但即使对于现有产品，在与客户一起尝试新功能时，也要确保它们可靠、用户友好且令人愉悦！

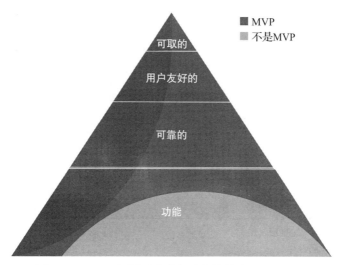

图 18-3　MVP 必须测试需求层次结构中的所有级别

企业组合管理

在初创企业中，管理通常很容易——至少在开始时是这样。但是，如果有多个团队和多个产品，要如何确保跨职能、自治的团队朝着同一个方向前进，并做出符合企业长期目标的决策。

要实行精益产品开发，公司需要从命令控制流程转向使命原则（Humble J.、Molesky J. 和 O'Reilly B.，2020）。这会影响公司的投资组合管理：

- 预算：与传统的下一个财政年度预算不同，管理层从多个角度制定高级目标并定期对其进行审查。这种转向可以在多个级别上完成，并允许在需要时动态分配资源。
- 项目管理：管理层无须制定详细的前期计划，而是在项目级别指定下一阶段的可衡量目标。然后团队自己弄清楚如何才能实现这些目标。

这可以与 OKR 完美结合（参见第 1 章）。

使命原则意味着公司需要了解产品管理和各个层面的市场。最重要的是要理解，就像每个功能（参见第 10 章）一样，每个产品都有一个生命周期。新技术被不同的人群采用。有些创新者尝试一切可能，有些早期采用者或远见者试图保持领先地位。然后，绝大多数用户（总共大约 70%）可以被分为早期多数（实用主义者）和晚期多数（保守派）。最后是没有采用技术的落后者（见图 18-4）。

这里有一件有趣的事情：早期采用者和早期多数人之间存在逻辑断层。断层是基于许多创新失败的历史，因为它们没有被创新者视为竞争优势的来源，并且也还没有一个充分的完善的体系从而也不被早期多数人认为是安全可靠的。许多产品正是在那个时候失败了。

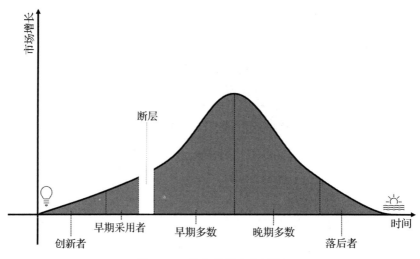

图 18-4　技术采用生命周期

　　一旦早期多数人开始采用新技术，通常情况下，其他产品和服务就会进入市场。市场总量仍在增长，但随着竞争者的增多以及对质量和价格预期的变化，市场发生了变化（见图 18-5）。

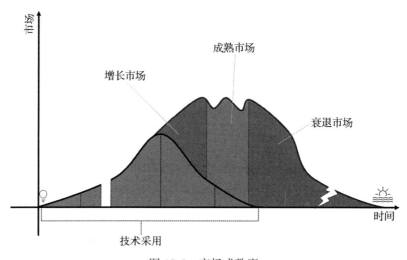

图 18-5　市场成熟度

　　了解产品在生命周期中所处的位置非常重要，因为每个阶段都需要不同的策略才能取得成功。

　　初创企业从探索开始。他们寻找符合创始人愿景、提供客户价值并能够推动盈利增长的新商业模式。在此探索阶段，当初创企业发现问题 / 解决方案契合时，它会尝试使用MVP 尽快评估它是否也适合产品 / 市场。

一旦找到商业模式，策略就可以成为攫取利润的方式。初创公司通过提高效率来扩大规模，同时降低成本，从而利用商业模式。

探索和开发是完全不同的策略，需要不同的能力、流程、风险管理和思维方式。初创企业通常善于探索，不善于开发；企业善于开发，但不善于探索。

对于所有公司来说，在利用现有产品和探索新的商业模式之间找到平衡点很重要，因为从长远来看，只有能够同时管理这两者，公司才能生存。这就是现在有这么多企业拥有**创新孵化中心**来模仿初创企业以探索新商业模式的原因。

要管理投资组合，可以在增长矩阵上绘制产品。该矩阵有四个增长象限，并揭示了产品相对于其他投资的财务重要性（见图 18-6）。

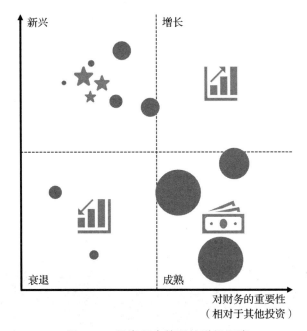

图 18-6　投资组合管理的增长矩阵

产品的大小可以是收入或利润。在新兴象限中应该始终有足够的产品可以开发到增长象限或成熟象限，因为有些产品只会衰退而不会获得相关性。左侧显示应该探索的产品，右侧显示应该发展和盈利的产品。

该矩阵与波士顿咨询集团（BCG）的份额增长矩阵非常相似，该框架由 Alan Zakon（后来成为 BCG 的首席执行官）于 1970 年创建。增长份额矩阵使用市场份额而不是 *x* 轴上的财务重要性（见图 18-7）。

如果对市场有清晰的认识，则该矩阵很适合。问号象限代表高成长性的产品，必须探索发展成明星产品或者盈利产品。宠物象限要么是失败的实验，要么是衰退的产品。无论哪种情况，迟早都应该关闭它们。

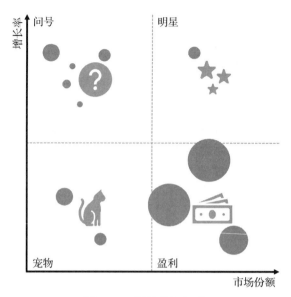

图 18-7 增长份额矩阵

企业面临的挑战是在不收购的情况下创造明星（或成长）象限的产品。原因在于市场动态（见图 18-5）和企业管理其投资组合的方式，可以使用三层模型来管理企业组合（见图 18-8）。

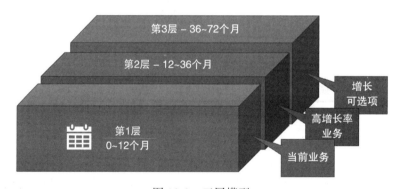

图 18-8 三层模型

三层模型如下：

- **第 1 层**：产生今天的现金流。
- **第 2 层**：今天的收入增长和明天的现金流。
- **第 3 层**：未来高增长业务的选择。

第 1 层是成熟产品或盈利产品。对这些项目的投资将在同年产生回报。第 2 层是有潜力成为盈利产品的新兴产品。它们需要大量投资，但不会产生与第 1 层中的投资相同水平的结果。第 3 层是未来的潜在产品，但失败的可能性很大。

这三个层次完全不同，需要不同的策略才能成功（Humble J.、Molesky J. 和 O'Reilly B.，2020）。但是，不仅需要不同的策略，新产品通常会扰乱市场并夺走现有业务的份额和收入。柯达于 1975 年发明了数码相机，但他们的业务建立在冲印照片而非捕捉回忆上，这项发明被管理层拒绝了。柯达于 2012 年申请破产——这一年几乎每个人的口袋里随时都有数码相机。一个成功的例子是亚马逊，电子书从他们销售实体书的经典商业模式中获得了市场份额。又如，微软的云业务会导致本地产品的许可销售下降。

随着新产品从现有市场夺走市场份额和收入，用一种所有人都朝着共同的长期发展目标的方式来引导企业是很重要的。否则，人们会排斥新产品，以维护他们在企业内部的主导地位。

为了平衡这三个层面，应该有一个透明的资源分配流程和不同的应对策略。对第 3 层产品投资的一般金额是 10%——通常是每季度一次，根据验证式学习（validated learning）提供资金。表 18-1 显示了三个层面的不同策略和投资。

表 18-1　三个层面的不同策略和投资

	第 1 层	第 2 层	第 3 层
目标	最大化回报	跨越鸿沟	找到适合的产品 / 市场
关键指标	收入、份额、盈利能力、净推荐值	增长率、新客户、目标客户、提高效率	品牌认知度、受欢迎程度、创新得分、活跃的产品使用
策略	竞争、利用	规模、加速	创新、探索
投资比	60% ～ 70%	20% ～ 30%	10%

但是应该把三个层面应用到不同的业务部门吗？本书不这样认为。这只会导致更多的孤岛。具有平衡短期和长期目标的成长心态和目标的良好公司文化才能够在各个层面进行创新并拥抱创新，但是需要良好的产品管理来可视化哪些产品和功能处于其生命周期的哪个阶段，以便所有人了解所应用的不同策略。

提升产品管理技能

对于想要实践精益产品开发的成功 DevOps 团队来说，产品管理是一项至关重要的技能。许多敏捷项目之所以失败，是因为产品负责人无法推动愿景并做出必要的艰难决定。产品管理基于以下三个支柱：

- 了解客户
- 了解业务
- 了解产品

了解客户

要打造令客户满意的产品，就必须对使用该产品的人有深刻的同理心。在软件开发中，使用**角色**（虚构人物）来表示自 90 年代以来使用产品的用户群（Goodwin、Kim，2009）。与仅将客户视为具有混合特征的大群体相比，在设计功能时牢记特定特征有助于理解客户的需求和局限性。

但今天，开发者可以做到更多，可以收集有关客户如何使用产品的数据。可以从该数据中提取哪些角色（可用性集群）？最常见的用例是什么？哪些功能没有使用？哪些用例在完成之前就被终止了？这些是应该通过分析数据定期回答的问题。

了解业务

要构建成功的产品，团队必须了解业务。团队所处的市场是什么，市场份额有多大？谁是竞争对手，他们的优势和劣势是什么？

理解业务对于工程师来说通常是一门全新的学科。传统上，这是在不同的层面上完成的，只有很少的信息被传递给工程师。诸如商业模式图之类的练习可以在团队中培养这些技能。

了解产品

了解产品通常是工程团队的强项。但是了解产品不仅仅意味着知道这个特性，还意味着知道产品是如何运行的，负载均衡和性能如何，以及积累了多少技术债务。

当然，可以将经验丰富的产品经理和用户体验设计师添加到团队中。但是，正如在上一章中讨论的那样，应该让团队保持小规模。创建和发布的每个功能、进行的每个实验以及做出的每个决定都需要这些技能。最好提高团队的技能，例如，拥有可以在需要时帮助团队的用户体验设计师。

商业模式图

为了加强工程师的产品管理技能，可以练习创建商业模式图——用于创建商业模式或记录现有模式的模板。商业模式图由 Alexander Osterwalder 于 2005 年开发。读者可以通过链接 https://www.strategyzer.com/canvas/business-model-canvas 免费下载模板副本。

Canvas 旨在打印在一张大纸上，团队可以集思广益，共同绘制草图或在上面添加便利贴。它包含商业模式的九个基本组成部分：

- **价值主张**：要解决什么问题？满足什么需求？
- **客户细分**：为谁创造价值？谁是最重要的客户？
- **客户关系**：每个客户期望建立什么样的关系？
- **渠道**：客户希望通过哪些渠道进行交流？
- **主要合作伙伴**：必须与谁建立伙伴关系？谁是主要供应商？

- **关键活动**：实现价值主张需要哪些活动？
- **关键资源**：价值主张需要哪些资源（例如人员、技术和流程）？
- **成本结构**：商业模式最重要的成本驱动因素是什么？它们是固定的还是可变的？
- **收入流**：客户愿意为什么价值支付？愿意支付多少？愿意多久支付一次？

Canvas 包含更多提示，可帮助团队创建业务模型，如图 18-9 所示。

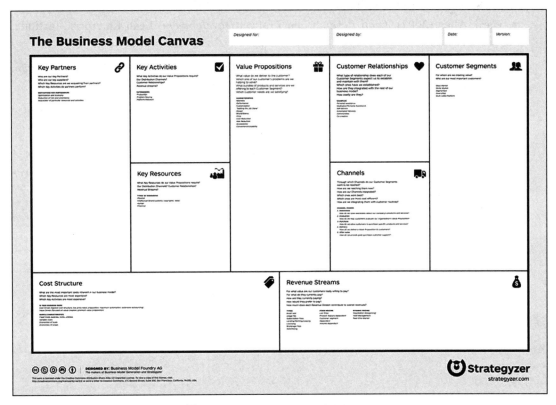

图 18-9　The Business Model Canvas

通过填写画布的所有区域，考虑整个商业模式方面的任何潜在想法，以整体方式思考所有元素如何组合在一起。

总结

本章介绍了精益产品管理的重要性以及如何将客户反馈纳入工作流程。介绍了 MVP 以及如何使用假设驱动的开发来构建正确的产品。下一章将更详细地讲解如何通过 A/B 测试来进行实验。

拓展阅读

以下是本章的参考资料，读者可以使用它们来获取有关这些主题的更多信息：

- Forsgren N., Humble, J., & Kim, G. (2018). *Accelerate*: *The Science of Lean Software and DevOps*: *Building and Scaling High Performing Technology Organizations* (1st ed.) [E-book]. IT Revolution Press.
- Ward, Allen (2007). *Lean Product and Process Development*. Lean Enterprise Institute, US.
- Ries, Eric (2011). *The Lean Startup*: *How Today's Entrepreneurs Use Continuous Innovation to Create Radically Successful Businesses* [Kindl Edition]. Currency.
- Humble J., Molesky J. & O'Reilly B. (2015). *Lean Enterprise*: *How High Performance Organizations Innovate at Scale* [Kindle Edition]. O'Reilly Media.
- Osterwalder, Alexander (2004). *The Business Model Ontology*: *A Proposition In A Design Science Approach*: `http://www.hec.unil.ch/aosterwa/PhD/Osterwalder_PhD_BM_Ontology.pdf`
- Goodwin, Kim (2009). *Designing for the Digital Age-How to Create Human-Centered Products and Services*. Wiley.

## 第 19 章

实验与 A/B 测试

本章将讨论如何通过基于验证的 DevOps 实践（如 A/B 测试）进行验证假设的实验，从而发展和持续改进产品，这有时也被称为假设驱动的开发或实验。

本章包括如下主题：

- 用科学的方法进行实验
- 使用 GrowthBook 和 Flagger 进行有效的 A/B 测试
- 实验和 OKR

用科学的方法进行实验

传统上，需求管理更多的是猜测而不是科学。最接近科学方法的一般是访谈或市场研究。这种方法的问题是调查者不能问人们他们还不知道的事情。调查者可以问他们想要什么，但不能问他们需要什么，因为他们可能还不知道，尤其是在一个凌乱的细分市场中。

假设驱动开发的思想是将科学方法应用于产品管理，是一种获取循证知识的经验方法。

科学方法是一个实验过程，用于探索、观察和回答旨在发现因果关系的问题。它遵循特定的流程步骤（见图 19-1）。

我们将详解各个步骤：

1. 观察：使用五种感官（嗅觉、视觉、听觉、触觉和味觉）观察现实。

2. 问题：根据观察和现有研究或以前的实验提出问题。

3. 假设：根据提出问题时获得的知识提出假设。假设是根据观察和研究预测会发生什么。假设通常以 if…then…from 的形式编写，例如："如果我们修改这个变量，那么我们期望这种变

图 19-1　科学方法

化是可观察的"。

4. **实验**：实验证明或反驳假设。在实验中，有不同的变量。**自变量**是更改以触发结果的变量，**因变量**是测量并期望改变的事物。在实验中，通过观察收集**定性数据**，通过测量和收集指标收集**定量数据**。

实验还使用对照组来证明变异性不仅仅是偶然的。要测试药物治疗效果，必须设计一个实验，其中一部分人群（**对照组**）不接受治疗并给予安慰剂，而**实验组**则接受潜在药物治疗（见图 19-2）。

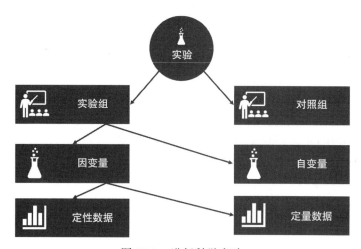

图 19-2　进行科学实验

为了进行良好的实验，应该一次只更改一个变量，同时保持所有其他变量不变；还应该避免偏见，无论多么努力，偏见都可以很容易地影响观察和结论。

5. **结论**：实验结束后，需要分析结果并将实际结果与预期结果进行比较。从实验中学到了什么？能证实或反驳假设吗？是否有新的假设或新的问题需要提出？或者需要更多的实验来确定吗？

6. **结果**：最后一步是分享结果，即使假设被否定了，它仍然是有价值的学习。

科学方法是一种迭代的、经验性的方法，但步骤不一定按该顺序发生。在任何时候，都可以修改问题并改变假设——观察一直在进行。流程图看起来更像图 19-3，而不是清晰的循环。

图 19-3　科学实验过程中的步骤没有严格的顺序

科学方法在行业中非常重要——不仅是为了打造正确的产品。在查找错误或生产问题时，也应该使用该方法：根据观察到的事实提出假设。通过一次只改变一件事来进行实验，通常是改变配置值。执行交叉检查以确保没有其他系统或变量干扰实验。在开始下一个假设之前做出结论并记录结果。

下面介绍如何使用科学方法来改进和持续改进软件。

观察——收集和分析数据

可以观察应用程序的用户。第 12 章讨论了可用性测试技术，例如走廊测试或游击可用性。通常用户都分散在世界各地，查看他们生成的数据比走访他们更容易。

数据是假设驱动开发的最重要的组成部分！实验得越多，随着时间的推移收集的数据就越多。

观察数据时，不应只关注手头的数据点，问问自己数据背后隐藏着什么信息。如果目标是每月增加活跃用户数，则不应该只关注当前用户的数据。检查尝试登录失败的数据，有多少用户想要使用应用程序但被锁定并且无法恢复他们的密码或第二个身份验证因素？有多少用户在被告知需要验证邮件或手机号码后再登录？有多少人取消了注册流程，他们等了多长时间才这样做？

要回答这类问题，不能简单地查看使用数据，必须合并来自所有可用来源的数据（参见图 19-4）。

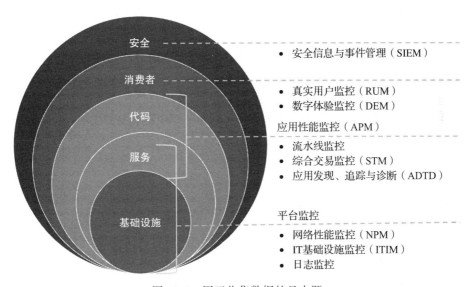

图 19-4　用于收集数据的日志源

然后可以将这些定量数据与定性数据相结合，例如客户调查、客户服务中心的数据或任何类型的分析数据。图 19-5 显示了不同的数据源，可以使用它们来获得洞察力并制定问题。

图 19-5　观察数据源

考虑到这些问题后，就可以开始制定假设。

制定假设

假设是根据观察和研究来预测将来可能会发生的事情。假设可以写成一个简单的 if…then… 形式（如果 < 我们修改这个变量 >，那么 < 我们希望这个变化可以被观测到 >）。

如果通过删除电话号码和邮寄地址等字段来缩短注册表，那么取消注册过程的人数（放弃率）将会下降。

由于对于存留积压的工作会有很多假设，因此通常有一个类似于用户信息的修复表单，其中包括客户群和功能名称。这使假设在这些存留的工作中更容易被发现：

```
We believe {customer segment}⊖
want {feature}
because {value proposition}
```

这种形式还将三个方面带入假设：

- **谁（Who）**：我们要为谁更改应用程序？
- **什么（What）**：我们正在改变什么？
- **如何（How）**：这种变化将如何影响用户？

这些成分构成了一个很好的假设：

⊖　我们相信 { 用户字段 }
　　想要 { 特性 }
　　因为 { 价值主张 }

我们相信新用户

想要一个更短的注册表，输入字段更少

因为这允许他们在泄露个人数据之前测试应用程序并获得信心。

请注意，关注价值主张会导致对"**如何（How）**"的描述更抽象，而更关注"**为什么（Why）**"。在市场营销中，经常会在假设中发现这样的细节：

- 有什么影响？
- 它有多好？
- 什么时候之后会有？

这导致假设和实验之间存在一对一的关系。本书认为（尤其是在开始实验时）将实验与基础假设分开会有所帮助。开发者可能需要多次实验才能最终确定假设是对还是错。

构建实验

在定义实验时，应该尽量保持尽可能多的变量不变。最好的办法是查看基线数据（baseline data）。周末和假期将如何影响数据？政治和宏观经济趋势将如何影响实验？

另外，请确保对照组和实验组都足够大。如果只对一小部分人进行实验，结果可能不具有代表性。如果对照组太小，可能没有足够的数据来比较结果，尤其是在存在没有预见到的其他外部因素的情况下。一个好的实验应该包含以下信息：

- 有什么变化？
- 预期的影响是什么？
- 谁是受众或客户群？
- 期望有多少变化？
- 进行多长时间的实验？
- 将数据与对照组或历史数据进行比较的基线是什么？

下面举例说明。

与对照组（**基线**）相比，新的、更短的注册表（**有什么变化**）将在 14 天后（**经过多长时间**）将 50% 的新用户（**对谁**）的注册表放弃率（**影响**）降低 15%（**多少**）。

定义实验后，可以开始实施和执行它。如果使用功能标记进行开发（请参阅第 10 章），就像编写新功能一样简单。唯一的区别是不会为所有用户打开该功能，而是为实验组打开该功能。

验证结果

实验结束后，分析结果并将实际结果与预期结果进行比较。从实验中学到了什么？能否验证或证伪假设，或者是否需要更多实验来确定？是否有新的假设或新的问题需要提出？

结果的回顾性研究是重要的一环。因为指标超过了阈值，不要跳过它，仅仅假设假设是对还是错。分析数据并检查意外影响、偏差和统计异常值。

从假设和实验中学习应该会产生新的想法并完成构建 – 测量 – 学习循环（见图 19-6）。

图 19-6   使用构建 – 测量 – 学习循环的假设驱动实验

有许多工具可以辅助进行有效的 A/B 测试和实验。

使用 GrowthBook 和 Flagger 进行有效的 A/B 测试

GitHub 没有可以帮助进行 A/B 测试的工具，但市场上有许多可用的工具。问题是这些工具中有许多具有完全不同的功能范围。有些更像是网络体验工具，可以使用它们的内容管理系统（CMS）构建网站，或使用可视化编辑器构建 A/B 测试以创建和测试变动（例如，Optimizely，请参阅 https://www.optimizely.com/）。有些更侧重于营销、登录页面和活动管理，例如 HubSpot（https://www.hubspot.com/）。这些工具很棒，但可能不是工程团队的正确选择。

做特征标记的工具提供了更好的解决方案，例如 LaunchDarkly、VWO 或 Unleash。第 10 章已经介绍了这些工具，故不再赘述。如果开发者正用这些解决方案之一来做功能标记，那么这也是应该首先寻找 A/B 测试解决方案的地方。

本章将重点介绍 GrowthBook 和 Flagger，这两个开源项目非常注重实验，但采用了完全不同的方法。

GrowthBook

GrowthBook（https://github.com/growthbook/growthbook）是一个具有免费和开放核心的解决方案。它也可作为 SaaS 和企业计划使用。它为 React、JavaScript、PHP、Ruby、Python、Go 和 Kotlin 提供了 SDK。

GrowthBook 的方案设计是完全容器化的。如果想要尝试一下，只需要克隆存储库，然后运行以下命令：

```
docker-compose up -d
```

启动后，可以访问 http://localhost:3000 上的 Growthbook。

在 GitHub Codespaces 中运行 GrowthBook

如果想试用 GrowthBook，可以在 GitHub Codespaces 中运行它。为此，必须配置 docker-compose.yml 以使用正确的 DNS 名称，因为 GrowthBook 使用本地主机连接到其 MongoDB。将 environment 下的 APP_ORIGIN 设置为本地的 3000 端口地址，将 API_HOST 设置为本地的 3001 端口地址，并使 3001 端口可见。

连接后，可以使用它来提供功能标记或构建实验。要构建实验，必须将数据源连接到 GrowthBook——例如，BigQuery、Snowflake、Redshift 或 Google Analytics 等。如果有预定义的数据模式，也可以构建自己的数据模式。然后，根据个人的数据源创建指标。指标可以是以下任何一项：

- **二项式**：简单的是或否对话（例如，创建账户）。
- **计数**：每个用户的多次对话（例如，页面访问）。
- **持续时间**：平均花费多长时间（例如，现场停留时间）。
- **收入**：平均获得或损失的收入（例如，每个用户的收入）。

要运行实验，通常会使用功能标记位，也可以直接使用其中一个 SDK 运行内联实验。JavaScript 中的实验如下所示：

```
const { value } = growthbook.run({
  key: "my-experiment",
  variations: ["red", "blue", "green"],
});
```

实验根据开发者定义的指标运行，结果如图 19-7 所示。

开发者可以在实验中添加和删除指标，也可以将其导出为 Jupyter Notebook。

GrowthBook 还附带了适用于 JavaScript 的 Google Chrome 扩展 GrowthBook DevTools 和 React SDK，它允许开发者直接在浏览器中与功能标记位进行交互。可视化编辑器目前处于测试阶段。

GrowthBook 很简单，也基于功能标记，如第 10 章中介绍的解决方案。

Flagger

Flagger（https://flagger.app/）是一种完全不同的方法。它是 Kubernetes 的交付运营商，可以与服务网格 Istio 一起使用。Flagger 更常用于向 Kubernetes 集群发布金丝雀版本，但它也可以根据 HTTP 匹配条件路由流量。

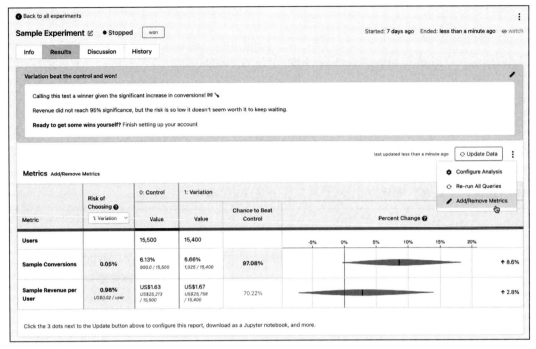

图 19-7　GrowthBook 中的一个实验结果

它可以使用 `insider`（内部）cookie 为所有用户创建一个 20 分钟的实验，如下所示：

```
analysis:
  # schedule interval (default 60s)
  interval: 1m
  # total number of iterations
  iterations: 20
  # max number of failed metric checks before rollback
  threshold: 2
  # canary match condition
  match:
    - headers:
        cookie:
          regex: "^(.*?;)?(type=insider)(;.*)?$"
```

　　另外，可以将 Flagger 与来自 Prometheus、Datadog、Dynatrace 等的指标相结合。这里不详细介绍，更多信息请参阅 Flagger 文档（https://docs.flagger.app/）。Stefan Prodan 也编写了一本很好的教程：*GitOps recipe for Progressive Delivery with Flux v2, Flagger and Istio*（请参阅 https://github.com/stefanprodan/gitops-istio）。

　　Flagger 和 Istio 的解决方案带来了极大的灵活性，但它也相当复杂，不适合初学者。如果开发者已经在使用 Kubernetes 和 Istio 并执行金丝雀发布，那么 Flagger 可能是适合的强大框架。

如上所述，有许多解决方案可以辅助进行实验和 A/B 测试。从以 CMS 和活动为中心的工具到 Kubernetes 运营商，有各种各样具有完全不同方法的解决方案。最合适的解决方案取决于很多因素——主要是现有的工具链、定价和支持。本书认为更重要的是关注流程和数据分析。为应用程序提供两个版本应该不是挑战——理解数据可能才是。

实验和 OKR

在第 1 章中介绍了目标与关键结果（OKR），它是一个以透明方式定义和跟踪目标及其结果的框架。OKR 帮助组织实现战略目标的高度一致性，同时为各个团队保持最大程度的自主权。

工程团队是一种昂贵的资源，许多利益相关者一直在向他们提出要求：测试人员提交错误，客户要求新功能，管理层希望赶上竞争对手并向重要客户做出承诺。一个团队应该如何找到进行实验的自由？最好从哪些实验开始？

OKR 可以通过同时保留决定构建什么以及如何构建的自主权，使之能够与更高层次的目标保持一致。

假设公司希望成为市场领导者，市场份额达到 75%，并且需要新注册用户的持续增长率才能实现这一目标。所在团队的关键结果是每月 20% 的增长率。这将为所在团队设置优先级。当然，还有其他事情要做，但优先考虑的是 OKR。该团队可能首先调查有多少人来到注册页面，以及来自什么推荐。有多少人点击"立即注册"按钮？有多少人完成了对话？他们什么时候不再回来？到那时，他们会自动开始提出假设，并可以进行实验来证明它们。

OKR 也有利于跨团队协作，因为团队可能拥有具有高协同效应的 OKR，因为它们与更高级别的目标保持一致。在这个例子中，团队可能想与市场营销人员交谈，因为他们会有类似的 OKR。他们可能有自己的实验想法，以帮助提高指向注册网站的登录页面的参与率。

OKR 是一个很好的工具，它通过确保与其他团队和更高层次的目标保持一致来赋予人们进行实验的自由。

总结

实验、A/B 测试和假设驱动开发是困难的主题，因为它们需要在许多领域具有高度的成熟度：

- **管理**：团队需要自主权来决定自己构建什么以及如何构建它。
- **文化**：团队需要一种信任文化，让人们不惧怕失败。
- **跨团队协作**：必须能够跨学科工作，因为实验通常需要不同部门的协作。
- **技术能力**：必须能够在很短的时间内将更改发布到生产环境并针对各个客户群。
- **洞察力**：必须具有强大的分析能力，并结合来自不同来源的数据和指标。

如果还没有，请不要担心。作者合作的许多团队都还没有，只须继续提高能力并检查指标是否显示结果。DevOps 是一段旅程而非目标，必须一步一个脚印。

本章介绍了实验、A/B 测试和假设驱动开发的基础知识，并且介绍了一些可以帮助开发者构建解决方案的工具。

下一章将介绍 GitHub 的基础知识，包括托管选项、价格，以及如何将其集成到现有的工具链和企业中。

拓展阅读

以下是本章的参考资料和链接，可以使用它们来获取有关这些主题的更多信息：

- *The Scientific method*: https://en.wikipedia.org/wiki/Scientific_method
- *Ring-based deployments*: https://docs.microsoft.com/en-us/azure/devops/migrate/phase-rollout-with-rings
- *Optimizely*: https://www.optimizely.com/
- *Hubspot*: https://www.hubspot.com/
- *GrowthBook*: https://github.com/growthbook/growthbook
- *Flagger*: https://flagger.app/
- Stefan Prodan: *GitOps recipe for progressive delivery with Flux v2, Flagger, and Istio*: https://github.com/stefanprodan/gitops-istio

## 第 20 章

GitHub：开发者的家园

本章将介绍 GitHub 平台的一些基础知识，包括不同托管选项、价格，以及如何将其集成到现有工具链中。

本章包括如下主题：

- 托管选项与价格
- 动手实践：在 GitHub.com 上创建账户
- 企业安全
- GitHub 学习实验室

托管选项与价格

GitHub 有很多不同的许可证和托管选项，对于企业来说，了解它们以做出正确的选择非常重要。

托管选项

GitHub（https://github.com）的托管地点在美国的数据中心。用户可以免费在 GitHub 注册，并获得免费的无限私有和公共存储库。GitHub 的许多功能对于开源项目是免费的，但对于私有存储库不是。

对于企业来说，有不同的选项来托管 GitHub（请参见图 20-1）。

GitHub 企业云

GitHub 企业云（GHEC）是由 GitHub 提供的 SaaS 服务，完全由 GitHub 在美国的云基础设施托管。其可以为用户提供更高的安全性并支持单点登录，同时允许用户在企业背景下托管私有存储库和公共存储库，以便进行开源项目的托管。

GHEC 保证企业每个月的 SLA 可用性为 99.9%，即每个月最多只有 45 分钟的停机时间。

图 20-1　GitHub 企业版托管选项

GitHub 企业服务器

GitHub Enterprise Server（GHES）是一个可以在任何地方托管的系统。用户可以将其托管在自己的数据中心或云环境中，例如 Azure 或 AWS。用户可以使用 GitHub Connect 连接到 github.com，以此共享许可证并利用服务器上的开源资源。

GHES 基于与 GHEC 相同的源代码，因此所有功能最终都将在几个月后推向服务器。但是在云中提供的一些内容在 GHES 上必须由用户自行处理，例如 GitHub Actions 中的执行器。在云中，用户可以利用 GitHub 托管执行器；在 GHES 上，用户必须使用自托管执行器构建自己的解决方案。

也有托管服务可以托管 GHES，例如，在用户所在地区的 Azure 数据中心。这样，用户就可以拥有完整的数据驻留，不需要自己管理服务器。其中一些托管服务还包含提供托管 GitHub Actions 执行器的选项。

GitHub 企业 AE

GitHub 正在开发一项名为 GitHub Enterprise AE（GHAE）的服务。目前仅对拥有 500 个以上用户的客户进行私有测试，并且该服务的公开推出日期尚未确定。

GHAE 是 GitHub 在用户选择的 Microsoft Azure 区域内提供的一项完全隔离的、由 GitHub 管理的服务。这可以为用户提供完整的数据驻留地和合规性。

对于需要数据驻留和合规性的客户来说，这将是未来的一个不错的选择，但目前尚不清楚其可用日期、价格和最低用户数量。

GitHub Connect

GitHub 的重要性在于其社区以及社区所提供的价值。要在服务器上利用这些优势，可以使用 GitHub Connect 将服务器连接到 GitHub。用户可以逐个激活每个功能，如图 20-2 所示。

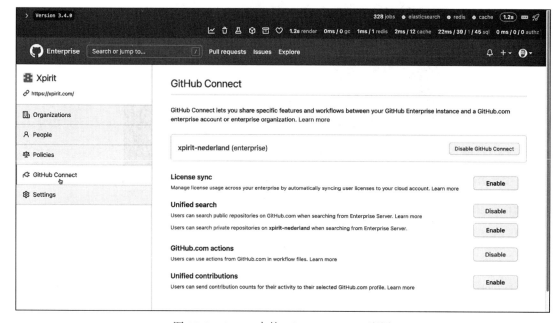

图 20-2　GHES 中的 GitHub Connect 配置

以下是功能列表：

- **许可证同步**：管理企业范围内多个服务器或组织的许可证使用情况。这有助于确保无论在哪里登录，一个用户只使用一个许可证。
- **统一搜索**：一种选择是允许在服务器上搜索，并从 GitHub.com 获得公共存储库的结果。此外，（仅当用户具有对存储库的访问权限时）可以允许在服务器上搜索，并找到属于企业的私有存储库。
- **GitHub.com Actions**：若要在工作流中加载公共 Actions，必须启用此选项。如果没有此选项，必须将所有 Actions 复制到服务器，并从那里引用它们。用户仍然可以在组织级别配置允许的 Actions。
- **统一贡献**：如果没有此选项，用户在服务器上的贡献不会显示在其公共个人资料中。此选项不暴露敏感数据，仅发送对 GitHub.com 的贡献数（如提交、问题、讨论或拉取请求）。

价格

GitHub 的价格按用户每月计费，分为免费版、团队版和企业版（见图 20-3）三个不同的层级。

图 20-3　GitHub 价格层次概览

公共存储库是开源且免费的，包含许多免费功能，如 Actions、Package 和许多安全功能。私有存储库部分功能免费，每月有 2000 分钟的 Actions 时限和 500MB 的 Package 存储。第 7 章详细介绍了 Actions 的定价。

如果用户想在私有存储库中与 GitHub 协作，至少需要团队许可证。其包括受保护的分支、代码所有者和其他高级拉取请求功能。可以访问 Codespaces，但必须单独支付费用（关于 Codespaces 的定价，请参见第 13 章）。团队版包含 3000 分钟的 Actions 和 2GB 的 Package 存储用于包。

免费版和团队版只在 GitHub.com 上可用。如果需要 GHEC、GHES 或 GHAE，必须购买 GitHub Enterprise 许可证。此许可证包含所有企业版功能，例如单点登录、用户管理、审批和策略，并提供 50 000 分钟 Actions 和 50GB 的 Package 存储。并附带 50 000 分钟 Actions 和 50GB Package 存储。此外，还可以选择购买额外的附加组件，例如 Advanced Security 或 Premium Support。

许可证以 10 个块的形式购买，可以按月或按年付款。如果要使用 GitHub Advances Security 或 Premium Support，必须与 GitHub 销售团队或 GitHub 合作伙伴联系，他们可以提供报价。

除许可证层次外，还有一些按使用次数收费的内容，如以下项目：

- Actions
- Packages
- Codespaces
- Marketplace 按次使用的应用

用户可以在组织或企业级别配置支出限制。

动手实践：在 GitHub.com 上创建账户

如果读者已有 GitHub 账户，可以跳过本节。

创建 GitHub 账户非常简单，它的设计类似于一个向导，看起来像一个控制台，具体步骤如下：

1. 访问 https://github.com，单击"Sign up"。

2. 输入电子邮件地址，单击 Continue 或按下 Enter 键，如图 20-4 所示。

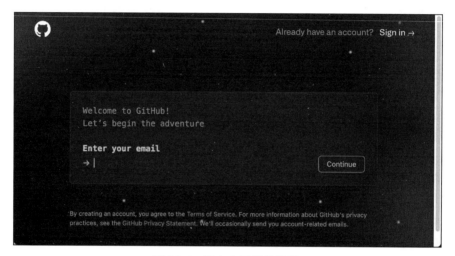

图 20-4　输入电子邮件地址

3. 请输入一个强密码，然后单击 Continue。

4. 输入用户名。用户名必须是唯一的。GitHub 会告知名字是否可用，如图 20-5 所示。如果用户名未被占用，请单击 Continue。

5. 选择是否接收电子邮件通信。键入 y 表示是，键入 n 表示否，然后单击 Continue 或按下 Enter 键。

6. 通过单击图像中的指定部分来获取验证码。请注意，验证码可能会根据浏览器的首选语言显示（参见图 20-6）。

7. 检查电子邮件账户，用户应该已经收到了一个验证码，将其粘贴到以下区域中（请参见图 20-7）。

8. 接下来的对话是为了让用户体验更加个性化，可以跳过它们。

9. 用户也可以选择 GitHub Enterprise 的免费 30 天试用版，足够试用所有的功能。

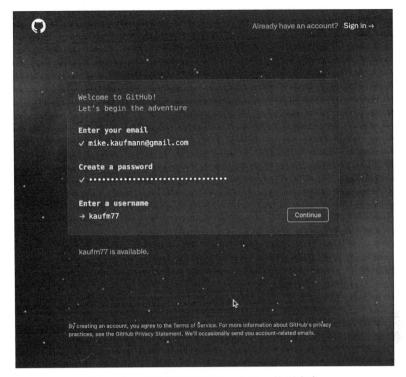

图 20-5　创建密码并挑选一个唯一的用户名

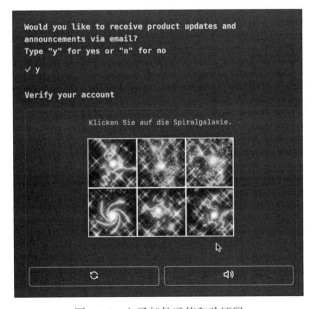

图 20-6　电子邮件通信和验证码

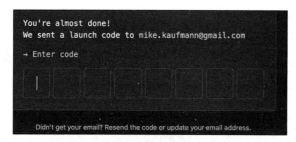

图 20-7　输入发送到电子邮件地址的验证码

成功创建了账户后，接着进行以下步骤：

1. 访问 https://github.com/settings/security 启用双重身份验证以保护账户。

2. 在 https://github.com/settings/profile 填写个人资料并选择一个合适的头像。

3. 在 https://github.com/settings/appearance 选择喜欢的主题。可以选择单一的浅色或深色主题，也可以选择与系统同步的主题。

4. 在 https://github.com/settings/emails 选择如何处理电子邮件地址。可以选择保持电子邮件地址私密。GitHub 将使用特殊的电子邮件地址执行基于网络的 Git 操作。该地址的格式为：<user-id>+<user-name>@users.noreply.github.com。如果想阻止包含真实电子邮件地址的命令行推送，则必须在本地配置此地址：

```
$ git config --global user.email <email address>;
```

现在，GitHub 账户已经准备好了，可以开始创建存储库或参与开源项目。

企业安全

企业可以其身份提供者（IdP）来使用 SAML 单点登录（SSO），以保护 GitHub Enterprise 资源。SSO 可以在 GHEC 中以企业和组织级别配置，但在 GHES 中仅能为整个服务器配置。

SAML SSO 可以与所有支持 SAML 的 IdP 配置，但并不能与所有支持跨域身份管理（SCIM）的 IdP 配置。与 SAML SSO 兼容的有 Azure AD（AAD）、Okta 和 OneLogin。

SAML 认证

在 GitHub 中配置 SAML SSO 非常简单。用户可以在企业或组织设置中的认证安全（/settings/security）| SAML 单点登录（SAML single sign-on）下找到相应的设置。在这里，可以找到配置 IdP 所需的消费者 URL（见图 20-8）。

必须在 IdP 中配置此字段的值。有关更多信息，请查看其文档。以 AAD 为例，可以在链接 https://docs.microsoft.com/en-us/azure/active-directory/saas-apps/github-tutorial 中找到详细的说明。用户必须在 AAD 中创建一个新的企业应用程序。可以搜索 GitHub 的模板并挑选相应的模板（针对企业、组织或服务器）。目前可用的模板参见图 20-9。

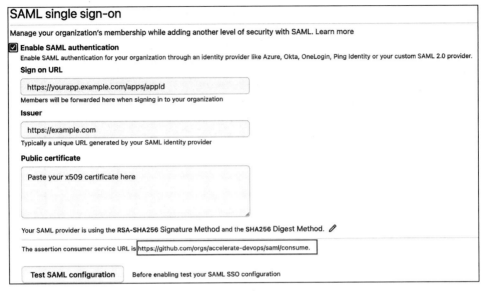

图 20-8　在 GitHub 中配置 SAML SSO

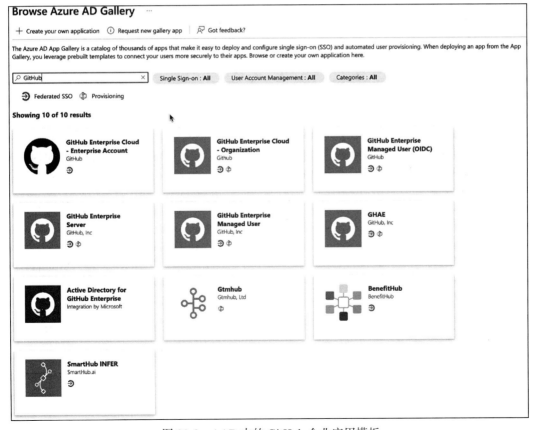

图 20-9　AAD 中的 GitHub 企业应用模板

分配用户或组到 GitHub 应用程序。重要的配置在 Set up single sign on（设置单点登录）中进行（参见图 20-10）。

图 20-10　配置企业应用程序

使用组织或企业的 URL 作为标识符。可以使用图 20-8 中的 URL 的第一部分，仅在不包含 /saml/consume 的情况下使用。将此 URL 作为实体 ID。将 /saml/consume 添加为回复 URL，将 /sso 添加为登录 URL。结果应如图 20-11 所示。

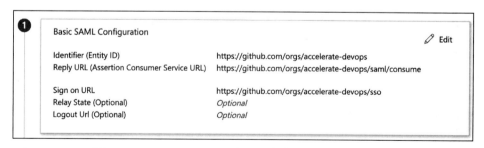

图 20-11　AAD Enterprise 应用程序中的基本 SAML 配置

属性和声明可用于调整 AAD 字段的映射。如果 AAD 不是自定义的，默认设置应该有效（请参见图 20-12）。

下载用于签署 SAML 令牌的 Base64 证书（参见图 20-13）。

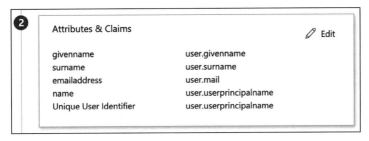

图 20-12　配置 SAML 令牌的属性和声明

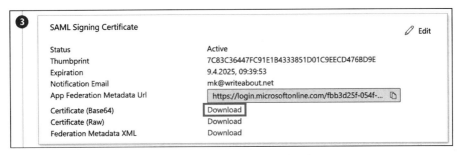

图 20-13　下载 SAML 签署证书

复制登录 URL 和 Azure AD 标识符 URL（参见图 20-14）。

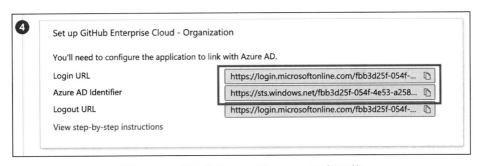

图 20-14　获取登录 URL 和 Azure AD 标识符

接下来，可以回到 GitHub 并填写数据。然后，将 Login URL 信息粘贴到 Sign on URL 字段中，并将 Azure AD 标识符 URL 粘贴到 Issuer 字段。在文本编辑器中打开证书，并将内容粘贴到 Public certificate 字段中。结果如图 20-15 所示。

单击测试 SAML 配置，然后使用 AAD 凭证登录。如果一切顺利，可以勾选 Require SAML authentication 来强制使用 SAML 访问。然后，GitHub 将检查哪些用户没有通过 IdP 获得访问权限，并在确认后将其删除。

注意，只有授权的 PAT 令牌和 SSH 密钥才能访问受 SSO 保护的内容。每个用户必须进入其 PAT 令牌 /SSH 密钥并对其授权，如图 20-16 中的示例所示。

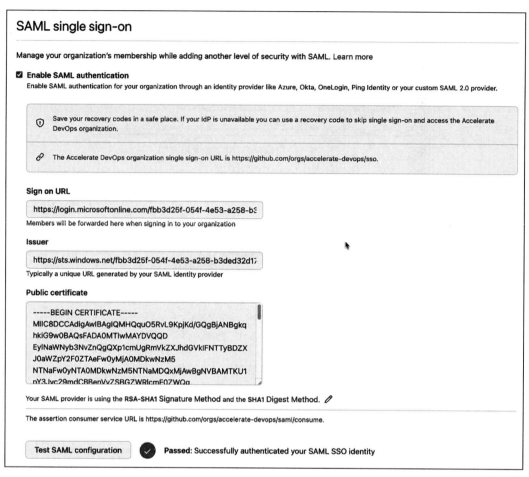

图 20-15　在 GitHub 上配置 SAML SSO

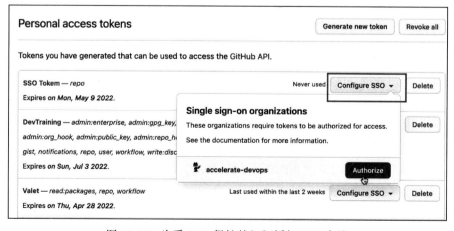

图 20-16　为受 SSO 保护的组织授权 PAT 令牌

当然，每个 IdP 的配置都是不同的，根据配置的是企业、组织还是服务器，数值的变化也略有不同。但参照 IdP 文档配置起来应该简单明了。

SCIM

启用 SAML SSO 后，当在 IdP 中停用用户时，用户不会自动移除权限。可以在 GHEC 中实现 SCIM，以根据 IdP 信息自动添加、管理和删除访问权限。

SCIM 是一个 API 端点（详见 https://docs.github.com/en/enterprise-cloud@latest/rest/reference/scim），可由 IdP 来管理 GitHub 中的用户。兼容的 IdP 包括 Azure AD、Okta 和 OneLogin。如果 IdP 兼容，要配置 SCIM 必须参照 IdP 的文档。配置 AAD 的教程参见 https://docs.microsoft.com/en-us/azure/active-directory/saas-apps/github-provisioning-tutorial。

禁用第三方访问限制

请注意，在授权 IdP 之前，必须在组织设置中禁用第三方访问限制。可以在 Settings | Third-party access | Disable access restrictions 下进行操作。

自动团队同步

如果用户在 GHEC 上使用 SAML SSO，可以设置团队同步来自动将团队成员身份与 IdP 同步。目前，团队同步只支持 AAD 和 Okta。

可以在认证安全（/settings/security）下的组织设置中启用团队同步功能。在那里，可以查看同步的团队数量，并跳转到过滤的审计日志以查看所有相关事件（见图 20-17）。

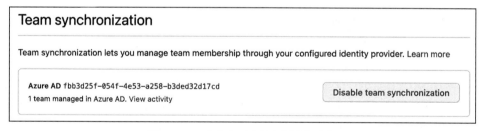

图 20-17　为组织启用团队同步功能

启用后，用户可以创建新的团队，并从 IdP 中选择一个或多个组，与团队进行同步，如图 20-18 所示。

可以在其他团队（父团队）内添加这些团队，但不能将嵌套组同步到 GitHub。

企业管理用户

在 GHEC 中，即使企业或组织设置了 SAML SSO，每个用户仍然需要一个 GitHub.com

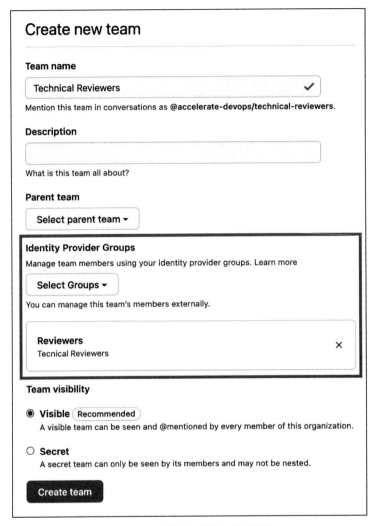

图 20-18　利用自动同步创建团队

的用户账户。GitHub 的用户账户是用户的基本身份，而 SAML 授权是对某些企业资源的访问权限。用户可以用其身份参与开源和其他组织的活动，并且必须使用 SSO 进行认证才能访问企业资源。但许多组织并不希望这样。他们希望完全控制其用户的身份。**企业管理用户**（Enterprise Managed Users，EMU）是这个问题的解决方案。通过 EMU，用户的身份在 IdP 中得到完全管理。如果用户第一次使用 IdP 的身份登录，就会创建一个新用户。这个用户不能参与开源，也不能作为外部合作者加入其他存储库。此外，贡献只计入该用户的个人资料。

EMU 为企业提供了很多身份的控制功能，但也有很多限制，如下所示：

- 用户不能在企业以外合作、加星、观察或派生存储库。他们不能创建问题或拉取请求，不能推送代码，也不能评论或在这些存储库中做出反应。
- 用户仅对同一企业的其他成员可见，且他们不能关注企业外的其他用户。
- 他们不能在自己的用户账户上安装 GitHub 应用。
- 用户只能创建私有存储库和内部存储库。

这些限制使很多事情变得困难。GitHub 的一个主要优势是其对开源存储库的整合。但如果 EMU 能让用户使用云服务器而非服务器实例，那么也许这种限制是值得的。

目前，支持 EMU 的 IdP 是 AAD 和 Okta。

如果读者想尝试 EMU，请联系 GitHub 的销售团队，他们将创建一个新的企业。

要了解更多关于 EMU 的信息，请参阅 https://docs.github.com/en/enterprise-cloud@latest/admin/identity-and-access-management/managing-iam-with-enterprise-managed-users/about-enterprise-managed-users。

用 GHES 进行认证

在服务器上，情况有所不同。用户可以为 SAML、LDAP 或 CAS 配置 SSO。配置过程相当简单，与 GHEC 差别不大。用户不需要 GitHub.com 账户，他们可以直接使用 IdP 登录到服务器，类似于 EMU。但是如果配置了 GitHub Connect，用户可以在 User Settings | GitHub Connect 中连接他们的 GitHub 账户，并与公共 GitHub 配置共享贡献数。如果选择这样做，用户可以将多个企业身份与他们的 GitHub 配置相关联。

审计 API

GHEC 和 GHES 都支持审计日志。日志包含所有与安全相关事件的日志条目。每个审计日志条目显示事件的相关适用信息，例如：
- 事件执行的企业或组织
- 执行事件的用户（执行者）。
- 受事件影响的用户
- 事件执行的存储库
- 执行的操作
- 事件发生的国家
- 事件发生的日期和时间

在 GHEC 上，可以启用日志流，并配置所有事件的自动流到以下目标之一：
- 亚马逊 S3
- Azure Blob 存储
- Azure 事件中心
- 谷歌云存储
- Splunk

通过 Azure 事件中心，可以将事件转发到其他工具，如 Log Analytics 或 Sentinel。

还可以使用审计日志 API 访问审计日志，使用 GraphQL 或 REST API 查询审计日志。以下示例展示了如何使用 REST API 检索特定日期的所有事件：

```
$ curl -H "Authorization: token TOKEN" \
--request GET \
"https://api.github.com/enterprises/name/audit-
log?phrase=created:2022-01-01&page=1&per_page=100"
```

若想了解更多关于使用 API 查询审计日志的信息，请参阅 https://docs.github.com/en/enterprise-cloud@latest/admin/monitoring-activity-in-your-enterprise/reviewing-audit-logs-for-your-enterprise/using-the-audit-log-api-for-your-enterprise。

GitHub 学习实验室

GitHub 的一个重要优势是，大多数开发人员都已了解其工作方式。这意味着培训和引导入门的时间会更短。但仍有一些新手开发人员不熟悉 GitHub。GitHub 提供了免费的 GitHub 学习实验室（https://lab.github.com）。它包含了许多使用 GitHub 的问题和机器人提供的实践学习的路径，帮助新手学习 GitHub。

Microsoft Learn 中也有许多免费的学习路径，若更喜欢这种学习方式，只须转到 Microsoft Learn，并按产品筛选，选择 GitHub 即可，参见 https://docs.microsoft.com/zh-cn/learn/browse/?products=github。

总结

本章介绍了 GitHub 的不同价格和托管选项、企业安全性，以及如何将 GitHub 集成到企业中。

下一章将介绍如何将现有的源代码控制系统或 DevOps 解决方案迁移到 GitHub。

拓展阅读

以下链接可帮助读者获取有关本章讨论主题的更多信息：

- 价格：https://github.com/pricing
- GitHub AE: https://docs.github.com/en/github-ae@latest/admin/overview/about-github-ae
- SCIM: https://docs.github.com/en/enterprise-cloud@latest/rest/reference/scim

- 企业管理用户：`https://docs.github.com/en/enterprise-cloud@latest/admin/identity-and-access-management/managing-iam-with-enterprise-managed-users/about-enterprise-managed-users`
- 审计日志：`https://docs.github.com/en/enterprise-cloud@latest/admin/monitoring-activity-in-your-enterprise/reviewing-audit-logs-for-your-enterprise/about-the-audit-log-for-your-enterprise`
- GitHub 学习实验室：`https://lab.github.com`
- 微软学习：`https://docs.microsoft.com/en-us/learn`

## 第 21 章

迁移到 GitHub

若用户不是初创公司，在迁移到新平台时，则必须考虑现有工具和流程。本章将讨论从不同平台迁移到 GitHub 的不同策略。

本章包括如下主题：

- 选择正确的迁移策略
- 实现低保真迁移的合规性
- 同步需求以实现平稳过渡
- 迁移代码
- 从 Azure DevOps 或 GitHub 迁移
- 迁移流水线

选择正确的迁移策略

在迁移到新平台时，用户有以下不同选项：

- **高保真迁移**：尽可能全地迁移到新平台。
- **精简切换迁移**：仅迁移最基本的必要内容，以便开始在新平台上工作。

高保真迁移到复杂的平台会遇到不同的问题。主要问题是，所有实体之间并不是 1∶1 映射的，且在不同平台上的工作方式也有所不同。如果迁移所有内容，会影响人们使用新系统。数据是针对使用旧流程的旧系统优化的。此外，高保真迁移中的时间、成本和复杂度也不是线性的。试图获得 100% 的保真度，其复杂性和成本就会增加，通常情况下根本无法实现（参见图 21-1）。

精简切换迁移方案最优，因为它可以帮助开发者改变行为并更好地利用新平台。在本书的案例研究中，假设了一种精简切换迁

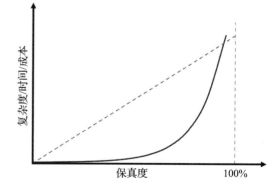

图 21-1　不同保真度的复杂度、时间和成本

移方案：团队从新平台开始，只移动绝对必要的内容。

实际情况介于这两个极端之间。如果想要加速软件交付，则应从精简切换迁移开始，但为了在企业中扩展并推广应用，企业需要为团队提供一些迁移路径和工具，使他们快速迁移。此外，还有一些不活跃的项目 / 产品，企业可能希望将其存档，以便以后重新启用。可以选择保留所有旧系统或迁移它们。

实现低保真迁移的合规性

由于合规性的原因，许多客户关心的一个问题是端到端的可追溯性。许多高度管制的行业中，要求必须为所有的需求和最终功能测试提供端到端的可追溯性。低保真迁移的问题在于，可追踪性链将中断。

但这并不意味着唯一的解决方案是高保真迁移。仍然可以进行精简切换，并在必要的时候保持旧系统在只读模式下运行。在新系统中，仍然必须实现端到端的可追溯性。为了保持合规性，用户需要将旧系统的标识符映射到新系统中，以满足跨越两个系统的需求。

在审计时，可以提供两个系统的报告，即旧系统和新系统。对于一些需求，可能必须同时看这两份报告，但如果有允许系统间映射的标识符，这仍将提供有效的可追溯性。

保持旧系统运行所带来的不便通常远小于试图执行高保真迁移，但这取决于很多因素，比如旧系统的许可证。

同步需求以实现平稳过渡

在这种情况下，特别是对于拥有许多不同工具的大企业，一个有趣的选择是用 Tasktop（ https://www.tasktop.com/ ）这样的产品在不同平台上同步需求。Tasktop 有许多产品的连接器，如 Jira、Salesforce、ServiceNow、IBM Rational、IBM DOORS、Polarion ALM、Azure DevOps 等。在工具间同步需求和工作项目可以实现多种用例：

- 在迁移期间同时在旧系统和新系统中工作。这为迁移提供了更多时间，并允许企业在保持完整的可追溯性的同时，将一个又一个团队转移过来。
- 让不同的角色和团队可以自由地选择使用他们喜欢的工具工作。项目经理喜欢 Jira，架构师喜欢 IBM Rational，运营人员偏爱 ServiceNow，开发人员想切换到 GitHub ？通过在这些工具之间同步数据，可以实现这样的工作流。

特别是在多个团队同时工作的复杂环境中，同步需求和工作项目可以帮助优化迁移。

迁移代码

迁移到 GitHub 时，最简单的事情就是迁移代码，特别是当代码已经存储在另一个 Git

存储库中时。只需使用 `--bare` 克隆存储库，确保存储库处于初始状态：

```
$ git clone --bare <URL to old system>
```

接着，将代码推送到存储库：

```
$ git push --mirror <URL to new repository>
```

若存储库中已有代码，则必须添加 `--force` 参数以进行覆盖。也可以使用 GitHub CLI 在推送现有存储库时即时创建一个存储库：

```
$ gh repo create <NAME> --private --source <local path>
```

由于在 Git 中，作者信息是通过电子邮件地址匹配的，所以只需要为所有用户在 GitHub 上创建用户账户，并为用户账户分配之前 Git 系统中使用的电子邮件地址。这样，所有作者的信息就能被正确映射了。

此外，还可以使用 GitHub Importer（导入器）导入代码。除了 Git，还支持以下类型的存储库：

- Subversion
- Mercurial
- Team Foundation Version Control (TFVC)

GitHub Importer 可以获取源系统的 URL 并创建一个新的存储库。大于 100MB 的文件可以被排除在外或添加到 Git 大文件存储空间（LFS）。

要使用 GitHub Importer 导入存储库，请单击个人资料图片旁边的加号，选择 Import repository（见图 21-2）。

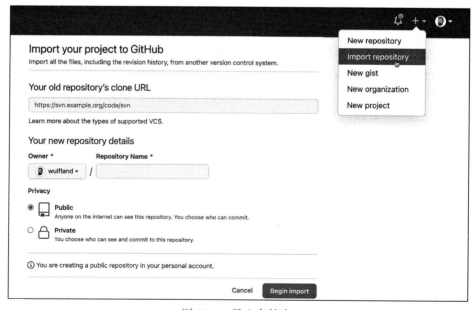

图 21-2　导入存储库

若是从 Subversion 迁移过来，可以使用 git-svn（https://git-scm.com/docs/git-svn）在 Git 和 Subversion 存储库之间同步修改：

```
$ git svn <command>
```

若是从 Azure DevOps/Team Foundation Server 迁移，最好的方法是先从 TFVC 迁移到 Git，再迁移到 GitHub。git-tfs（https://github.com/git-tfs/git-tfs）是一个与 git-svn 类似的工具。这也允许企业在 Git 和 TFVC 之间同步更改，或直接迁移到 GitHub：

```
$ git tfs <command>
```

> **注意**
>
> Git 适用于短期分支，而 TFVC 则不适用。迁移代码时，不应该直接将代码和所有分支迁移过来。应该利用这个机会，从一个新的分支模型开始，进行一个精简切换。将代码迁移到 Git 可以作为保留部分历史的第一步，但在迁移后应该调整分支模型。

将代码迁移到 GitHub 算不上挑战。有很多工具可以提供帮助。真正的挑战在于如何从旧的分支模式转变为更适合新平台、加速软件交付性能的新的分支模式。

挑战在于那些不直接存储在 Git 中的东西：Pull Requests、关联的工作项和流水线。这些都需要比 Git 存储库本身更多的关注。

从 Azure DevOps 或 GitHub 迁移

如果企业从 GitHub 迁移到 GitHub 或从 Azure DevOps 迁移到 GitHub，可以使用 GitHub Enterprise Importer（GEI），参见 https://github.com/github/gh-gei。它是 GitHub CLI 的一个扩展，可以使用 extension install 来安装：

```
$ gh extension install github/gh-gei
$ gh gei --help
```

可以将个人访问令牌（PAT）设置为环境变量，以便对源系统和目标系统进行认证：

```
$ export ADO_PAT=<personal access token>
$ export GH_SOURCE_PAT=<personal access token>
$ export GH_PAT=<personal access token>
```

也可以使用 --github-source-pat 和 --ado-pat 参数将它们传递给 generate-script。

要创建迁移脚本，根据是从 GitHub 还是 Azure DevOps 迁移，执行以下命令之一：

```
$ gh gei generate-script --ado-source-org <source> --github-target-org <target>
$ gh gei generate-script --github-source-org <source> --github-target-org <target>
```

这将生成一个 PowerShell 脚本 migrate.ps1，可用于实际迁移。该脚本将调用 gh gei migrate-repo 以查找 Azure DevOps 或 GitHub 组织中的所有团队项目。这将为实际的迁移工作排队。然后执行 gh gei wait-for-migration --migration-id，并利用上一个命令的输出来获得状态。

GEI 目前支持以下内容：

- Azure DevOps（ADO）
- GitHub 企业服务器（GHES）3.4.1 及以上版本
- GitHub 企业云

对于 Azure DevOps，以下内容将被迁移：

- Git 源代码
- 拉取请求
- 拉取请求的用户历史记录
- 拉取请求上的工作项链接
- 拉取请求上的附件
- 存储库的分支保护

对于 GitHub 企业服务器和云，以下项目可以额外迁移：

- Issues（问题）
- Milestones（里程碑）
- Wikis（维基）
- 存储库级别的项目板
- GitHub Actions 工作流（不包括密钥和工作流运行历史）
- 提交评论
- 活跃的 webhooks
- 存储库设置
- 分支保护
- GitHub Pages 设置
- 上述数据的用户历史

更多信息请参阅 https://docs.github.com/en/early-access/github/migrating-with-github-enterprise-importer。请注意，GEI 仍处于测试阶段，可能会经常变化。

如果用户使用的是 GitHub 企业服务器，可以使用 ghe-migrator 导入数据，也可以从另一个服务器实例或从 GitHub 企业云导入。有关 GitHub 企业服务器上的数据导出和导入的更多信息，请参阅 https://docs.github.com/en/enterprise-server@3.4/admin/user-management/migrating-data-to-and-from-your-enterprise/about-migrations。

迁移流水线

可以使用一个名为 Valet 的工具将流水线迁移到 GitHub Actions。其支持以下来源：

- Azure DevOps（经典流水线、YAML 流水线和发布）。
- Jenkins
- Travis CI
- Circle CI
- GitLab CI

Valet 是一个基于 Ruby 的命令行工具，使用 Docker 进行安装。

> **注意**
>
> 当前 Valet 仍处于私有测试阶段，随时可能变更。Valet 不是一个能够完全迁移所有内容的 100% 有效解决方案！它是可扩展的，用户必须编写自己的转换程序，可能还需要在迁移后做一些手动设置。

Valet 的分发是通过拉下一个容器镜像，并使用两个脚本（valet 和 valet-update）与其交互来实现的：

```
$ docker pull ghcr.io/valet-customers/valet-cli
```

若获得私人测试的访问权限，需使用用户名和带有 `read:packages` 访问权限的 PAT 令牌对 ghcr.io 进行身份验证：

```
$ docker login ghcr.io -u <USERNAME>
```

最佳方法是将 Valet 安装为 GitHub CLI 扩展，但仍需在机器上运行 Docker，并对注册表进行认证。要将 Valet 安装为 GitHub CLI 扩展，请执行以下命令：

```
$ gh extension install github/gh-valet
```

现在，用户可以使用 `gh valet update` 轻松更新 Valet。

Valet 使用环境变量进行配置。最简单的方法是在 Valet 的文件夹中的 `.env.local` 文件中设置这些变量。例如，将流水线从 Azure 迁移到 GitHub 企业云的配置如下：

```
GITHUB_ACCESS_TOKEN=<GitHub PAT>
GITHUB_INSTANCE_URL=https://github.com
AZURE_DEVOPS_PROJECT=<project name>
AZURE_DEVOPS_ORGANIZATION=<org name>
AZURE_DEVOPS_INSTANCE_URL=https://dev.azure.com/<org>
```

Valet 有三种模式：

- `gh valet audit` 将分析所有支持的流水线的源下载信息。它将创建一个审计总结报告（Markdown 格式），包括所有发现的流水线、构建步骤和环境。用户可以使用审计来规划迁移。

- `gh valet dry-run` 会将流水线转换为 GitHub Actions 工作流文件并输出 YAML 文件。
- `gh valet migrate` 将把流水线转换为 GitHub Actions 工作流文件，并在目标 GitHub 存储库中创建一个包含工作流文件修改的拉取请求。
- `gh valet forecast` 会基于流水线的历史利用率预测 GitHub Actions 的使用情况。

要使用先前的配置运行审计并创建报告，只需要运行以下命令：

```
$ gh valet audit azure-devops --output-dir .
```

这将为每个支持的流水线生成一份 audit_summary.md 报告和三个文件（分别为包含配置的 .config.json 文件，包含转换为 YAML 的源流水线的 .source.yml 文件，以及一个包含转换后的 GitHub Actions 工作流的 .yml 文件），它们将稍后进行迁移。要执行一条流水线的迁移，可运行 valet migrate：

```
$ valet migrate azure-devops pipeline \
  --target-url https://github.com/<org>/<repo-name> \
  --pipeline-id <definition-id>
```

请记住，这只是尽力迁移！不是所有内容都可以迁移。例如，以下元素不能被迁移：

- 密钥
- 服务连接
- 未知任务
- 自托管执行器
- Key Vault 中的变量

用户可以为流水线步骤编写自己的转换器，无论是未知步骤还是覆盖 Valet 的现有行为。创建一个新的 Ruby 文件（.rb），并以以下格式添加函数：

```
transform "taskname" do |item|
end
```

对于 Azure DevOps 任务，其名称包含版本号。可以使用 `puts item` 将其输出到控制台以查看项目对象所包含的内容。

下面是一个转换器示例，它将覆盖 DotNetCoreCLI 任务版 2，并用 Bash 的运行步骤替代它，该步骤使用 globstar 语法遍历所有 .csproj 文件，并使用源流水线的参数来执行命令：

```
transform "DotNetCoreCLI@2" do |item|
  if(item["command"].nil?)
    item["command"] = "build"
  end
```

```
  {
    shell: "bash",
    run: "shopt -s globstar; for f in ./**/*.csproj; do dotnet
#{ item['command']} $f #{item['arguments'] } ; done"
  }
end
```

如果要使用自定义的转换器，可以使用 --custom-transformers 参数。可以指定单个转换器或多个转换器的整个目录：

```
$ valet migrate azure-devops pipeline \
  --target-url https://github.com/<org>/<repo-name> \
  --pipeline-id <definition-id> \
  --custom-transformers plugin/*
```

每个工作流系统都是不同的！确保花时间分析希望流水线如何转换，以优化新平台，而不是仅仅把所有内容都迁移到新平台。如果已经考虑清楚，那么 Valet 将是一个很好的工具，有助于更快地将团队转移到 GitHub。

总结

GitHub 是一个复杂、快速发展的生态系统，对任何种类的迁移来说都是具有挑战性的。在迁移过程中，应该关注新平台的生产力优化，而不是把所有东西都迁移过去，让团队处理混乱。由于组织的规模和源平台不同，迁移过程可能完全不同。

本章介绍了 GitHub 和合作伙伴提供的可以帮助完成迁移的不同工具。

下一章将讨论能够实现最佳合作团队和存储库的组织方式。

拓展阅读

以下链接可帮助读者获取有关本章讨论主题的更多信息：

- *GitHub Importer*: https://docs.github.com/en/get-started/importing-your-projects-to-github/importing-source-code-to-github/importing-a-repository-with-github-importer
- *GitHub Enterprise Importer CLI*: https://github.com/github/gh-gei and https://docs.github.com/en/early-access/github/migrating-with-github-enterprise-importer
- *GitHub Enterprise Server Importer*: https://docs.github.com/en/enterprise-server@3.4/admin/user-management/migrating-data-to-and-from-your-enterprise/about-migrations

- *ghe-migrator*: `https://docs.github.com/en/enterprise-server@3.4/admin/user-management/migrating-data-to-and-from-your-enterprise/about-migrations`
- *Tasktop*: `https://www.tasktop.com/`
- *git-svn*: `https://git-scm.com/docs/git-svn`
- *git-tfs*: `https://github.com/git-tfs/git-tfs`

## 第 22 章

组 织 团 队

这一章将介绍把存储库和团队结构化为组织与企业的最佳实践，以促进协作和方便管理。

本章包括如下主题：

- GitHub 的作用域和命名空间
- 构建 GitHub 团队
- 基于角色的访问
- 自定义角色
- 外部合作者

GitHub 的作用域和命名空间

GitHub 的主要实体是存储库。存储库可以由一个用户或一个组织创建。存储库的 URL 将采用以下格式：

```
https://github.com/<username>/<repository>
https://github.com/<organization>/<repository>
```

对于 GitHub 企业服务器，开发者必须用服务器的 URL 替换 https://github.com。一个平台上的用户和组织名称必须是唯一的，因为 GitHub 使用了一个命名空间，存储库的名称在其中必须是唯一的。

GitHub 企业

在 GitHub 中，企业是多个组织的集合。组织名称仍然必须是唯一的，因为企业不是一个命名空间。每个企业有一个用来指代的 URL slug：

```
https://github.com/enterprises/<enterprise-slug>
```

如果读者拥有的组织是通过账单支付的，那么可以在 Settings | Billing and plans 下升级为企业。否则，读者必须联系 GitHub 的客服。

一个 GitHub 企业有以下三个角色：

- **所有者**：对企业有完全的管理权，但对组织没有管理权。
- **成员**：成员或外部合作者，至少有一个组织的访问权。
- **计费管理者**：只能查看和管理计费信息。

有一些设置可以在企业级为所有组织配置，如 SAML 认证、SSH 证书授权，或 IP 准许列表。还有一些企业级的 webhooks，读者可以访问整个企业的审计日志。审计日志流向云存储、Splunk 或 Azure 事件中心的功能只在企业级可用，但大多数设置都是围绕计费和许可进行的。

读者还可以为许多在组织层面配置的设置制定策略。如果一个策略已经被设置，组织的所有者就不能改变设置。如果一个策略还没有被定义，该设置可以由组织的所有者来配置。

GitHub 组织

管理存储库和团队的主要方式是使用组织。它们也可以在没有企业的情况下存在，而且可以在不同的企业之间移动。组织机构并不是作为一种自助服务发放给团队来组织自己。有些公司有超过 2000 个组织——这是一个严重的问题，特别是对于管理整合。例如，GitHub 应用程序只能在组织层面配置，而不是在企业层面。如果读者想配置与 Jira 实例的集成，那么必须为所有组织做这件事，而不能在企业层面上进行配置。

对于大多数客户来说，一个组织应该是足够的。如果读者的公司有不同的法律实体，则必须分开，那么可以使用多个组织。除此之外，如果读者想把开放源代码和内部源代码分开，也可以使用多个组织。然而，不应该为所有部门设立一个组织。最好是用团队来完成这件事。

一个组织有以下角色：

- **所有者**：拥有对团队、设置和存储库的完全访问权。
- **成员**：可以看到成员和非秘密团队，还可以创建存储库。
- **外部合作者**：这些人不是该组织的成员，但他们可以访问一个或多个存储库

组织有项目、包、团队和存储库。可以为存储库配置许多设置。如果读者不在组织层面配置这些设置，这些设置可以在版本库层面配置。

构建组织的主要方式是使用团队。在下一节中将讨论这些问题。

构建 GitHub 团队

团队不仅仅是向允许更快加入和退出的存储库授予权限的更方便的方式，它们还可用于分享知识和通知某些群体的变化。

团队会进行讨论，开发者可以看到他们的存储库和项目。团队可以有以下两种显示

方式：

- **可见的**：一个可见的团队可以被这个组织的每个成员看到和提及。
- **私密的**：一个秘密的团队只能被其成员看到，并且不能被嵌套。

一个团队存在于一个组织的命名空间中。这意味着该团队的名称在组织内部必须是唯一的。可以使用以下语法提及一个团队或将其添加为代码所有者：

`@<organization>/<team-name>`

读者可以通过嵌套团队来进行级联访问和提及，来反映公司或群体结构。在创建新团队时，可以指定父级团队，从而使新团队成为子团队。子团队也可以成为父团队，这样就可以创建深层次的层次结构。团队从其父团队继承权限和通知，但反过来则不行。

通过嵌套团队，可以创建公司的结构。开发者可以为所有员工、每个部门和每个产品团队创建一个团队（**垂直团队**），也可以为**横向团队**使用团队——兴趣小组，如实践社区（见图 22-1）。

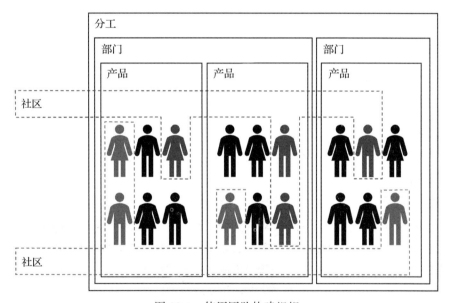

图 22-1　使用团队构建组织

这使得读者可以在价值流团队中分享知识和所有权。如果适合社区结构，读者也可以嵌套横向团队。

嵌套的团队可以在一个组织的 Teams 标签中展开（见图 22-2）。

团队有讨论的页面。组织成员可以创建并参与团队的讨论，但团队也可以有私人讨论页面，对组织的其他成员不可见（见图 22-3）。

团队可以被提及并被分配为审阅者和代码所有者。这是一个非常强大的工具，可以简单地构建组织。但要尽量保持简单，使用人们容易理解的名称。拒绝臃肿，保持简单！

图 22-2 一个组织的 Teams 标签中的嵌套团队

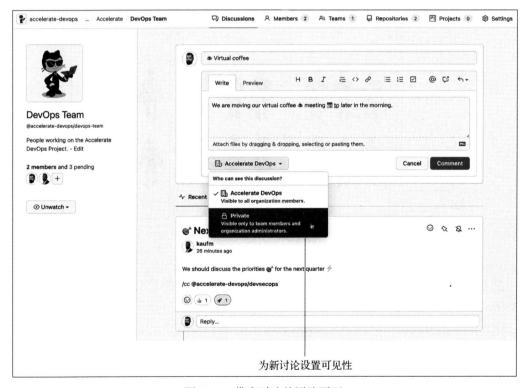

为新讨论设置可见性

图 22-3 带有讨论的团队页面

基于角色的访问

在存储库层面，可以给团队或个人授予基于角色的访问权。读者可以使用以下默认角色之一：

- **读取**：读取和克隆存储库，打开并评论问题和拉取请求。
- **审视**：读取权限，管理问题和拉取请求。
- **编写**：筛选权限，阅读、克隆和推送到存储库。
- **维护**：写权限，管理问题和拉取请求，以及配置一些存储库设置。
- **管理**：对存储库的完全访问权，包括敏感和破坏性的操作。

请注意，"读取"的角色不仅仅可以"读取"！它可以打开并评论问题和拉取请求。审视和维护是开源项目中的典型角色。它们在企业场景中并不那么常用。

开发者可以为一个组织设置一个基本权限，即读取、编写或管理。这将授予所有成员对所有存储库的相应权限。外部合作者不继承基本权限（详见 https://docs.github.com/en/organizations/managing-access-to-your-organizations-repositories/setting-base-permissions-for-an-organization）。

自定义角色

读者可以在组织设置中的存储库角色（/settings/roles）下自定义角色。单击 Create role 为新角色指定一个名称和描述。然后，选择一个默认角色来继承权限，并向其添加权限（见图 22-4）。

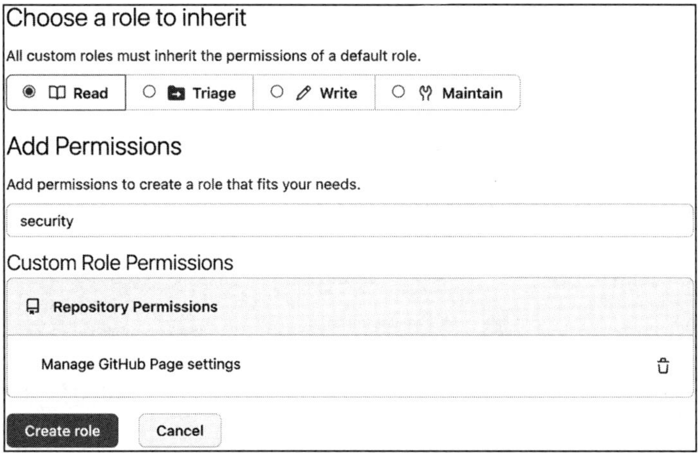

图 22-4　在 GitHub 中创建自定义角色

权限是分类的。因此，如果在搜索框中输入 security，列表中会显示所有与安全有关的可用权限。

权限可在以下类别中使用：

- 讨论
- 问题
- Pull Request
- 存储库
- 安全性

请注意，并不是所有的东西都是可以配置的。例如，在撰写本书时，没有针对 GitHub Packages 的特定权限。

如果一个人被赋予不同级别的访问权限，较高的权限总是会覆盖较低的权限。当一个人被赋予多个角色时，GitHub 会在拥有**混合角色**（Mixed roles）的人旁边显示一个警告标记。

再强调一遍，尽量不要在自定义角色方面做得太夸张，也就是说尽可能地保持简单。

外部合作者

外部合作者是指不是组织的成员，但可以访问组织的一个或多个存储库的人。

注意

在私有存储库中添加外部合作者将消耗一个付费许可证！

外部合作者不是组织的**成员**。他们看不到内部存储库，也不能继承基本权限。

开发者不能在组织层面上邀请外部合作者——只能邀请成员加入组织，然后将他们转化为外部合作者（见图 22-5）。

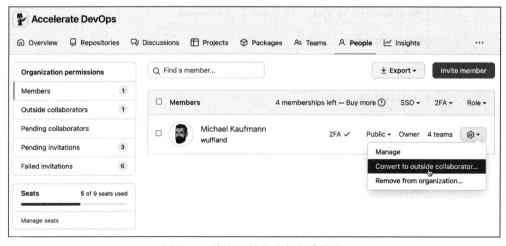

图 22-5　将成员转换为外部合作者

作为存储库管理员，开发者在 Settings | Collaborators and teams 下添加人员，如果被添加的人员已经属于组织，他们将被自动添加为成员。如果不是，他们将被添加为外部合作者。

外部合作者是一种很好的方式，可以轻松地与合作伙伴和客户进行合作，而不需要他们成为组织的一部分。但请记住，如果使用企业管理用户，这将不起作用。如果启用了 SAML 单点登录，外部合作者将绕过这一点。这就是组织所有者可以在组织的设置中阻止存储库管理员邀请外部合作者进入存储库的原因。

总结

本章介绍了在企业中构建组织、存储库和团队的最佳实践。谈到了嵌套团队、为兴趣小组使用团队、基于角色的访问，以及外部合作者。

在最后一章将把本书的所有内容放在一起，指导读者使用 GitHub 来改造企业，并利用它来加速企业的 DevOps。

拓展阅读

请参考以下链接了解本章所涉及的更多主题：

- 关于团队。https://docs.github.com/en/organizations/organizing-members-into-teams/about-teams
- 关于基础权限。https://docs.github.com/en/organizations/managing-access-to-your-organizations-repositories/setting-base-permissions-for-an-organization
- 关于自定义角色。https://docs.github.com/en/enterprise-cloud@latest/organizations/managing-peoples-access-to-yourorganization-with-roles/managing-custom-repository-rolesfor-an-organization
- 关于外部合作者。https://docs.github.com/en/organizations/managing-access-to-your-organizations-repositories/addingoutside-collaborators-to-repositories-in-your-organization
- 关于管理存储库的访问。https://docs.github.com/en/repositories/managing-your-repositorys-settings-andfeatures/managing-repository-settings/managing-teams-andpeople-with-access-to-your-repository#inviting-a-team-orperson

## 第 23 章

企 业 转 型

本章将讨论企业转型相关内容。本章将介绍如何将本书中所阐述的所有内容结合在一起，来将读者的企业转型为一个具有工程文化并且拥有高开发速度的企业。

本章包括如下主题：

- 转型失败的原因
- 从"为什么"开始
- 数据驱动的转型

转型失败的原因

软件是每个行业中每个产品和服务的核心——从客户体验到供应链管理（见第 1 章）。这意味着很多企业必须转型，成为数字化的高性能公司，但许多转型都失败了。角色被重命名，管理层被重组，托管被重命名为私有云，但往往文化和绩效并没有改变。转型失败的原因有很多，本章会给大家举几个例子。

假设公司或行业是特殊的

作者遇到的许多客户都认为自己很特殊，但事实并非如此。而且，很抱歉地说，很可能很多公司和行业都不特殊。至少在涉及数字化转型时不是这样。如果产品有缺陷，会造成人身伤亡吗？汽车、飞机、卡车、医疗器械等产品确实会造成伤亡。为这些产品生产的所有零件也是如此。它们没有什么特别的。企业必须遵守某些标准吗？会制造军用产品吗？是公开交易的吗？为政府工作吗？无论什么让客户认为自己与众不同，很可能有很多公司也面临着相同的挑战，在 DevOps 转型方面，同样的规则也适用于他们。

如果回顾第 1 章中提到的研究，读者会发现它们适用于所有公司：从小型初创企业到大型企业，从尖端互联网公司到高度受监管的行业，如金融、医疗和政府（Forsgren N.、Humble J. 和 Kim G.，2018，第 22 页）。

但这实际上是一件好事：这意味着在自己的转型过程中可能面临的许多问题已经被其他人解决了，可以从他们的失败中吸取教训，而不必亲自经历。

没有紧迫感

转型的最大障碍是自满情绪。如果企业中的人感到自满，他们将倾向于抵制变革，继续照常工作。

必须建立一种真正的紧迫感，让人们现在就解决关键问题。在这种情况下，紧迫性并不意味着来自管理层的压力会造成焦虑。真正的紧迫感应该促使人们带着获胜的坚定决心去改变——而不是带着对失败的焦虑（John P. Kotter，2008）。

如果没有真正的紧迫感，人们将抵制转型，墨守成规。请注意，在一个组织的不同级别，紧迫感可能出于完全不同的原因。管理层可能会感受到来自市场的压力，以及缺乏对频繁发布的反应的敏捷性。工程师可能会感到技术短板的压力，以及基于旧的流程和工具，怎么吸引和留住人才的问题。重要的是，要用一个清晰的愿景将这些故事与一个共同的根基联系起来。只有设法将不同的紧迫感整合成一股朝着同一方向前进的力量，才能确保不同的力量不会自我抵消。

没有清晰的愿景

更换工具、流程和角色是很容易的，但改变行为、文化和故事却很难。如果没有清晰的愿景，转型将不会产生预期的结果。

如果听到客户说：我们不是微软或谷歌，或者我们不是一家尖端的互联网公司。这表明他们缺少一个清晰的愿景。如果企业愿景明确表示想成为行业的数字化领导者，或者从产品公司转变为服务公司，人们就不敢说与之相悖的话。

推动转型的一个好愿景是明确而有力地说明所有转型的方向（John P. Kotter，2012）。

值得注意的是，DevOps 转型并不总是由高层管理者驱动的。很多公司的 DevOps 转型是由各个部门甚至团队推动的。尽管如此，同样的规则也适用——读者需要对团队或部门中的团队有一个清晰的愿景，并建立一种紧迫感，以确保转型成功。

障碍阻碍进步

当开始转型时，许多障碍会阻碍转型。作者经常遇到的好例子是某些行业的某些规定。许多规定（如 ISO26262 或 GxP）提出了软件工程的 V-Model。V-Model 基于瀑布模型，因此它基本上与我们研究了很多年的 DevOps 中所学到的一切相矛盾。如果坚持使用瀑布模型，DevOps 转型很可能会失败，但这是由于对规定的内部解释。如果仔细观察他们会发现他们只是坚持最佳实践。如果读者的实践优于推荐的实践，可以证明这一点，并仍然可以通过审核。

读者会遇到的大多数障碍都是由组织造成的，例如组织架构、严格的工作类别、流程，或者工作委员会和管理层之间的战壕战。不要让这些障碍阻碍转型。

缺少帮助

咨询师在许多公司的声誉很差，主要是因为糟糕的经历。作者曾经帮助一位客户将产品数字化。客户习惯于按照瀑布模型做任何事情，作者向他们介绍了 Scrum 和 CI/CD，进行了一些培训，并在接下来的几年中成功地使用了敏捷开发。两年后，管理层选择了一家昂贵的顾问公司来引入 Scrum。他们基本上使用相同的演示文稿，讲着作者两年前给大家讲过的故事。这种咨询会导致不好的声誉。

但是如果想学习一项新的运动，不仅需要购买设备和观看教学视频，还需要加入一个俱乐部或为自己找一名教练来指导。体育不仅仅是知识和工具，更是培养技能。如果没有一名有经验的教练，在某些运动中可能很难甚至不可能取得成功。

在企业中培养技能和能力也是如此。从更有经验的人那里获得帮助并不可耻，他们可以指导企业完成转型。基于节省的时间和精力，帮助很有可能并不昂贵，更不用说失败的代价了。

从 "为什么" 开始

要使转型成功，读者需要清晰的愿景和紧迫感。愿景应准确、引人注目、简短，并且应该激励人们去遵循它。为了传达愿景，可以遵循黄金圈（Simon Sinek，2011，第 38 页），从内到外进行沟通（见图 23-1）。

黄金圈的细节包括：

- **为什么**：贵公司转型的原因。把它作为目的，并建立一种紧迫感。为什么有人会在意？
- **怎样做**：你如何在转型过程中取得成功？
- **做什么**：你想要改变的现实。你正在做什么？

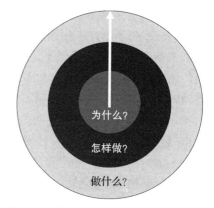

图 23-1   传达愿景应从 "为什么" 开始

目标驱动的任务

千万不要低估愿景的力量！如果企业是一家内燃机汽车制造商，那么向电动汽车的转型并不容易，这个过程会存在阻力，因为人们害怕失去工作的动力。

如果想成功，企业需要清晰的愿景，并且需要传达 "为什么" ——正如大众汽车集团在 2019 年的 goTOzero 任务声明中所述，该声明集中于四个主要行动领域：气候变化、资源、空气质量和环境合规。

到 2050 年，整个大众汽车集团都希望实现资产负债表的二氧化碳中和。到 2025 年，该公司计划将其车队的碳足迹在整个生命周期内比 2015 年减少 30%（大众汽车，2019）。

这完美地解释了 "为什么"，确立了紧迫性，并符合他们的整体更新的愿景：使这个世界成为一个移动的、可持续的、所有公民都能使用的地方。

同样，梅赛德斯 – 奔驰在 2019 年的 "2039 年雄心" 声明中表示，他们的目标是在未来 20 年内实现汽车车队和生产的碳中和（Mercedes-Benz Group Media，2019）。

当将一家产品公司转变为一家软件或服务公司时也是如此。即使只是从一个瀑布模型组织转变为一个 DevOps 组织，如果不能描绘出一个理想的未来，并解释为什么必须进行转型，人们也会害怕这种变化，那么就会有阻力。

建立工程文化

拥有目标驱动的愿景将帮助读者在转型过程中建立一种**工程文化**：一种包容和安全的组织文化，培养人才，并由共享和平等一起驱动（de Vries M. 和 van Osnabrugge R.，2022）。

这是一种文化，当人们觉得有什么不对劲时，他们可以放心地说出来，人们可以放心地进行实验，毫无恐惧地进行创作，每个人都感到受欢迎和安心——不受传统、性别或宗教的影响。

组织文化是一组共识，指导组织内的行为（Ravasi D. 和 Schultz M.，2006）。这就是为什么很难改变它的原因。创建带有价值观和使命陈述的 PPT 可能会影响文化，但可能不会影响管理层打算这样做的方式。

作为一名工程师，读者可能会问自己为什么组织的文化很重要。这不是管理层的任务吗？然而，这种文化是组织中每个人的假设和行为的结果，这意味着每个人都可以改变它。作为一名工程师，读者应该意识到企业的文化，如果发现有问题，应该大声说出来。然后开始做正确的事情，并且讲述正确的故事。

文化是在企业行为中根深蒂固的，并且文化使用一些具有更深含义的小语录和原则。它们很容易记住，并鼓励人们做正确的事情。以下是一些在具有优秀工程文化的公司中经常听到的例子：

- **请求原谅，而不是允许**：鼓励人们做正确的事情，即使这违反了当前的规则或流程。
- **建立一种文化，并且让它运转起来**：为构建的东西建立端到端的责任和所有权。
- **尽早失败，快速失败，经常失败（或快速失败，向前滚动）**：尝试尽早快速失败，而不是准备好一切。
- **拥抱失败**：鼓励人们进行尝试和承担风险，并确保从失败中无责地学习。承担责任，不要责怪他人。
- **协作而非竞争或合作而非对抗**：促进跨组织边界以及与客户和合作伙伴的协作。
- **修复**：鼓励人们拥有所有权并修复问题，而不仅仅是抱怨，但必须确保创新不被压制。确保人们有能力真正解决他们抱怨的问题。
- **对待服务器就像对待牛，而不是宠物**：鼓励人们将一切自动化。
- **如果这很痛苦，那就多做一些**：激励人们去实践那些难以培养技能的事情。这个短语经常用于发布或测试应用程序。

以上只是几个例子。当改变文化并建立 DevOps 时，会出现更多的故事和说法。

好的工程文化不仅仅是管理层的责任。他们必须让它发生并提供愿景，但最好的文化是由工程师自己在转型过程中创造的。

数据驱动的转型

如果希望能够转型成功，那么衡量一个正确的指标并且证明转型确实比之前产生了更好的结果是至关重要的。这就是为什么，在第 1 章中，介绍了可以收集的数据点。企业可以通过这些数据点来了解首先要优化哪些内容，并实现小的成功。这有助于让每个人都保持继续进行 DevOps 转型的动力。我们应该始终首先衡量正确的数据。优化不受约束的内容不仅是在浪费资源，甚至可能产生负面影响。以在应用程序中添加缓存为例，而无须证明操作一开始就减慢了系统的速度，或者在缓存某些数据时可以更快。缓存带来了复杂性，同时也是错误的来源。所以，也许根本没有优化系统，而是通过基于假设的工作使系统变得更糟。DevOps 实践也是如此。

约束理论

约束理论（Theory of Constraints，TOC）基于系统理论。假设如果没有限制约束，系统的吞吐量将是无限的。TOC 试图在当前约束条件下最大化系统的吞吐量，或者通过减少这些约束条件来优化系统。

解释这一理论的典型例子是高速公路（Small World，2016）。假设有一条五车道的高速公路，但有两个建筑工地限制了两车道的通行能力（见图 23-2）。

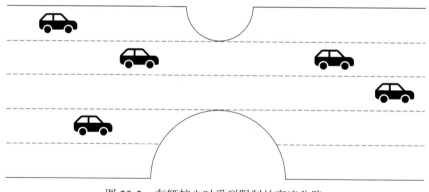

图 23-2　车辆较少时受到限制的高速公路

交通流通过约束，但这仅在一定的吞吐量内有效。如果车辆太多，它们将开始相互影响并使彼此减速，从而导致交通堵塞（见图 23-3）。

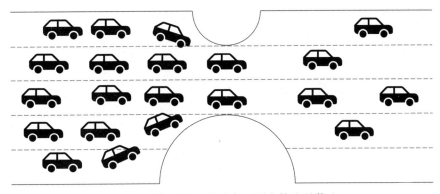

图 23-3 如果吞吐量过高，则会使流量停止

为了优化最大的交通流量，必须将交通流量限制在最大限度的容量内（见图 23-4）。

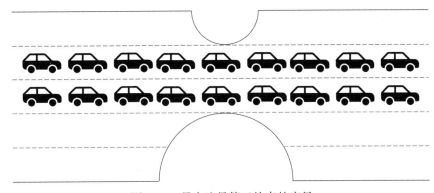

图 23-4 最大流量等于约束的容量

优化最大约束以外的任何其他约束都不会导致任何改进。许多城市都试图在隧道前后增加车道，但基本上没有改善交通流量或减少交通堵塞。对于企业的价值流也是如此——优化除最大约束之外的任何东西都不会带来任何改进。

消除瓶颈

TOC 提供了消除约束的五个重点步骤（见图 23-5）。

五个步骤的更多细节如下：

- **识别**：识别限制当前吞吐量的约束。
- **探索**：提高约束的吞吐量。
- **同步**：审查系统中的其他活动并使其处于从属地位，确保它们一致并以最佳方式支持约束。

图 23-5 识别和消除约束的五个重点步骤

- 提升：尝试消除约束并解决产生问题的根本原因。
- 重复：通过确定限制当前吞吐量的下一个约束条件，持续改进系统。

系统地消除工作流程中的瓶颈是成功 DevOps 转型的关键！

DevOps 是一个持续改进的旅程

DevOps 是一个通过消除瓶颈来不断拓展软件交付性能边界的旅程。在微软的 DevOps 转型的开始阶段，他们展示了一些不同地区的进站视频，从 1950 年的印第安纳波利斯（67 秒）到 2013 年的墨尔本（2.96 秒）。由此可见，DevOps 通过自动化和优化流程不断提高性能。

> DevOps 是一个人员、流程和产品的联盟，能够为最终用户持续提供价值（Donovan Brown，2015）。

DevOps 是一种有关研究、开发、协作、学习和所有权的工程文化，只有将所有方面都结合起来时才能发挥作用，不能只选择 DevOps 的一个方面，并在没有其他方面支持的情况下实现它。

只有当读者知道最大的瓶颈时，才能改进一个与流量有关的系统。试图优化其他事情不会产生任何效果，而且会浪费时间和资源。这就是为什么执行数据驱动的转换并衡量正确的指标以持续监控改进是否真正产生预期结果非常重要。找出一个瓶颈，利用它，改进它，然后重复它。

优化价值流一致的团队

本书中没有讨论过任何 DevOps 团队拓扑（Matthew Skelton，2013）。它们经常被用于更多 IT 驱动的转型中，在实现更高的 DevOps 成熟度（Martyn Coupland，2022，第 27 页）后，开始转型之旅是很常见的。相反，作者专注于价值流一致的团队（见第 17 章）。

DevOps 之旅应该从这些内容开始，并优化一切使它们能够提供价值。这将自动导致开发人员优先思考（开发人员是在这里提供价值的工程师）。如果实施数据驱动的转换，并通过消除瓶颈实现价值优化，则会出现平台团队或启用团队等拓扑结构。没有必要提前计划。DevOps 组织应该是一个自我完善的系统，所以一旦达到了这一点，其余的都会很好地到位。

成功的数据驱动 DevOps 转型有三个主要阶段（如图 23-6 所示）。

各阶段的详情如下：

- 度量标准：首先定义度量标准并收集数据（参见第 1 章）。
- 工具决策：必须做出一些基本的工具决策。本书假设 GitHub 是 DevOps 平台，但关于云的使用和与当前治理流程的一致性，将需要做出更多的决定。

图 23-6 数据驱动 DevOps 转型的阶段

- **人员、流程和文化**：仔细挑选试点团队，通过将他们的工作方式转变为精益管理和更高的协作，将他们带到新平台。教授并使他们能够采用工程 DevOps 实践，如自动化和基于主干的开发，并使他们能以保密的方式频繁发布。这些指标应该迅速改善。这些都是保持每个人积极性所需的快速胜利。
- **扩展和优化**：随着试点团队的成功，可以通过创建更多的团队，使用新的流程和工具在新平台上工作，从而开始扩展。这也是开始优化更多功能的时候，例如软件架构和精益产品管理技术。一次抓住一个瓶颈，始终观察度量是否证实了期望的结果。

由于 DevOps 是一个旅程，而不是一个目标，因此这个阶段基本上永远不会结束。读者可以在一段时间后调整指标，以更好地优化团队规模和自主性。随着团队处于更高的水平，改善会变得越来越不明显。

- **DevOps 愿景**：在所有阶段中，转型的核心是一个强有力的愿景，它解释了为什么？并建立紧迫感。确保制定了良好的沟通和变更管理策略。任何改变都有阻力，读者必须解决恐惧，并传达"为什么""怎样做""做什么"在激励每个人前进的过程中，相信读者已经收集了许多成功的故事。

总结

为了保持竞争力，公司不能只解决客户的问题。他们需要提供令客户满意的产品和服务，并且必须能够与市场互动并快速响应不断变化的需求。这使得今天的每一家公司都是一家软件公司。如果公司无法转型，则可能会在几年内倒闭。

许多转型都失败了，但也有许多成功了，这些成功的案例证明了，即使是在高度监管的环境中的大型企业或公司也能够转型并采用 DevOps。

有了 GitHub，读者就拥有了市场上最好的产品之一，全球 7300 多万开发人员、所有大型开源社区以及超过 84% 的财富 500 强公司都喜欢它。这意味着更少的培训、更快的入职速度和更高的开发人员满意度，从而更好地吸引和留住人才。开源社区也为应用程序、工具和流水线提供了构建块，它们还将为流程模板提供模板。利用社区的力量将有助于加速转型，GitHub 让读者有机会通过贡献自己成果或赞助所依赖的项目来回报社区。

作者希望这本书有助于作为使用 GitHub 的力量成功实现 DevOps 转型的实用指南。对作者来说，没有什么比看到工程师们在 DevOps 文化中愉快地解决实际的工程问题更有意义的了，而不是与生产中的 bug 做斗争，或者评估他们认为是愚蠢的需求。

拓展阅读

以下是本章的参考资料，读者可以使用这些资料获取有关相关主题的更多信息：

- Simon Sinek (2011), *Start With Why-How Great Leaders Inspire Everyone to Take Action*, Penguin.
- Simon Sinek (2019), *The Infinite Game*, Penguin.
- Nadella, S., Shaw, G. & Nichols, J. T. (2017), *Hit Refresh*: *The Quest to Rediscover Microsoft's Soul and Imagine a Better Future for Everyone*, Harper Business.
- Srivastava S., Trehan K., Wagle D. & Wang J. (April 2020). *Developer Velocity*: *How software excellence fuels business performance.* https://www.mckinsey.com/industries/technology-media-and-telecommunications/our-insights/developer-velocity-how-software-excellence-fuels-business-performance
- Forsgren N., Humble, J., & Kim, G. (2018). *Accelerate*: *The Science of Lean Software and DevOps*: *Building and Scaling High Performing Technology Organizations* (1st ed.) [E-book]. IT Revolution Press.
- John P. Kotter (2008), *A Sense of Urgency*, Harvard Business Review Press.
- John P. Kotter (2012), *Leading Change*, Harvard Business Review Press.
- Volkswagen (2019): *Volkswagen with New Corporate Mission Statement Environment "goTOzero"*: https://www.volkswagenag.com/en/news/2019/07/goTOzero.html
- Mercedes-Benz Group Media (2019): *"Ambition2039"*: *Our path to sustainable mobility*: https://group-media.mercedes-benz.com/marsMediaSite/ko/en/43348842
- 关于约束理论：https://www.leanproduction.com/theory-of-constraints
- Small World (2016): *Theory of constraints-Drum-Buffer-Rope*: https://www.

`smallworldsocial.com/theory-of-constraints-104-balance-flow-not-capacity/`

- de Vries, M., & van Osnabrugge, R. (2022): *Together we build an Engineering Culture.* XPRT Magazine #12: `https://xpirit.com/together-we-build-an-engineering-culture/`
- Ravasi, D., & Schultz, M. (2006). *Responding to organizational identity threats: Exploring the role of organizational culture.* Academy of Management Journal.
- Donovan Brown (2015): *What is DevOps?* `https://www.donovanbrown.com/post/what-is-devops`
- Matthew Skelton (2013): *What Team Structure is Right for DevOps to Flourish?* `https://web.devopstopologies.com/`
- Martyn Coupland (2022): *DevOps Adoption Strategies: Principles, Processes, Tools, and Trends*, Packt.

软件工程原理与实践

作者：沈备军 等 书号：978-7-111-73944-9 定价：79.00元

本书从软件工程的本质出发，系统、全面地介绍软件工程技术和软件工程管理，同时介绍了智能软件工程和群体软件工程等新技术及新方法，内容覆盖SWEBOK 第4版的核心知识域，案例贯穿软件工程核心环节。

全书突出了软件工程的敏捷化、智能化、开发运维一体化。弱化和减少了以瀑布模型为代表的软件开发模型与结构化开发方法学的知识点，强化了敏捷软件开发和面向对象的开发方法学；增加了高质量软件开发的要求和实践，以及DevOps和持续集成与持续交付；介绍了智能软件工程，尤其是基于大模型的智能编程。

本书内容全面、实践性强、紧跟学术和实践前沿，适合作为本科生和研究生"软件工程""高级软件工程""软件过程""软件项目管理"等课程的教材，同时对从事软件开发、运维和管理的各类技术人员也有非常好的借鉴作用。